JN157978

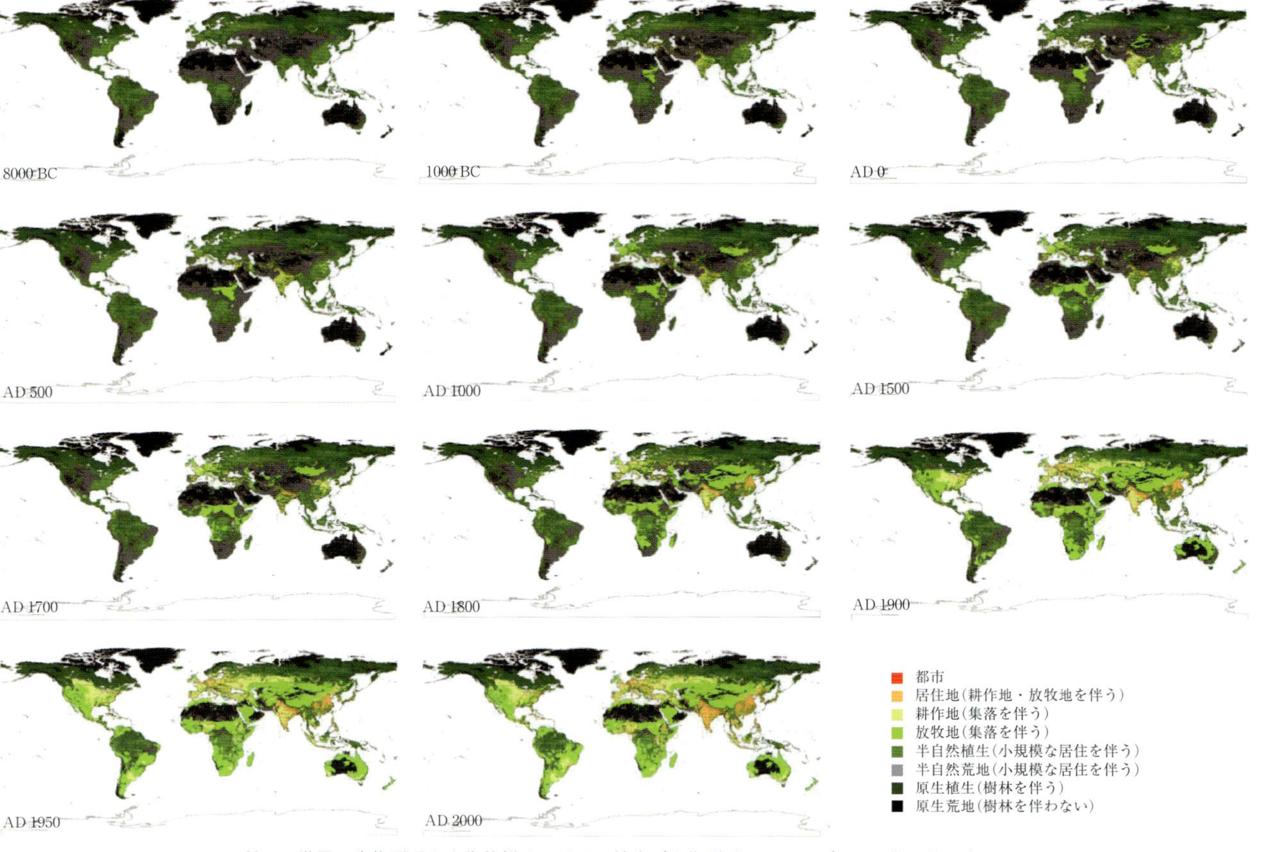

口絵１　世界の生物群系と人為的撹乱を受けた植生（人為群系 Anthrome）の分布の移り変わり
Ellis *et al.*（2010）; HYDE3.2 データベース（ftp://ftp.pbl.nl/hyde/hyde3.2/000/anthromes12K/）より描く． →p. 26

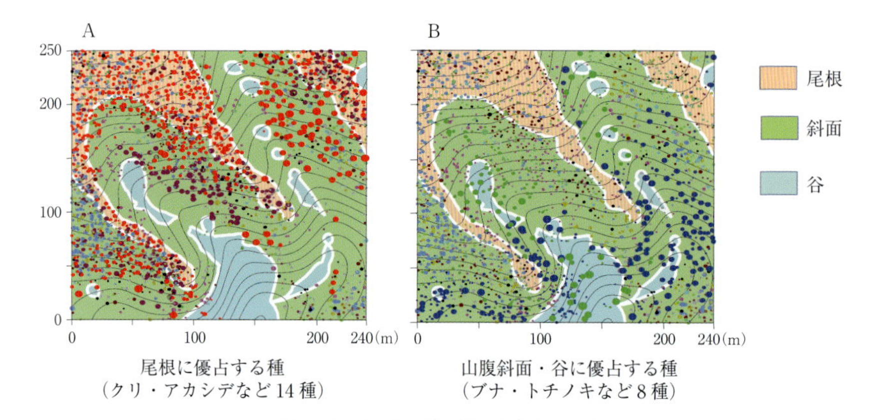

口絵２　地形に伴う樹木種の生育場所の違い

宮城県の一檜山天然林の 240 m×250 m の方形区．寺原ほか（2004）から作図． →p. 141

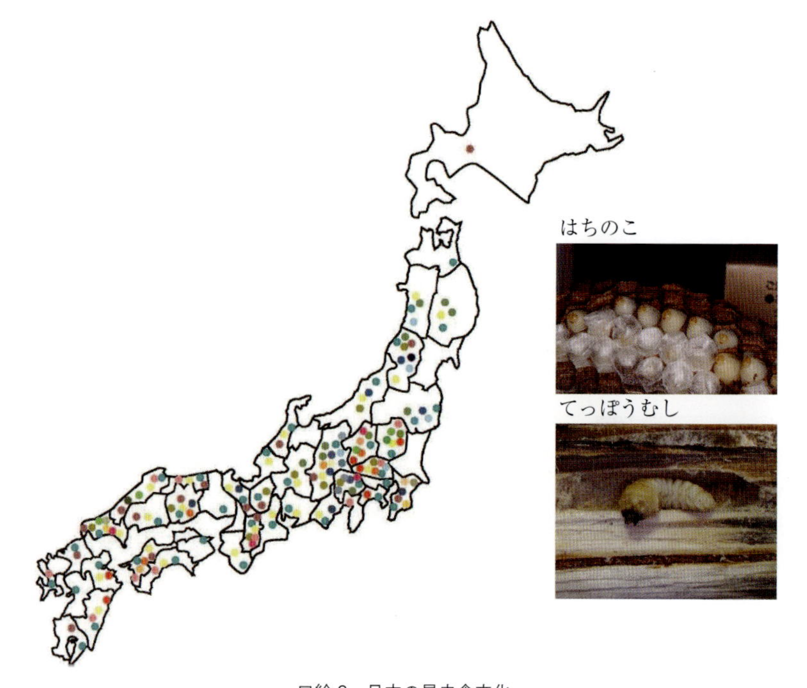

口絵３　日本の昆虫食文化

各円の色は昆虫の種類を表す（三宅，1919）．右の写真は，比較的広域で食されていた森林性昆虫の例．はちのこ（スズメバチ幼虫），てっぽうむし（カミキリムシ幼虫）．写真提供：牧野俊一（はちのこ），槇原寛（てっぽうむし）． →p. 192

森林科学シリーズ

森林の
変化と人類

中静　透／菊沢喜八郎　編

Series in Forest Science

1

共立出版

執筆者一覧

中静　透	東北大学大学院生命科学研究科*（序章・第４章・第５章）
菊沢喜八郎	京都大学名誉教授，石川県立大学名誉教授（序章）
辻野　亮	奈良教育大学自然環境教育センター（第１章）
大住克博	鳥取大学農学部附属フィールドサイエンスセンター（第２章）
清和研二	東北大学大学院農学研究科（第３章）
岡部貴美子	（国研）森林研究・整備機構森林総合研究所生物多様性研究拠点（第４章）

＊ 2018年4月より，総合地球環境学研究所

『森林科学シリーズ』編集委員会

菊沢喜八郎・中静　透・柴田英昭・生方史数・三枝信子・滝　久智

『森林科学シリーズ』刊行にあたって

樹木は高さ 100 m，重さ 100 t に達する地球上で最大の生物である．自ら移動することはできず，ふつうは他の樹木と寄り合って森林を作っている．森林は長寿命であるためその変化は目に見えにくいが，破壊と修復の過程を経ながら，自律的に遷移する．破壊の要因としては，微生物，昆虫などによる攻撃，山火事，土砂崩れ，台風，津波などが挙げられるが，それにも増して人類の直接的・間接的影響は大きい．人類は森林から木を伐り出し，跡地を農耕地に変えるとともに，環境調節，災害防止などさまざまな恩恵を得てきた．同時に，自ら植林するなど，森林を修復し，変容させ，温暖化など環境条件そのものの変化をもたらしてきた．森林は人類による社会的構築物なのである．

森林とそれをめぐる情勢の変化は，ここ数十年に特に著しい．前世紀，森林は破壊され，木材は建築，燃料，製紙などに盛んに利用された．日本国内においては拡大造林の名のもとに，奥地の森林までが開発され，針葉樹造林地に変化した．しかし世紀末には，地球環境への関心が高まり，とりわけ温暖化と生物多様性の喪失が懸念されるようになった．それを受けて環境保全の国際的枠組みが作られ，日本国内の森林政策も木材生産中心から生態系サービス重視へと変化した．いまや，森林には木材資源以外にも大きな価値が認められつつある．しかしそれらはまた，複雑な国際情勢のもとで簡単に覆される可能性がある．現に，アメリカ前大統領のバラク・オバマ氏は退任にあたり「サイエンス」誌に論文を書き，地球環境問題への取り組みは引き返すことはできないと遺言したが，それは大統領交代とともに，自国第一の名のもとにいとも簡単に破棄されてしまった．

動かぬように見える森林も，その内外に激しい変化への動因を抱えていることが理解される．私たちは，森林に新たな価値を見い出し，それを持続的に利用してゆく道を探らなくてはならない．

『森林科学シリーズ』刊行にあたって

本シリーズは，森林の変容とそれをもたらしたさまざまな動因，さらにはそれらが人間社会に与えた影響とをダイナミックにとらえ，若手研究者による最新の研究成果を紹介することによって，森林に関する理解を深めることを目的とする．内容は高校生，学部学生にもわかりやすく書くことを心掛けたが，同時に各巻は現在の森林科学各分野の到達点を示し，専門教育への導入ともなっている．

まえがき

森林科学シリーズは，現代の森林科学の到達点を時間的空間的「変化」を通して理解しようとする野心的な試みである．この本はその第１巻として，「森林そのもの」の変化をとらえようとしている．地球上の植生帯は，寒帯から熱帯までのそれぞれの気候帯の名を冠したバイオームとして理解され，温度条件が第一義的に重要であることを示しているが，その潜り抜けてきた過去の条件，特に最終氷期に氷床で覆われていたかどうかと，現在の地理的条件，とりわけ海洋性気候の影響が大きいかどうかなどによっても影響されている．

動きの少ない森林も，枯れる木と新しく侵入する木とが拮抗し，動的平衡状態にあると考えられる．大きい木が何らかの要因で倒れると，その跡地に，明るい場所を好む木が侵入する．一方で，明るい場を好む樹種は他の個体の下のような暗い場では成長できないために，暗い場でも成長できる種に置き換わる．かくして植生の遷移は進行し，最終的にはその場に合った極相種に置き換わる．このような考え方からは，森林は単一の極相種だけに収斂してしまいそうだが，実は森林の種構成は多様であり，熱帯雨林では同じ種に属する個体を探すのも難しいほど種数が多い．ある種の個体の下にはその種に特異的な病原菌や昆虫などが潜んでいる．だからその種の個体の下には同種個体は生存しにくく，他種の稚樹が成立することになる．こうして森林の種多様性は保たれ続けているのではないか．この仮説は熱帯林だけに限らず温帯林でも成立しているのではないだろうか．本巻第３章では，周到な実験により，温帯林でもこのメカニズムが働くことによって種多様性が保たれていることが実証されている．

森林が大規模にあるいは部分的に破壊される要因は数多い．山火事，水害，地滑り，台風などによる被害は大規模破壊に結び付く．雪，低温（一般には霜害といわれる），乾燥，葉食性昆虫の大発生などは一過性のことが多く，稚樹が枯れることはあっても成木が大被害を被ることは少ない．

それらにもまして森林に大きな影響を与えているのは人類の存在である．

太古，人々が森に対して抱いていたのは畏敬の念であったろう．人よりはるかに長命で，かつ大きな樹木は神々しく，畏れ敬うべき存在であったにちがいない．しかも森の中は昼なお薄暗く何が棲んでいるかもわからず，恐ろしかったと思われる．こういった場は社寺林などとして古い森林の断片がいまも残され，過去の森林分布推定の役に立っている．やがて作物栽培が始まるとともに，森林は一方では，火入れ，伐採などによる開墾の対象になり，また他方では木材が燃料，建築，土木などの資材として使われるようになった．

原木を縦に切ることは工具の都合上簡単ではなく，板としての利用はスギ・ヒノキなど縦に割りやすい（割裂性の良い）針葉樹に限られていたから，とりわけスギ・ヒノキは古代から寺院，宮殿，城郭，都市，住宅に盛んに利用された．西南日本の天然林植生はカシ・シイを中心とする常緑広葉樹林とされてきたが，もしかすると常緑広葉樹にスギ・ヒノキなど常緑針葉樹を交えた針広混交林が本来の姿であったかもしれない．本巻第2章で展開される仮説であり，歴史的にかつ広い視野で考察することにより，日本の森林史に新しい視座を構築したものである．

日本国内では安土桃山時代から江戸時代にかけては建築ラッシュが起こり，各地の森林から木材が略奪的に採取され，各地の山林は「尽山」状態となった(本巻序章，第2章)．そのため苗木を山地に植栽しようとする育成林業が始まり，各地にスギ・ヒノキを主体とする造林がなされた．これは山林の木材生産上の経済的価値を高めるとともに，「治山治水」という言葉で象徴されるような，公益的機能の増強にも連なるため，全国各藩で積極的に取り組まれた．また民間による造林技術の開発を促し，各地に林業地が発生した（本巻第2章)．

明治以降は，ヨーロッパから帰国した留学生を中心にして「天然更新」をキーワードとしたドイツ直輸入の技術がもたらされた．ただし，この技術が定着する前に日本は長期の戦争に突入してしまう．うまくいかなかった理由は，天然更新がその名に反して，かなり集約な技能と人手を必要としたことと，ヨーロッパの森林には存在しないササが日本の森林の林床には存在し，これが大いに苗木の定着，成長を妨げたからである．

戦争中に荒れた山林を復興し，住宅建設の需要にこたえるために，生産力の低いとされた老齢林，奥山の広葉樹美林などを伐採し，スギ・ヒノキ・カラマツなどの針葉樹を植栽する，「拡大造林」が実施された．目論見通り成林したところもあるが，高標高地では寒さの害や雪害により成林しなかったところもある．なにより多様性に富む天然林を単一種の森林に変えてしまった影響は大きい．日本の里山の風景を変えてしまったのである．20 世紀後半から 21 世紀にかけては，地球規模での環境破壊が世界的に大きな問題として認識されるようになってきた．とりわけ，生物多様性喪失と地球温暖化は極めて重要な課題であり，その両者に森林が大きな関わりをもっている（第 4 章，第 5 章）．この問題を受けて，日本の森林政策も 21 世紀になって，木材生産重視から生態系サービス（第 5 章）重視の森林管理へと軸足をうつしてきた．以前から，森林の公益的機能として知られてきた概念が新たに生態系サービスと名をかえて再び重視されることとなったのである．

樹木は燃料，土木建築用材などとして利用され，森林は開発されて農地として利用されてきたため，人口増加にともなって森林面積は減少してきた．これは世界的傾向であるが，国別にみると新しいパターンが見えてきている．すなわち国によって森林面積が減少し続けている国と，増加に転じている国とがあるのだ（第 1 章）．これらの傾向の底には何らかの要因が潜んでいるのか，今後の分析が期待されるところである．

上で述べた例からも伺えるように，森林変化は人との関わりを抜きにしては語りえないことが明らかである．第 3 章では，針葉樹造林地に広葉樹を導入し，針広混交林に誘導して行くことや，出自のわかった地元の木材を利用すること，そして無垢材を利用することなどが説かれている．今後我々は森林とどのように向き合うべきなのか．歴史を振り返ることは，森林の新しい価値とそれを持続的に利用する知恵と技術につながってゆくのである．

菊沢喜八郎
中静　透

目　次

序章　森林と人間の歴史

第1部　森林の変貌

第1章　世界の森林減少の歴史

第２章　日本列島の森林の歴史的変化　―人との関係において―

第2部　森林の構造・機能と生態系サービスの変化

第3章　森林の変化と樹木

第４章　森林の変化と生物多様性

第５章　森林の変化と生態系サービス

序 森林と人間の歴史

菊沢喜八郎・中静 透

0.1 寝そべっていては競争に勝てない

0.1.1 植物の上陸

水中で光合成を行う単細胞生物は植物プランクトンと呼ばれるのが普通だが，今の分類学ではそういう呼称を用いない．植物・動物とは異なる王国（界）に属する生物だということになっている．彼らの生活は，水中に浮かんで資源獲得（光合成）を行うことと，分裂して新しい個体を作り出すことである．分裂した細胞が独立して浮遊してしまわずに，紐状につながっている場合がある．最初は細胞が独立してつながっていただけであったものが，相互に連絡が生じ，物質の移動もできるようになったであろうと思われる．細胞がバラバラにならないように糊状の物質でつながり，外側を粘液状物質で覆うようになった．藻類であり，多細胞生物のはじまりである．この段階のものが陸上植物の起源であったとされる（Graham, 1993）．そのうちに，単に紐状ではなく，面状に広がるものや枝分かれをして 3 次元構造を持つものなどが出てきた．3 次元構造を持ったものは，光が良く当たり，餌も豊富な場所を占めることができるため，そのような良い場から他のものを排除するのに有利であったのではないか．すなわち光の良く当たる，栄養塩類も豊富な場所を長期的に確保できるというメリットがある．プランクトンとして浮かんでいるほうが気楽なように思えるが，彼らは先にその場を占めている藻類との競争に勝てず，栄養塩類が必ずしも豊富とはいえない沖帯のほうに追いやられたのであろう．かくして沿岸部は藻類によって占められることになる．

藻類は，海面からの深さによって変わる光の波長に応じて，吸収する色素を変え，またその大きさを変えて，独自の構造をもつ「群落」を作り上げている．現在では一度上陸した陸上植物の子孫がもう一度海に潜った海草類をも交えた群落ができあがっている．3次元構造をもった個体が組み合わさった「群落」はもう立派な「森林」である．「森林」は陸上の植生であるが，類似植生は海中の海藻の森（横浜，1985）やサンゴ礁などのように水中にも認められており，歴史的に見て最も古く成立したものに違いない．

最初に上陸してきたのはある程度形をもった藻類であったと考えられる．極めて単純な形をもったクックソニアと呼ばれる植物であったという説や，結構複雑な体制をもった車軸藻類のようなものであったという説もある（Graham, 1993；戸部，1994；石川，2010）．湖など陸域の淡水中に生活の場を広げていたものが，湖面の低下時に少しだけ大気中に顔を出し，少しずつ陸上に歩を進めてきたにちがいない．最初の陸上植物は現在のコケ植物のように，維管束は発達せず，仮根で他物に付着するようなものであっただろう．北海道の襟裳岬で，海岸に植えられたクロマツの稚樹を保護するのに，ゴタと呼ばれる藻類の遺骸をかぶせて乾燥から守ってきたように（中村，2018），上陸したばかりの藻類にとって打ち上げられた遺体は身を守る役にたったであろう．

岩の上を流れる雨水を吸収していた初期の陸上植物は，土壌から水を吸い上げ，それを体の各部に送る装置を開発する．水を送る導管と光合成によって作られた糖類を運ぶ師管を合わせた維管束の開発により，陸上植物は背を高く伸ばすことができるようになった．また，根を発達させることにより，土の中から水と栄養塩類を吸収するとともに，地上に発達した巨体を支えることに成功した．

0.1.2　森林の成立

あらためて考えてみると，巨体を地上高く持ち上げるのは大きなコストであり，リスクを伴うことでもある．維管束は水を通導する急所（菊沢，2007a）にあたり，ここが損傷を受けると致命的となる．地面に寝そべっている場合は，どこか一か所が損傷を受けても修復は簡単であり，また別の場所へ伸びて行くこともできる．皆でなかよく寝そべっているのが楽でよいのではないか．しかしあるとき，他のものよりも少し背をのばすものが出現したとしよう．周りのものはそれによって日陰を作られ，光合成生産が低下する．変わりものは背を高くするというコストはかかるけれども，それを補って余りあるほどの生産上の利得を得ることができる．かくして群落は背の高いものの子孫に占められることになる．そこへまた周囲より少し背の高いものが現れる．以下同文で競争に勝った少し背を高くしたものの子孫が群落を占めることになる．この進化的競争は果てしなく，植物はどこまでも背を高くしていくように思われる．しかしどこかに行き着くところはある．競争に勝つという利得と巨体を持ち上げるコストが釣り合うようなところであろうと思われる．シルル紀に上陸したと考えられる植物が，同じ古生代のデボン紀には最古の樹木アーカエオプテリスの森林を作っていたことから，光をめぐっての植物間の競争は激しく，それに応答した植物の進化速度は速かったものと推測される．この章の表題は E. J. H Corner さんの教科書『植物の生活』という本にあった，“The erect overcame the prostrate.” という文章を自分なりに書き換えたものである．過去形の原文を現在形に書き改めているから，忠実な翻訳ではないが，上に述べたような植物の競争を表していると思っている．

地上の岩は，昼間は直射日光にさらされ夜は急激に冷却されるなど激しい日変化を受けたと思われる．そのような環境変化に加えて，波浪や風の作用によって岩石の風化がすこしずつ進んだであろう．風化を受けた岩の隙間に植物の根が入り込み，風化はさらに進む．砕かれた岩石は砂や泥となり植物や動物の遺体と混じりあう．これらはミミズなどの小動物によって撹拌され，多孔質な構造を持つようになる．土が土壌へと熟成されるのである．様々な土壌生物が進化した現在の森林土壌においても，岩石の風化にはじまって団粒構造をもつ森林土壌ができあがるには数千年の時間を要するものと思われるから，初期の森林土壌形成にはさらに長い時間を要したであろうことは想像に難くない．土壌もまた森林とともに歴史的産物なのである．

古生代石炭紀には，幹の直径 2 m 以上，樹高も 40 m に達するような，シダ植物の巨大森林が成立していたと信じられている．鱗木というのは幹に鱗状の模様があるシダ植物であり，その鱗の模様は葉の落ちた痕（葉痕）であるから葉を交代させながら幹が伸びていたことを示している．これら巨木（巨大木性シダ類）は，大気中の二酸化炭素を吸収し，幹に蓄積させていった．分解の主役を担う菌類が十分には進化していなかったとされているせいもあり，枯れ木を分解し大気中に戻すという蓄積とは逆の経路は十分発達していなかったから，蓄積が分解を上回り，土中には大量の木材が蓄積し，地球は現在進行中の温暖化とは全く逆のプロセスで寒冷化していったと推測される．蓄積された木材は炭化し，化石燃料となった．現在はこれを人類が掘り出し，大気中に戻すことによって温暖化を招いているのである．

シダ植物が繁栄していた石炭紀の森林のなかに，すでに次の時代を担う植物が現れていた．種子をつけるシダ植物（シダ種子類）である．またその後，本格的な種子を作る裸子植物が現れる．すなわち，中世代には現生のイチョウ，ソテツなどのような裸子植物が森林を形作っていたと信じられている．中世代末の白亜紀は現代につながる様々な生物が出現した時期である．爬虫類の全盛期であったが，その中に哺乳類の祖先が現れ進化している．裸子植物ではスギ，ヒノキ，コウヤマキ，セコイアなどの温帯性針葉樹やモミ，トウヒなど冷温帯から亜寒帯性の針葉樹が優勢となっている．本格的な果実をもつ被子植物も，おそらく祖先はそれよりずっと昔の古生代の森に見られたのであろうが，この時代から新世代の第三紀にかけて現在の種と同属のものが進化していることがわかっている．

0.1.3　広葉樹の森

被子植物は，花を開発し，昆虫や鳥などと共進化しながら効率的に花粉媒介するようになった．また果実を発達させて，風や鳥などを利用して，より遠くまで効率よく種子を散布させることに成功した．花粉，花蜜，果実などの新しい資源を昆虫，鳥などの動物に提供して相互関係を結び，生物間相互作用を極めて複雑なものにしたのである．また被子植物は裸子植物のもつ仮導管に比べて，極端に太い導管を開発することによって，効率的な水の吸い上げが可能となった．落葉性という性質を発達させる（Raven，1986）ことによって，季節的に変化する環境にも耐えるようになってきた．

以上のような多様な特性を持つことによって，被子植物はいろいろなニッチ（生態的地位）を占めるようになり，その結果森林の構造もさらに複雑なものになってきた．第1に，大小いろいろな空き地を先占するような種を生み出した．森林はいったんできあがっても様々な撹乱を受ける．大規模な撹乱としては山火事，地滑り，河川氾濫，台風による被害などがある．これらによって数ヘクタール規模での空き地が生じることがある．小規模の撹乱は1本ないし数本程度の木の枯死・倒壊，枝の落下などにより林冠に1 ha以下の小規模の隙間（ギャップ）ができることである．新しくできた空き地をいち早く占めるには，小さく大量の種子を風によって散布し，大きな空き地を占めてしまう．あるいは，前もって種子を散布して森林土壌中に埋めておき，林冠にギャップができた場合に明るさに反応していち早く発芽させ中小規模の空き地を占める，というやり方（戦略）もある．さらには，森林の林床に種子を散布して発芽させ，稚苗や稚樹の状態でギャップができるのを待つ，といった戦略もある．針葉樹でも様々な明るさのところで生存できる種も分化しているが，稚苗や稚樹の状態で待つことに特化しているものが多い．これに対してヤナギ，ハンノキ，シラカンバなどの広葉樹は新しくできた空き地に侵入し，新しい葉を作って光合成を行い，葉が古くなると新しいものと取り換えて，個体としての光合成能力を常に高く保ちながら，新しい開地を占拠してしまう．ただし明るい場所に適応した種であるから，自分で作り上げた森林の林床には，自分の子孫は生きられないという矛盾を抱えている．林床で生きられるのは，もう少し耐陰性のある，広葉樹や針葉樹なのである．このようにして植生は遷移し，安定した森林タイプ（極相）へと遷移していくものと考えられている．このような考え方からは，遷移が進むと耐陰性の高い種だけの単純な森林が成立し多様性が失われるのではないかと考えられるが，そのなかでどのようにして多様性が保たれているかについては有名な仮説がある（Janzen-Connell仮説；清和，2018）．

第2に被子植物がもたらした複雑な森林構造は，様々な生活様式を作り出したことである．森林の林冠に到達し，光を得るには太い枝や幹を作るなど大きなコストが必要である．このコストを削減し林冠に到達するものが出現した．つる植物である．他の木にへばりつくものや，絡みつくものなどがある．また他の木に着生するものや寄生するものなども現れた．森林内にある小さな木は

図 0.1　東アジア熱帯雨林の断面図
幅 7.5 m 長さ 60 m のベルト内の樹高 4.5 m 以上の木をすべて描いてある．30 m 付近でほぼ閉鎖した上層木よりさらに突出した突出木（エマージェント）がある．省略されているが 4.5 m 以下にも草本や低木の層がある．異なる記号は異なる樹種を示しており，樹種構成も多様である．Whitmore (1990) より．

大きくなる木の子供（稚樹）であるが，大きくならずに小さいままで満足するものも出てきた．低木（灌木）樹種である．

第 3 に，これら多様な新しい生活様式のものを組み込んで，森林は複雑な時間的・空間的構造を持つようになった．時間的構造とは上に述べたように，空き地への遷移初期種の侵入にはじまり極相林の成立にいたる一連の相互に連関した時間的推移である．空間的構造とは，その場の温度水分条件，地形，土壌などの条件に応じて様々な森林が成立していること，また一つの森林を垂直的にみても突出木，上層木，中下層木など高さによって層に分かれ，それぞれの層は異なる樹種によって構成されていることが多く，垂直的構造が見られる．(図 0.1；Whitmore, 1984)．

0.2　いよいよ人類の登場だ

0.2.1　初期人類の森林利用

現在の森林とほぼ同じような樹種構成をもった森林がこの地球上に現れてか

らでも1億年近くの年数が経過している．そのごく末端に人類が現れた．この新参者が地球上の森林に与えたインパクトは極めて大きい．

新生代の第三紀の地球は全体として温暖であり，極域にまで森林が成立していたようだが，人類の誕生した第四紀は地球上を何度か氷河が覆った氷期と後退した間氷期とが数万年間隔で繰り返す時代となる．現代の日本列島の骨格と植生はほぼでき上がり，日本海側の多雪環境と太平洋側の少雪環境との違いが作られ，同種でも日本海側と太平洋側で別亜種や変種に分化したものが認められるようになってきている．また氷期には日本列島の島々の多くは互いに陸でつながっており，さらに大陸ともつながっていて動植物は比較的自由に往来していたと考えられる．

森林は極めて長命な樹木をその主要な構成者とするために，いったん破壊されると回復するのに長時間を要する．地球上どの地域をとっても人類の影響を受けていない森林は全くないといってもよい（大住，2018；清和，2018）．

農業が人によって本格的に行われるまでは，人の森林に対する影響は限られていたと思われる．樹木の伐採は人が多大のエネルギーを使って石斧を振るうことによってなされてきたのであり，石が金属に代わっても本質的なちがいではなく，個人の肉体に依存したものであった（Williams, 2000）．鋸の出土は石器時代の遺跡からも見られるが，それは装飾品の細工などに用いられたらしい小さなものであったとされる．鋸が伐採に用いられたのは，日本の場合は極めて遅く，室町時代からであるとされている．実際はそれ以降も斧が使われており，鋸が樹木伐採のために本格的に使われだしたのは明治以降であるともいう（星野，2000）．

本格的な農業開始以前は森林は木の実などの採取のために利用され，焼き畑や狩猟のための火入れなどが行われ，人々は一か所に定住せず移り住んでいた．やがて木の実を安定的に手に入れるためのクリやナラなどの原初的な植林も行われるようになり，人々は定住しはじめるようになる．農業がはじまるとともに食糧が安定して得られるようになり，人口も増え始める．余剰生産の増加にともなって人間社会にも階級が生じ，文化が生まれてくる．穀物の貯蔵が始まるとともにネズミ類が増加し，彼らの媒介する病気も流行し始めた．農地の増加とともに森林面積が減少する．温帯林の多くは歴史のどこかの時期に農地として使われていた痕跡があるという．たとえばヨーロッパでは人々の活動が盛んで人口も増えたローマ時代には森林面積が減少しているが，黒死病が流行し，人口も減少した中世には増加しており，産業革命以降はまた減少している（Hermy & Verheyen, 2007；辻野，2018）．ギリシア・ローマなどの地中海文明の建築は石造であったが，造船や製鉄の燃料などには木材が使われた．フェニキアではレバノンスギを使って造船し，交易によって繁栄した．シリアやレバノンを原産地とし，古代オリエントに広く分布したとされるこの木も，レバノンスギの森へ遠征し材を持ち帰ったというギルガメッシュの叙事詩に示されるように伐採圧をうけていたようである．花粉分析によると叙事詩の年代よりずっと古くから森林破壊は進んでいたという（Yasuda, Kitagawa & Nakagawa, 2000）．レバノンスギは現代ではごく小規模の森林が保護林として残るのみであり，またその年輪数も千年には満たないという（Liphasitz & Biger, 1991）．

0.2.2　日本の森林

日本では弥生時代の登呂遺跡から水田を区画した杉板や住居・倉庫などが出土している．材を縦に切る縦引きの鋸は室町時代になってからようやく導入されたとされるから，それ以前板は，丸太を横引き鋸で適当な長さに引き切り，斧や楔で縦割りし槍鉋やちょうなで仕上げていたものであり，スギ，ヒノキなど縦に割れやすい（割裂性のよい）針葉樹材は使われたが，縦割りしにくい広葉樹は使いにくかったようである．飛鳥時代には寺院建設などに大量の木材を必要としたから，畿内とその周辺の良材は大量に伐採され利用された．この時代の森林利用はいわば略奪林業であり，伐りやすいところから伐り，運び出しやすいところから運び出したものであり，跡地に造林するといったこともなされていなかったと思われる．

戦国時代から安土桃山時代にかけては，建築ラッシュの時代であり，畿内では安土城，大阪城，聚楽第，伏見城建設など大型プロジェクトが相次いだ．また朝鮮侵略のために，大量の船舶を作るとともに，北九州に足場としての名護屋城を築いた．このため各地の森林から良材が切り出されるとともに，建築用の岩石が掘り出された．江戸時代には，江戸城の建築と新興都市江戸の建設のため，また何度も生じた大火事からの復興のためにやはり大量の木材を必要とした．江戸建設のためには主に木曾地方のヒノキを中心とする針葉樹材が使われたという．このため各地の森林は有用材が枯渇する「尽き山」状態となった．森林からの過剰伐採と急傾斜地での運材は表層土壌の流亡を招いた．これらの結果，山は荒れ，洪水や土石流などの災害を招いた．

0.2.3　育成林業のはじまり

このような状況を受けて，徳川幕府や各藩では様々な林業政策を講じるにいたった．その一つは伐採禁止をともなう留山（とめやま）の制定である．鷹狩用の鷹をとるための鷹山（たかやま，巣山）もその一つである．全山を留山とするのではなく，伐採禁止樹種を制定する場合もあった．木曾五木（ヒノキ，サワラ，ネズコ，アスナロ，コウヤマキ）などというのはこの例である．江戸時代には「諸国山川掟」が発布され，土砂流出の防止のため，草木の根を掘り取ることの禁止，川筋を狭めることの禁止，新たな焼畑耕作の禁止，植林の奨励などが呼び掛けられている．またこれを実施するための山役人（山守り）が置かれている．

果実や種子を食用とするために居住地の周囲に木を植えておくことは，縄文時代から行われ，三内丸山遺跡からクリが出土することなどからも推測できることである．その後も四木といわれる，茶，桑，楮（こうぞ），漆（うるし）などを中心に，有用な木を植えることはなされていたようである．材木を利用し，商品として売り払うために植林がはじまったのは室町時代の吉野（奈良県）をその起源とするとされている．江戸時代には商品経済に組み込まれた材木生産が各地で意図的に行われるようになる．育成林業の始まりと考えられる．吉野林業では，酒樽，醤油樽，味噌樽などに用いるために，内容物が漏れないよう，無節，年輪幅のそろった材生産のための，密植・枝打ち・多回間伐などを組み込んだ技術が発達する．逆に宮崎県の飫肥林業では造船材（弁甲材）生産のために疎植林業が行われていた．いずれの場合にも，成長が早く，割裂性がよく，材質の良い針葉樹，特にスギ・ヒノキが用いられた．植林は森林土壌の表面侵食を防ぐためにも有効であるので，各藩の為政者からも奨励され，熱心に行われた．この時代に針葉樹の育成林業が行われていたのは世界的にみてもまれな事例であるとされている（大住，2018）

居住地に近い里山は薪炭材としての材利用，枝条の肥料・飼料としての利用がなされた．里山は草山，柴山ともよばれ，薪炭材生産の用途よりも田に供給する緑肥生産のために使われることが大きかったといわれている（大住，2018）．このため里山林は共有地としての意味を持つようになったと考えられている．

0.2.4　明治以降の森林

徳川幕府が管理あるいは所有していた森林は，明治維新以後は，国土の約1割におよぶ国有林とその半分の面積に達する御料林に分けられる．後者は皇室財産としての森林である．森林管理，経営のモデルとしては針葉樹主体であるドイツが選ばれ，ドイツ林学の強い影響のもとで森林管理が行われることになった．「性急ともいえる国家主導の森林管理の手法が成功したかと言えばそうは言えないだろう」（太田，2006）と言われている．その理由として考えられるのは，ヨーロッパと日本の自然条件や歴史条件の違いである．ヨーロッパは最終氷期の分厚い氷床を潜り抜けており，氷河の後退とともに北上した種数は少なく植物相は単純である．とりわけヨーロッパには存在しないササが日本の森林の林床に繁茂し，天然更新を妨げた．また，日本の地形は極めて急峻でこれが更新に大きな影響を与えている．さらに日本では江戸時代に各地の実情にあった林業技術がそれぞれの地域で発達していた，といったことが挙げられる．明治以降の中央主導の国有林管理は，江戸時代に培われた地域主体の林業を無視したところから成り立っていたことに問題があったと考えられる．

第二次世界大戦において，日本は重要な戦略物資である石油と鉄を輸入している相手国に挑戦したが，開戦後すぐに物資不足に陥り，代替物資を求めるようになった．目をつけたのは木材で，木製の飛行機，特攻兵器などが作られた．松の根を掘り出して石油の代わりに使うという案も出され，急きょ国内のアカマツは勤労動員された中学生や徴用工たちを中心に掘り出された．これらがどれだけの量にのぼったのかは記録が残っていないようだが，結局のところ実用にはならなかったようである．

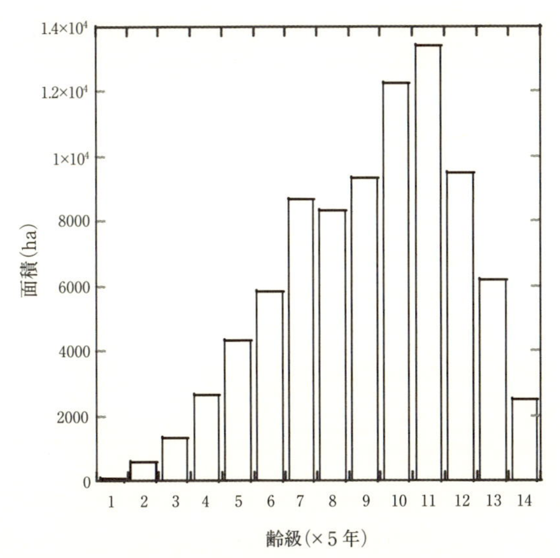

図 0.2 石川県の民有林における齢級別造林地面積
2012 年時点で 10〜11 齢級（50〜60 年）の人工林が最も多いことを示している（15 齢級以上は省略）．石川県（2014）より．

0.2.5 戦後拡大造林

戦後は戦中に荒れた山を回復させるために植林が奨励された．また戦災からの復興などで大量の木材が必要とされ，里山の薪炭林や奥山の天然林は伐りはらわれて生産力の高いとされるスギ・ヒノキを中心とする針葉樹が植林された（大住，2018；清和，2018）．生産性の低い天然林に比べ針葉樹林は生産力が 2 倍になるという試算を基に伐採が進められた．しかしながらそれはあくまでも試算であり，実際に生産力が倍加することはなかった．特に奥山のブナ林地帯や亜高山帯では，積雪のため，あるいはササによる被圧のために植えた苗木が被害を受け，無事に成林しない例も続発した（太田，2014）．また多くの造林地の保育作業が行き届かず，下草刈りができず被圧される例や，要間伐時期を迎えても，間伐が間に合わない森林などが続出した．特に，労賃の高騰などにより，伐採・搬出しても材価はそのコストにも届かないという状況になってしまい，主伐すらできない状況になり，木材の自給率は 18% にまで落ち込むという状態になってしまった．さらに，新規造林が落ち込んでいることも問題である（菊沢，2007b；図 0.2）．拡大造林の失敗に「懲りてしまって」新規造林をやめてしまったのである．これでは新しく針葉樹材が必要になった場合に即応できず，あわてて造林しても需要に対応できないという，同じ失敗を繰り返しかねない．

しかしここへ来て明るいきざしが見え始めている．筆者の一人は金沢市の林業大学校の事業に関わっているが，林業をやってみたいという人が，特に若い人や女性が増えてきているのである．木材自給率も 30% 以上に盛り返してきている．育林の多くの過程は機械化され，3K 職場といわれた林業も，自然のなかで楽しく働ける魅力ある職場に代わる可能性がある．

戦後拡大造林は国家的大プロジェクトであって，全国を巻き込んだ壮挙であるとともに，奥山の美林を消滅させ，花粉アレルギーのもととなる花粉を撒き散らし，手入れ不足の林を大量に作り出し，日本の景観を大きく変えて，景観と生物の多様性に大きな影響を与えた愚挙でもあった．この愚挙から何かを学び，壮挙に変えていくことが，問われている．

21 世紀になって，国有林の姿勢は，経済性重視から，森林の持つ公益的機能重視へと大きく転換した（岡部・中静，2018）．水源涵養機能，木材生産機能，生物多様性保全などを含む 8 つの機能が地域ごとに考慮され（河野，2013），木材資源利用のための森林の比重は小さくなっている．ただこういった姿勢が他国の森林破壊という犠牲の上に築かれているのであれば，世界的な支持をえられないであろう．世界的にみても，全体的には森林面積は減少しているのだが，森林面積が増え始めている国もある（辻野，2018）．世界的スケールで歴史をふまえたうえで考えることの必要性を示唆している．

引用文献

Corner, E. J. H. (1964) *The Life of Plants.* Chicago University Press.

Graham, L. E. (1993) *Origin of Land Plants.* John Wiley & Sons.（渡邊 信・堀 輝三 共訳（1996）陸上植物の起源，内田老鶴圃）

Hermy, M. & Verheyen, K. (2007) Legacies of the past in the present-day forest biodiversity : a review of past land use effects on forest plant species composition and diversity. *Ecol. Res.*, **22**, 361–371.

星野欣也（2000）手鋸の歴史，林業技術，**700**，14–17.

石川県（2014）石川の森林林業と石川森林環境税.

石川 統ほか 編（2010）生物学辞典，東京化学同人．

河野裕之（2013）森林計画制度に基づくゾーニングと自然林の再生．景観生態学，**18**，83–88．

菊沢喜八郎（2007a）立ち上がった巨人――樹木の老化を考える．エコソフィア，**19**，25–30．

菊沢喜八郎（2007b）未来につながる森林作りと研究 ――公立研究機関の研究者に送るエール――．第 40 回記念 林業技術シンポジウム：未来につなぐ森林作りをめざして，1–8．

Liphsitz, Biger, G.（1991）Cedar of Lebanon（*Cedrus libani*）in Israel during antiquity. *Isr. Explor. J.*, **41**, 167–175.

中村太士（2018）森林と災害．森林科学シリーズ 3　森林と災害（中村太士・菊沢喜八郎 編），pp. 1–23，共立出版

岡部貴美子・中静 透（2018）森林の変化と生物多様性．本巻第 4 章．

大住克博（2018）日本列島の森林の歴史的変化――人との関係において――，本巻第 2 章．

太田尚宏（2006）内務省直轄官林における樹実採拾活動について――明治十三年「樹実採拾一件」の事例から――．徳川林政史研究所紀要，**40**，101–113．

太田尚宏（2014）森林政策から見た“徳川三百年”．森林の江戸学（徳川林政史研究所 編），2–84．

Raven, J. A.（1986）Evolution of plant life forms. *in: On the Economy of Plant Form and Function*（ed. T. J. Givnish）. pp. 421–492, Cambridge University Press.

清和研二（2018）森林の変化と樹木．本巻第 3 章．

辻野 亮（2018）世界の森林減少の歴史．本巻第 1 章．

戸部 博（1994）植物自然史，朝倉書店．

Whitmore, T. C.（1990）*An Introduction to Tropical Rain Forest.* Clarendon Press.

Williams, M.（2000）Dark ages and dark areas: global deforestation in the deep past. *J. Hist. Geogr.*, **26**, 28–46.

Yasuda, Y., Kitagawa, H. & Nakagawa, T.（2000）The earliest record of major anthropogenic deforestation in the Ghab valley north west Syria: a palynological study. *Quat. Int.*, **73/74**, 127–136.

横浜康継（1985）海の中の森の生態：海藻の世界を探る（講談社ブルーバックス），講談社．

第 1 部

森林の変貌

第1章 世界の森林減少の歴史

辻野 亮

はじめに

世界の森林の現状

世界の森林面積は2015年の段階で，約39.99億ha（全陸地面積の約30.65%）を占めている（FAO, 2015；Keenan, 2015；表1.1）．森林被覆のうち，熱帯林は44%（アマゾン，サハラ以南の熱帯アフリカ，東南アジア），亜熱帯林は8%（北インドシナ，フロリダ），温帯林は26%（アメリカ合衆国東部，ヨーロッパ，日本），寒帯林は22%（カナダ，ロシア）を占めていた（Hansen *et al.*, 2013；Keenan *et al.*, 2015）．世界の森林は減少を続けており，1990年から2015年までの平均としては毎年517万ha（陸地面積の0.04%）が減少している（FAO, 2015；Keenan, 2015）．その傾向は地域によって異なり，陸地面積あたりの変化率で見ると，カリブ地域と東アジアでは大きく増加傾向にあり（+0.17～0.39%／年），ヨーロッパや北アメリカ，西・中央アジアではわずかに増加傾向にあるものの（+0.00～0.04%／年），北アフリカやオセアニアではわずかに減少傾向で（−0.01～−0.04%／年），中央アメリカや南アメリカ，東・南アフリカ，西・中央アフリカ，南・東南アジアでは減少（−0.13～−0.53%／年）が顕著である（FAO, 2015；表1.1）．世界の森林面積の半分近くを占める熱帯林における減少は顕著で，1990年から2015年にかけて熱帯林で−1.95億ha，亜熱帯林で −0.05億haの森林が失われた（Keenan, 2015）．一方，寒帯林と温帯林ではそれぞれ，0.05億haと0.66億haの森林が回復し

表1.1　世界の森林面積（100万ha）と被覆率(%)，年平均変化量（FAO，2015）

地　域	1990年	2000年	2005年	2010年	2015年	年平均森林消失（1990年–2015年）
北アメリカ	720.5 (35.08%)	719.2 (34.9%)	719.4 (34.91%)	722.5 (35.06%)	723.2 (35.09%)	0.1 (0%)
中央アメリカ	27 (53.11%)	23.4 (46.13%)	22.2 (43.66%)	21 (41.33%)	20.3 (39.84%)	−0.3 (−0.53%)
南アメリカ	930.8 (53.21%)	890.8 (51%)	868.6 (49.73%)	852.1 (48.79%)	842 (48.21%)	−3.6 (−0.2%)
カリブ海諸国	5 (22.17%)	5.9 (26.14%)	6.3 (28.15%)	6.7 (29.94%)	7.2 (31.94%)	0.1 (0.39%)
北アフリカ	39.4 (4.13%)	37.7 (3.95%)	37.2 (3.9%)	37.1 (3.89%)	36.2 (3.8%)	−0.1 (−0.01%)
西・中央アフリカ	346.6 (33.55%)	332.4 (32.18%)	325.7 (31.53%)	318.7 (30.85%)	313 (30.3%)	−1.3 (−0.13%)
東・南アフリカ	319.8 (31.98%)	300.3 (30.02%)	291.7 (29.17%)	282.5 (28.25%)	274.9 (27.49%)	−1.8 (−0.18%)
東アジア	209.2 (18.09%)	226.8 (19.62%)	241.8 (20.92%)	250.5 (21.67%)	257 (22.23%)	1.9 (0.17%)
南・東南アジア	319.6 (38.12%)	298.6 (35.67%)	296.6 (35.43%)	296 (35.36%)	292.8 (34.98%)	−1.1 (−0.13%)
西・中央アジア	39.3 (3.5%)	40.5 (3.6%)	42.4 (3.78%)	42.9 (3.82%)	43.5 (3.87%)	0.2 (0.01%)
ヨーロッパ	994.3 (44.9%)	1002.3 (45.30%)	1004.1 (45.35%)	1013.6 (45.77%)	1015.5 (45.87%)	0.8 (0.04%)
オセアニア	176.8 (20.84%)	177.6 (20.93%)	176.5 (20.8%)	172 (20.24%)	173.5 (20.42%)	−0.1 (−0.02%)
世界	4128.3 (31.65%)	4055.6 (31.09%)	4032.7 (30.91%)	4015.7 (30.78%)	3999.1 (30.65%)	−5.2 (−0.04%)

た（Keenan, 2015）．南アメリカ，アフリカなどの熱帯の森林を中心に減少し，ヨーロッパや東アジア地域の温帯の森林で森林面積が増加している．1990年から2015年までの間に変化した森林面積を国別にみると，ブラジル（−5.3億ha），インドネシア（−2.8億ha），ナイジェリア（−1.0億ha），ミャンマー（−1.0億ha），タンザニア（−1.0億ha）で減少が大きく，逆に中国（+5.1億ha），アメリカ合衆国（+764万ha），インド（+674万ha），ロシア連邦（+598万ha），ベトナム（+541万ha）では増加が大きい（FAO, 2015）．

森林減少は歴史を通じて人類が抱えてきた問題である

森林は様々な生き物の生息の場であると同時に，人々の生活になくてはならないものである．人々は過去の自然環境の中で森林から様々なものを収奪するとともに，森林そのものを拓いて農地へと転換していった．一般的に，人口が増えれば環境に加わる圧力も増大する．中でも木材の供給と農地の確保が問題になる．工業化前の人類にとって木材は，暖房，調理，建築，道具作成のために，簡単に利用できる資源であった．その一方で着実に増加する人口を支えるための農地を確保する目的で森林が伐採されてきた．一人の人が一生の間で目撃する変化は少しであっても，歴史を積み重ねていくにつれて定住社会の周囲で着実に森林減少は進行していく．森林が消失すると，木材供給が失われるだけでなくラタンや樹脂，ナッツ，果実などの非木材森林生産物（non-timber forest products）も失われることになる．また，洪水や旱魃の被害も拡大することになるだろう．人類の歴史を通じて現代にいたるまで，森林破壊は多くの社会が抱えてきた問題である．人為的森林破壊と土壌侵食，土地劣化は，不可逆的な生態学的変化をもたらし，地域の気候パタンや生物多様性損失，人類の生業や生存にまで影響を与えてきた（たとえば，Diamond（2005）は森林を失って崩壊した文明の事例に詳しい）．

直接要因と間接要因

森林減少の要因は，大きく二つに分けることができる．一つは森林減少に直接的に寄与する直接要因（direct pressure），もう一つは直接要因を誘導している間接要因（underlying cause）である（図 1. 1）．直接要因としては，食糧（小麦や米，トウモロコシ，ジャガイモ，キャッサバなどの主食になる食料）や換金作物（ゴム，アブラヤシ，ココナッツ，コーヒー，茶，綿花，アカシアなど），牧場のための農地（農耕地・放牧地）拡大や商業用・薪用の木材伐採，道路網構築などのインフラ拡大，森林火災などが挙げられ，森林減少の直接的な圧力となっている（Geist and Lambin, 2002；Fox and Vogler, 2005；Langner *et al.*, 2007；Gaveau *et al.*, 2009；Langner and Siegert, 2009；Feintrenie *et al.*, 2010；Wicke *et al.*, 2011）．

ただし，これらの直接要因はお互いに関わりあっており，単純に説明できるものではない．たとえば，農地拡大のための火入れによって失火し，森林火災

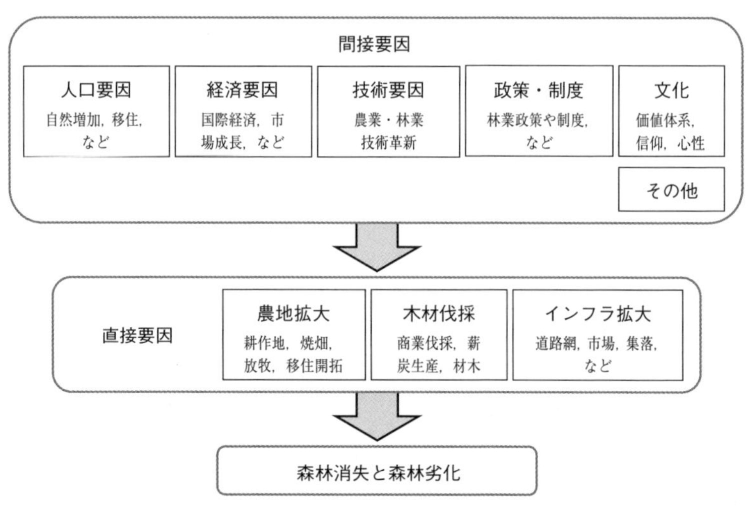

図 1.1　森林消失と森林劣化に及ぼす直接要因と間接要因
Geist and Lambin（2002）より描く．

を誘発する場合もある（Langner and Siegert, 2009）．また，森林伐採には違法のものと合法のものがあるが，仮に合法にみえても，伐採権取得から輸出までの間に何かしら違法な行為が混じっていることはあるし，たとえ合法的であったとしても持続的でなければ，結局のところ森林減少にいたる．そしてこれらの直接要因は，人口増加や移住，貧困，国際的な農林産物の需要などの経済要因，技術革新，自国・他国の林業政策，土地所有制度，汚職，戦争・紛争，鉱物資源採取などの社会的・経済的な間接要因によって誘導される．

森林減少史をとらえる意義

歴史の中で人々は森林と関わりながら生きてきたため，人の歴史と森林の歴史はそれぞれに大きな影響を与えあってきた．世界の森林はどのように人の歴史を形成し，人はどのように森林を変えてきたのであろうか．森林消失に関わる要因は，地域が抱える歴史によって異なる．たとえば，インドネシアのジャワ島のように人口過多で森林がほとんど失われてしまった地域もあれば，スマトラやカリマンタンのように，今まさに人口増加と森林減少の途上にある地域もある（Tsujino *et al.*, 2016）．フランスでは，黒死病の流行によって人口急減と一時的な森林回復をした時期もあるが，概ね人口増加によって森林減少をた

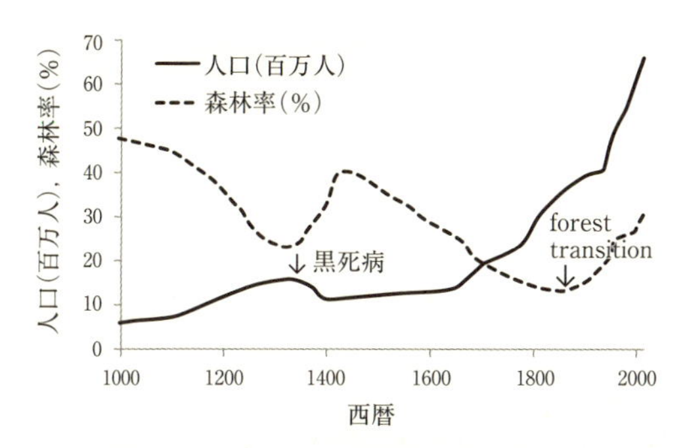

図 1.2　フランスにおける森林回復（forest transition）
14 世紀の黒死病が流行した際に人口減少して森林回復している．19 世紀には人口増加しつつも森林回復しており，forest transition が起こっているのがわかる．Mather *et al.* (1999) より描く．

どってきた．しかし 19 世紀以降は人口増加と森林増加が併存している（Mather, 2007；図 1.2）．このように，地域によって森林減少に関わる社会的・歴史的状況が異なるため，世界全体において森林減少を緩和するためには，それぞれの地域と時代によって森林消失とその要因の関わりを見てゆく必要がある．そこで本章では，全球的な森林変化の歴史と地域固有の変化の歴史を追ってゆく．

1.1　人類の発展と人口，森林面積の関わりの歴史 

1.1.1　狩猟採集民

200 万年前にアフリカで生まれた人類は，約 1 万年前までに地球上のすべての大陸に分布を広げた（HYDE3.2；ftp://ftp.pbl.nl/hyde/hyde3.2/ 2016 年 12 月 2 日確認．以後特に断りがなければ人口推計は HYDE3.2 の推定による）．ヒト以外の動物では体の形態が変化したことで様々な環境に適応して分散して行ったのとは対照的に，人類は文化を発展させることで世界各地に分散して定住していった．

初期の人類は狩猟・採集といったかなり一時的な生業から始めて，農業や居住地として土地を恒常的に利用してゆき，人口が広範囲で持続的に存在するよ

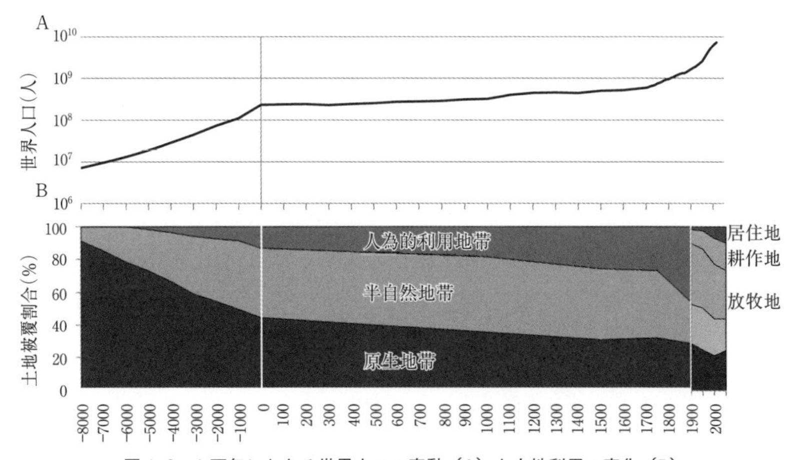

図 1.3　1 万年にわたる世界人口の変動（A）と土地利用の変化（B）
1750 年以降の 250 年で人口が大きく増えるとともに，半自然地帯が人為的に利用されるにいたった．A は HYDE3.2 のデータベース（ftp://ftp.pbl.nl/hyde/hyde3.2/），B は Ellis（2015）より描く．

うになったことで，世界的に自然生態系を改変させてきた（Ellis *et al.*, 2010）．

初期人類は地域に生息する動物や植物を狩猟採集して生きるための様々な技術革新を伴いながら日々の食料を得てきた．ほとんどの人は狩猟採集者であり，遊牧民や半居住者の生活習慣を実践していた（Richerson *et al.*, 2001；Bellwood, 2005）．1 万年前（紀元前 8000 年）の世界人口はおよそ 724 万人であり，長期間続いた狩猟採集の時代に人口が増加してきたと考えられる（図 1. 3A）．しかし，人類は生態系の中で高次消費者であり，一定面積に生存できる人口は環境収容力によって制限されてきた．

長く続いた狩猟採集の生活は，いまからおよそ 1 万年前に世界の数箇所の地域（西南アジア，中国，中央アメリカ，ニューギニアなど）でそれぞれ独立に農業が発達したことで終わりを告げ，人類の生活と自然環境は大きく変化し始めることとなった（Bellwood, 2005）．人類は，狩猟採集生活から脱却して有望な野生植物の半栽培過程を経て，農業を高度に発展させて世界の景観を変え始めた．

1.1.2　農業を始めた人類

人類が定着農業へ移行することで森林が永続的に伐開され，森林減少が本格的に始まった．世界で農業が生まれた場所と時期には諸説あり，Bellwood (2005) は様々な考古学的証拠をもとに紀元前9500年のヤンガードリアス氷期の直後数百年の間に「肥沃な三日月地帯」(fertile crescent; ペルシア湾からチグリス川・ユーフラテス川を遡ってシリア，パレスチナ，エジプトへと到る三日月型の地域）において，コムギ，オオムギ，エンドウマメ，レンズマメ，ヒツジ，ヤギ，ブタ，ウシを栽培化・家畜化して生じたと推測している．他にも中国の黄河流域，ニューギニア島の内陸高地，中央アメリカ（メキシコ中部)，南アメリカ北部などでも農業が開始され，これらの地域から作物や農業技術が伝播することで各地に農業が広まった (Bellwood, 2005).

農業社会が形成されたことによる自然環境の最も重要な人為的改変は，耕作地と牧草地を確立するための森林の伐採，燃料木や建設資材のための森林の開発であった (Hughes and Thirgood, 1982; Kaplan *et al.*, 2009)．つまり，作物を栽培し，家畜の放牧をして自然生態系を大きく変えることになった．この集約的な食料生産方式は，人類史上もっとも画期的な転換期となった．この結果，従来に比べてはるかに大量の食料の供給が可能になり剰余生産を産みだしたため，階級制を持つ複雑な定住社会が発展して人口も増加した (Ponting, 1991).

農業が確立すると，食料を得るための農耕によって土地は集約的に利用され，一人あたりの土地利用面積は着実に減少し，農業が始まった完新世中期から工業化の時代にかけて十分の一に減少した (Ruddiman and Ellis, 2009; Kaplan *et al.*, 2010).

世界の人口はゆっくり増加して，紀元前5000年には1907万人に達した．紀元前5000年を境に決定的な時代を迎え，大規模な定住社会が発展して人口が増加し，紀元前1000年には1.1億人，さらに，西暦0年には2.3億人に達した．

一方，農業がまだ発達していない世界の多くの地域では，800年になっても森林に対する人間の影響はほとんど見られなかったと推測される (Pongratz *et al.*, 2008).

ローマ帝国と漢が最盛期であった200年頃に，世界人口は2.4億人に達した．しかし，気候の寒冷化やこれらの帝国の衰退に伴って，1000年頃までの間は人口の目立った増加は見られなくなる（Ponting, 1991）．その後気候が温暖化してくると，1200年までの間に中国とヨーロッパで人口増加が続き，世界人口は4.5億人に達した．その後100年間は食料供給の限界に達したためにそれほど増加せず，1300年の世界人口は4.6億人であった．1300年頃からは飢餓と疫病のために人口は急激に落ち込み，1400年頃には回復に転じたが，それでも4.4億人に戻っただけだった．しかしその後の300年間で緩やかに増加して，1600年には5.2億人，1700年には5.9億人になった．

大航海時代以前には，世界のそれぞれの地域はほとんど隔離した状態で発展しており，人口・食料生産・森林のバランスに関する問題を別々に対処してきた．しかし1500年以降のヨーロッパの拡大は，世界各地が相互に影響するきっかけとなり，森林問題の新たな展開をもたらした．

ヨーロッパ勢力が世界各地で植民地支配をしたことで，本国では栽培できなかった作物を大規模に作るようになった．たとえば，16世紀に始まって17世紀に広がったサトウキビやコーヒー，カカオ，紅茶，マニラ麻，インジゴ，アブラヤシ，フルーツ，ゴムなどの栽培が，中南米のみならず，アジア・アフリカの森林破壊を直接的・間接的に引き起こした（Westby, 1989）．

ヨーロッパではすでに優良な木材が枯渇しており，当時航海の主流だった帆船のマストを構成する材木を入手することが困難であった．そのため，南北アメリカ大陸やアジア地方の木材資源が重視されるようになった．キューバが砂糖生産の島になる前にはスペインの造船基地があったし，北アメリカの植民地はイギリスへの造船材の供給地であった（Westby, 1989）．

1.1.3　工業化以後の変化

18世紀になると，世界人口はそれまでに見られなかった速度で増加しはじめ，1800年には9.4億人に達した．飢饉や伝染病の流行で中断されながらも人口の増加傾向は続き，今日では70億人を超える世界人口が農業によって支えられている．この長い人口増加期間を通じて人口の空間分布も大きく変動した．農業が普及する以前は，世界人口はほぼまんべんなく分布していたが，定住社会が成立して初期農耕社会が発生すると，西南アジアや地中海沿岸地域，中国，インドに大帝国ができて人類社会の中心地になり，世界人口はそれらの地域に集中してきたと推測される．

Ellis *et al.* (2010) は，人為的撹乱を受けた生物群系を人為群系（anthrome＝anthropogenic biome）と定義した．彼らは，世界的な人口密度の分布パタンや農地・都市などの1700年以降の土地利用分布パタンをルールベース分類によって人為群系として分類した（図1.4；すべての空間データは，http://ecotope.org/anthromes/v2 からダウンロードできる）．1700年より前の人口・土地利用・人為群系の空間データに関しても，HYDE3.2データベースに集約されている（Klein Goldewijk *et al.*, 2016；ftp://ftp.pbl.nl/hyde/hyde3.2/000/anthromes12K/ 2016年12月2日確認）．1700年には，大部分の土地はすでに人口と土地利用によって緩やかに変化しており，地上のほぼ半分は実質的には土地利用のない原生地域（49.4%）であり，残りの大部分は，農業と居住地として軽微に利用されている半自然地帯（45.3%）であった（Ellis *et al.*, 2010；Ellis, 2015；図1.3B）．その頃には，ヨーロッパ，サハラ以南のアフリカ，南アジア，東アジア，中央アメリカなどの半自然地帯に人口の半分近くが比較的薄く広範囲に分散して住んでいて，残りの人口は農地や村落に住んでいた（Ellis *et al.*, 2010）．

しかし2000年までに人為的な影響を強く受け，地上の半分（55.4%）が集約的な農地や居住地として改変され，19.2% が半自然地帯，25.4% が原生地帯として残っている（Ellis *et al.*, 2010）．しかも，20世紀は，過去数千年の中で最もダイナミックに変化した時期であり，地表の大部分が主として原生または半自然地帯であるという状態から，主として人為的利用という状態に移行した期間であった．そして，わずか3.8% の人口が半自然地帯に住み，大多数（83.1%）は村落や都市に住んでいる（Ellis *et al.*, 2010）．森林面積は，一時的に人口が減少し森林が回復していたと考えられる14世紀後半を除けば，基本的には常に減少してきたと考えられる．しかし，1990年以降は森林減少速度が緩和されつつある（FAO, 2015；1990～2000年には −726.7万ha／年，2000～2005年には −457.2万ha／年，2005～2010年には −341.4万ha／年，2010～2015年には −330.8万ha／年）．

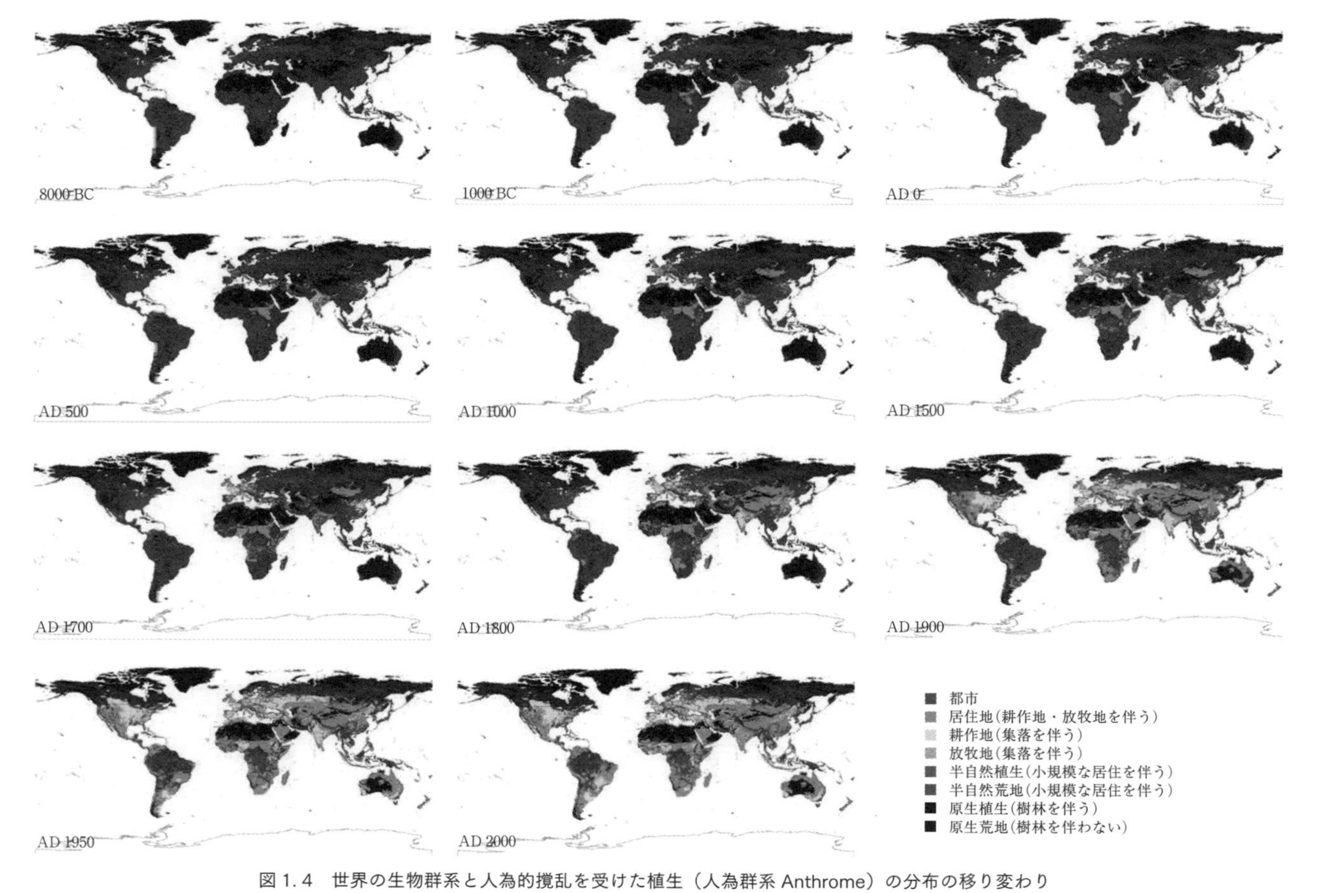

図 1.4　世界の生物群系と人為的撹乱を受けた植生（人為群系 Anthrome）の分布の移り変わり
Ellis *et al.*（2010）; HYDE3.2 データベース（ftp://ftp.pbl.nl/hyde/hyde3.2/000/anthromes12K/）より描く．→口絵 1

工業化より前の社会において人口は，農地拡大と森林減少に直接的に影響して人為的な土地利用・土地利用変化（LCLUC：land cover and land use change）をもたらす主要な推進要因であった．しかし，社会が工業化することで様々な農業技術（たとえば，化学肥料，農薬，品種改良，遺伝子組み換え作物（GMO），機械化農機具）が利用可能になり集約的に農業を行うようになったので，一人あたりに必要な農地面積は減少してきた（Kaplan *et al.*, 2010）．たとえば，1910年頃に発明されたハーバー・ボッシュ法は，空気から肥料を作り出す技術といえる．なお，森林への人口圧は，非農業食料資源の利用（たとえば，漁業）によっても改善されてきただろう．

技術の発展は集約化や効率化によって森林への圧力を低減させる場合もあるが，森林減少を加速する場合もある．現代ではチェーンソーによって短時間で木材を伐採することができる．さらに，一部の高級材を除いて木材の価格は生産地から消費地までの輸送コストが大部を占めるが，鉄道と船舶の発展によって木材の輸送コストが低下すると，遠隔地や海外から木材資源を輸送することが経済的に可能となったし，丸太を運ぶトラクターや林道が建設されると奥山まで伐採して大量輸送することまでできるようになった（石，2003）．19世紀末に鉄道が普及したことで，北アメリカやブラジル南部，アルゼンチン，オーストラリア，シベリアでは農耕の発展と森林伐採が始まった（Grigg, 1974）．さらに，冷蔵・冷凍食肉を輸送する船が1870年代後半に運行を始め（Ponting, 1991），林産物だけでなく，遠隔地の農畜産物に関しても流通可能になったので，当該地で消費しきれない量の農畜産物を生産するための森林伐開が行われた．

技術の発展は，森林伐採の新たな要因も生み出す．2000年以上前に中国で紙が発明された時には樹皮やぼろ布などから作られていた．ヨーロッパでは羊皮紙が用いられてきたが，原料不足から19世紀半ばに木材から紙を作る技術が開発され，コウゾやミツマタのような特殊な樹種だけでなく，森林を構成する普通の樹木からも紙を作ることが可能となったため，製紙業も森林減少の要因として挙がってきた（石，2003）．他にも，1839年にグッドイヤーによって加硫ゴムが発明されると，南アメリカ原産のパラゴムノキ（*Hevea brasiliensis*）の需要が急速に発生し，南アメリカではパラゴムノキの植林がうまくゆかなかったために東南アジアに大規模なプランテーションが開拓されるようになった．

このように工業化以降の社会では，国際貿易や影響低減化技術の開発，効率的な輸送手段などの要因によって，森林への影響が複雑になる．たとえば19世紀半ばのヨーロッパでは，工業化と都市化，ある程度の技術発展とが同時的に起こったので，「人口が増えると耕地面積も増加する」という関係が解消されて，人口が増加しているにもかかわらず農地拡大は伴わず，一旦減少した森林面積が回復する「forest transition」を経験し始めた（Mather 1992, 1999, 2004; Mather *et al.*, 1998; 佐竹，2007; 坂本ほか 2014; 図1.5）．しかし一方では，20世紀になって宗主国から独立した発展途上国は外貨を稼がねばならず，自国の資源である天然林の伐採と輸出作物の耕作に拍車がかかったために，人口増加の影響以上に森林が減少した地域もあったと推測される．世界経済のグローバル化とともに，先進国の大資本が発展途上の熱帯諸国における木材生産に次々と参入し，伐採技術の発展や土地転換の需要と相まって，伐採速度は加速した．発展途上国の木材輸出国では，政府や山林所有者が一定期間の伐採を許可するという伐採権（コンセッション）という形で，国内外の木材会社に

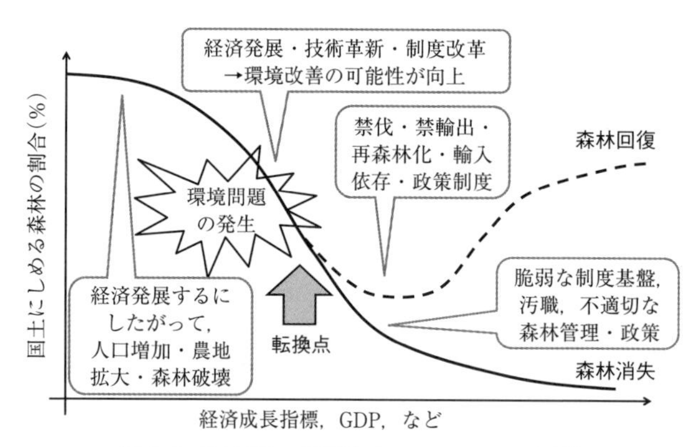

図1.5　森林回復の可能性（forest transition 仮説）
人口増加や農地拡大，森林破壊が起こると，人々の生活に支障をきたすような環境問題が発生する．一方で，経済発展するにしたがって，技術革新や制度改革などを行うことで環境改善の可能性が向上する．そこで，禁伐や禁輸出，再森林化，輸入依存などの政策制度改革を行うことができれば森林が回復してゆく．しかし，脆弱な制度基盤に拠って汚職や不適切な森林管理と森林政策が実施されると，森林は回復せず，そのまま森林は失われ続けるだろう．

森林資源を売る場合が多く，会社は最短期間で最大収穫をして，次の森林に移ってゆくという短期的施業に終始することになり，長期的に森林経営するインセンティブを欠いてしまう．

農業が始まってからのおよそ1万年にわたる歴史を経て，地球上の植生は気候条件によって規定されているバイオーム（生物群系）から，人為の影響を大きく受けた人為群系へと大きく変化した．特に過去300年の間に大きな変化があった．現在でも大面積の原生的なバイオームが認識されるのは，冷涼な生物圏か乾燥した生物圏（北方林と混交林，ツンドラおよび砂漠），地域でいうと北アメリカやオーストラリア，ニュージーランド，近東，ユーラシア地域などである（Ellis *et al.*, 2010）．

1.2　各地域の森林減少史

1.2.1　中東とアフリカ北部

A.　西南アジアでの文明の発祥

最古の農業の一つは西南アジアの乾燥地，つまり現在のパレスチナ，シリアからアナトリア南部を経てイランのザグロス山脈にいたる肥沃な三日月地帯において紀元前9500年頃に興った（Bellwood, 2005）．紀元前8500年頃には，大麦や小麦，エンドウ豆類の栽培とヒツジ，ヤギ，牛，豚の囲い込みを組み合わせて，かなり進んだ農業形態ができあがっていた（Bar-Yosef, 1998；Diamond, 2002）．紀元前約7000年〜6000年の間は，西南アジアの農業人口の分布は主として高地に限られていた（Ponting, 1991）．ところがその後人口が急激に増加したとみえ，1000年ほどで天水農業（降雨だけに頼った農業）に適した土地は耕しつくされた（Ponting, 1991）．そのため紀元前5500年頃，メソポタミアの東縁部にあたるイラン南西部のフジスタンで灌漑が始まった（Ponting, 1991）．紀元前5000年を過ぎるころには，メソポタミア一帯では階級社会への第一歩が踏み出された（Ponting, 1991）．

これらの地域の主要な河川（ティグリス川・ユーフラテス川）は，大規模な集落の人口を灌漑によって扶養することが可能であり（Weiss *et al.*, 1993），またオアシスは半乾燥地帯における大面積の放牧を可能とした（Potts, 1993; Kaplan *et al.*, 2009）．確立された農業実践によって食糧供給が増加したが，地域によっては灌漑農業が失敗したことで，土地を塩性化させてしまい，農業のできない土地へと変えてしまった．紀元前1000年頃に，近東諸地域（イラク，シリア，レバノン，パレスチナ，ヨルダン）には，優良な農地が少なくなっていた（Kaplan *et al.*, 2009）．800年頃には，集約的な農業は地中海沿岸と気候がより好適なアナトリア地方，灌漑を伴ったエジプトの農地，肥沃な三日月地帯にのみ制限されるにいたった（Pongratz *et al.*, 2008）．

最初の農耕文明として発展した近東地域のイラク，シリア，レバノン，パレスチナ，ヨルダン付近では，すでに達成されていた高い人口密度によって紀元前1000年までに相当な量の森林が伐採されて農耕地や放牧地に変えられた（Kaplan *et al.*, 2009）．この一帯の本来の植生は発達したシーダー林であり，その一種であるレバノンスギ（*Cedrus libani*）は現代レバノンの国旗にも描かれており，高い背丈とまっすぐな幹のために古代の中東全域で人気が高かった（Ponting, 1991）．メソポタミアの都市国家や帝国もレバノンスギを建材として利用し，この森林地帯を勢力下においたり，地域の支配者と木材の交易をすることを最優先にしてきた（Ponting, 1991）．レバノンスギはのちに，フェニキア人による貿易の大黒柱となり，広い地域で取引された．この名木は次第に伐採が進み，ついにはほんの数か所でかろうじて生き残るだけになった（Ponting, 1991）．紀元前300年になっても，近東地域は人口密度が高いままであり，森林が回復する余地はなかった．

B. アフリカ北部地域への広がり

エジプトのナイル川流域には，西南アジアで発展した小麦と大麦の栽培とヒツジとヤギの飼育を伴った生活様式がほとんどそのままの形で広がった（Ponting, 1991）．紀元前5500年頃にナイル川流域に定住社会が出現して以来，19世紀に近代技術がそれまでのやり方を危うくするまでの約7000年もの間，国家の基盤としてナイル川の毎年の洪水を利用して農業を行ってきた（Ponting, 1991）．元々エジプトは砂漠に囲まれた乾燥地帯であったため，ナイル川の周辺以外ではほとんど植生はなく森林も見られず，しかも技術がゆるす限りすべての土地が農地として利用されたため（Pongratz *et al.*, 2008），現在でも森林率は非常に低い（0.07%；FAO, 2015）．

その他の北アフリカ地域では，紀元前1000年の時点では，ほとんど森林伐採が行われていなかった（Kaplan *et al.*, 2009）．紀元前1000年までに，多数のフェニキアの入植地が，地中海の貿易ルートに沿って現在のチュニジアのあたりに集中していた．カルタゴ帝国は紀元前300年までに最大の範囲にほぼ達しており，北アフリカの人口密度が高くなったので，おそらく広範囲の森林破壊が起こっていたであろう．北アフリカ地域の中では利用可能な土地の割合が高いモロッコには多くの人々が入植して，モロッコからチュニジアにかけての地中海沿岸地域の森林は失われた（Kaplan *et al.*, 2009）．

C. 西暦1000年以降

パレスチナ−ヨルダン地域では，過去数千年にわたる持続不可能な土地利用を行ってきたことで西暦1000年以降においても利用可能な土地面積あたりの扶養可能人口が低いままであり，この地域で人口と土地利用度が緩やかに減少してきたことと矛盾しない（Cordova, 2005；Kaplan *et al.*, 2009）．

北アフリカでは，ベドウィンによる侵攻（11世紀）や黒死病（ペスト）（14世紀），大航海時代に入って地中海から大西洋へと活動の場が広がったことによる地中海地域の景気後退（17世紀）などの影響を受けて人口と農地の拡大は後退し，逆に森林は回復したと推測される（Pongratz *et al.*, 2008）．しかしこの地域では，放牧が生業の中心だったので，18世紀以降になって徐々に人口が増加するまで何世紀にもわたって多くの自然草地が放牧のために使われてきた（Pongratz *et al.*, 2008）．20世紀になって人口が増加すると，栽培作物の生産が急激に重要になり，それによって農地が開墾されて森林・灌木植生が急速に失われた（Pongratz *et al.*, 2008）．

エチオピアでも森林の濫伐による禿山化の問題が起き，絶え間ない森林破壊によって，土壌はやせ，斜面は浸食されて環境は極めて悪化した（Ponting, 1991）．もはや低木はおろか草さえ生えない場所もあった（Ponting, 1991）．被害が大きくなりすぎたために1000年頃には，国の中心は南部に移り，中央高原地帯に新しい首都を作らざるを得なくなった．だがこの新しい地域でもまた同じ過程が繰り返され，再び大きな環境破壊を引き起こした（Ponting, 1991）．放牧と乾燥によって，1200年から1400年頃にかけては草地が広がっていた（Darbyshire *et al.*, 2003）．しかし深刻な乾燥化によって人口が減少し，同時に降雨量が増加したことで，1400 年から 1700 年にかけてビャクシン属（*Juniperus*）の林が回復した（Darbyshire *et al.*, 2003）．森林は回復したが再び森林減少と土壌浸食がはげしくなった（Darbyshire *et al.*, 2003）．1883 年にエチオピアの首都になったアジスアベバ周辺は，人口が増加したことで，わずか 20 年で市街地から 160 km までの地帯は，首都で消費される燃料として炭焼き職人の手によって丸坊主にされてしまった（Ponting, 1991）．19 世紀末にユーカリの植樹が奨励されてからは薪炭の需要にめどが立ち，薪のほぼ 100% と建築材の 90% を植林されたユーカリが占めるに至っている（石，2003）．

1.2.2　ヨーロッパと旧ソ連地域

A.　紀元前 6000 年以降の農業の伝播

西南アジアで発祥した農業と放牧は，アナトリア地方やギリシャ，地中海地域を経てヨーロッパ全域へと広まった．気候が西南アジアとさほど違わない地中海東部では，紀元前 6500 年頃にムギ，マメ，ヤギ，ヒツジを伴ってほとんど障害なくギリシャに農耕が伝わり，急速に植生が改変されて森林が消失した（Bellwood, 2005）．その後，紀元前 6000 年〜紀元前 5800 年に地中海，紀元前 6000 年〜紀元前 5400 年にドナウ川流域まで急速に農耕が広がり，西ヨーロッパ（イギリスに達したのは紀元前 4000 年）やバルト海沿岸（紀元前 3500 年〜500 年）に達した（Grigg, 1974; Bellwood, 2005）．ヨーロッパと近東の間では，初期農法は南東から北西へおよそ 1 km／年（0.6〜1.3 km／年）の速度で広がり（Ammerman and Cavalli-Sforza, 1984; Pinhasi *et al.*, 2005），ヨーロッパの最遠の海岸でさえも紀元前 3000 年には達した（Kaplan *et al.*, 2009）．

もともとヨーロッパの西部および北部はナラ，ニレ，ブナ，シナノキなどからなる温帯性落葉樹林におおわれていた（Ponting, 1991）．だが紀元前 5000 年以降の 3000 年間でヨーロッパに農耕が普及すると，これらの自然林の破壊が始まった（Ponting, 1991）．初期段階では，焼畑などの移動耕作が行われた（Ponting, 1991）．すなわち，森林を伐採して火入れを行ってから数年間耕作を行い，地力が衰えてくると放棄して森林再生に任せ，数十年の休耕の後に再び伐採と耕作をする．人口規模が小さい焼畑は，十分な森林再生の時間が確保されうるので，森林減少に対する影響は小さかったと考えられる．

B. 紀元前1000年以降の農業の隆盛と森林伐採・土壌流出

紀元前1000年におけるヨーロッパの大部分は，先史時代の文化が広がっていた地域であり，まだ森林被覆が保持されていたが，中部ヨーロッパのいくつかの小地域（ベルギー，スイス，オーストリア）では，紀元前1000年までに70%の森林が消失していたと推測されている（Kaplan *et al.*, 2009）．また，ノルウェーやスウェーデンのように耕作可能な土地が地域の総面積に比べて非常に少ない地域でも，人口を支えるためにほとんどの耕作可能な土地がすでに伐採されていた（Kaplan *et al.*, 2009）．

農業によって人口が増加して農耕と放牧が盛んになるにしたがって，生業に必要な農地・放牧地を確保するために，あるいは調理や暖房の燃料，家や船舶の建築資材，道具の材料として森林が伐採されてゆく．次第に地域で扶養できる人口を超えてしまい，平らな土地は農耕地に転換され，農地にできないような斜面ではヤギ・ヒツジなど家畜が過放牧されることで，かろうじて生えていた草や若い木，低木も食べられて土壌流出の激しい荒れ地へと変貌した．

人口変動の空間分布と農地としての利用可能性の空間分布を基にしたKaplan *et al.*（2009）のモデル推定によると，最初にギリシャ（紀元前1000年から紀元前300年頃）において森林減少が起こった．ギリシャでは，人口の増加や居住地の拡大とともに，紀元前650年頃から大規模な破壊の最初の兆候が見え始めた（Ponting, 1991）．この地域での森林減少の直接要因は，国土の八割を占める農耕不適地での過放牧にあった（Ponting, 1991）．ギリシャ人は，地力の維持のために畜糞などの肥料を使ったり，傾斜地で浸食を防ぐために段々畑を作る技術を持っていたが，それでも増え続ける人口の圧力はあまりにも大きすぎた（Ponting, 1991）．紀元前560年頃，アテネの専制君主ペイシストラトスはオリーブを植える農民に対する奨励金制度を導入した（Ponting, 1991）．オリーブは表層の土壌の下にある石灰岩の中まで伸びる強い根を持っているため，土壌浸食の激しい土地でも生育が可能な唯一の樹木だったのである（Ponting, 1991）．

紀元前300年までには，ヨーロッパとその周辺地域において森林伐採が進み，特に，ギリシャ，アルジェリア，チュニジアの農業に適した地域では，最大90% の土地が農地として利用されており，一方，中央ヨーロッパおよび西ヨーロッパ地域では農地は10% から60% の間であると計算された（Kaplan *et al.*, 2009）．人口密度の低い東ヨーロッパは80% を超える高い森林被覆率で森林が残っていた（Kaplan *et al.*, 2009）．

イタリアではおよそ紀元前300年から紀元前200年にかけて，森林減少が起こったとモデルでは推測された（Kaplan *et al.*, 2009）．イタリアでも，小さな町だったローマが中東の大部分と地中海世界にまたがる帝国の中心に成長し，人口が増大したことで同じ問題が生じた（Ponting, 1991）．紀元前300年頃には，イタリアとシチリアは森林におおわれていたが，土地と木材の需要増から急速な森林破壊が起きた（Ponting, 1991）．その必然的な結果として，土壌浸食が激しくなり，川に流入した土砂が運ばれて河口に堆積したために，港は次第に埋まっていった（Ponting, 1991）．ローマ帝国が成立し，食料需要が高まるにつれて，地中海の他の地域でも環境に加わる負担が増大していった（Ponting, 1991）．イタリアの人口を支えるために帝国の多くの領土が穀倉地帯に代わったが，とくに紀元前58年にローマ市民に穀物を無償で配給する仕組みができてからは，これは一層加速した（Ponting, 1991）．北アフリカのローマ領では，過剰な農耕によって土壌の浸食がすすみ，南から次第に砂漠が拡大してくるにつれて環境が悪化していった中で，ゆっくりと時間をかけて衰退していった．ローマ滅亡後にベルベル人などの種族が家畜の大群を連れて侵入すると，家畜の群れは，地表を覆っていたわずかな植生までも徹底的に食い尽くし，環境悪化はさらに加速した（Ponting, 1991）．

西暦350年の森林分布の推定によれば，ギリシャと近隣地域では森林被覆が紀元前300年に比べて回復していた（Kaplan *et al.*, 2009）．これは帝国の崩壊によって，この地域の人口密度が減少したために森林が回復したと考えられる（Kaplan *et al.*, 2009）．この地域での森林面積の増加の傾向は西暦1000年にも続いていた（Kaplan *et al.*, 2009）．フランス，ドイツ，ポーランドなどの中央ヨーロッパ地域では，緩やかに森林が減少し（一部の地域では最大90%），ロシア地域ではこの時期にかなりの森林減少が見られ始めていた（Kaplan *et al.*, 2009）．

400年からおよそ750年までの間，戦争や感染症，東方からの侵略（民族移動時代（migration period）：300年から700年代にかけてヨーロッパで起こった民族の移動と移住が活発だった時代），気候悪化によって，ヨーロッパの多くの国々で人口増加が停滞または減少した（Wanner *et al.*, 2008）．モデルによると，350年から1000年にかけてのヨーロッパでは，ほとんどの地域で森林面積が安定していてあまり変化しておらず，場所によっては人口減少によって再森林化していたと推測されている（Kaplan *et al.*, 2009）．

西ヨーロッパおよび中央ヨーロッパは，紀元前1000年まで森林伐採は最小限であった（Kaplan *et al.*, 2009）．しかし，十分に確立された農業と古代文明が紀元前300年までに台頭したことにより，人口増加とかなりの森林減少がもたらされた（Kaplan *et al.*, 2009）．中でもベルギーやルクセンブルグでは，早くから都市化したために，人口密度が高く森林被覆率も低かった（Kaplan *et al.*, 2009）．西ヨーロッパと中央ヨーロッパでは，農耕や放牧に適した面積が大きかったため，森林消失が激しかったと推測される（Kaplan *et al.*, 2009）．しかし，西ヨーロッパと地中海沿岸地域を勢力範囲とした西ローマ帝国（395年～480年）の崩壊後の民族移動時代には人口が減少して再森林化が起こったと考えられる（Kaplan *et al.*, 2009）．

北ヨーロッパ（ノルウェーやスウェーデン，フィンランドなど）およびヨーロッパ山岳地帯（スイスやオーストリア）では，農地として使用可能な土地の森林のほとんどが，1000年頃までには消失していただろう（Kaplan *et al.*, 2009）．特にスイスやオーストリアは山岳地域であるにもかかわらず人口密度が高いため，一人あたりの使用可能な土地が比較的少ない．それでも人口を維持できたのは，夏季に高標高の山岳地帯，冬季は低標高の谷で放牧する移牧（transhumance）が一般的であることと（Arnold and Greenfield, 2006），これらの地域が交通の要衝であるために交易によっても食料を得ることができたためと考えられる．バイキングが入植した9世紀までは人が居住していなかったアイスランドでは，寒さのために地域のほとんどが農耕にも牧畜にも適していなかったため，870年頃に最初の入植者が到着した時に，耕作可能な森林地帯がほぼ伐採されつくされたようだ（Kaplan *et al.*, 2009）．

ユーゴスラビアやブルガリア，ルーマニア，ハンガリー，東プロイセン，バルト諸国，ロシアの大部分を含む東ヨーロッパ地域では，紀元前1000年の時点では森林がほぼ手つかずだったと推測された（Kaplan *et al.*, 2009）．農地として利用可能な土地が森林伐採によって急速に失われた北ヨーロッパやヨーロッパ山岳地帯とは対照的に，東ヨーロッパではその後も森林減少が比較的少なかったと考えられる（Kaplan *et al.*, 2009）．東ヨーロッパ地域は，農耕や放牧に適した面積が大きいにもかかわらず，人口密度が低かったために後々まで森林が残ったのだろう．そのため，人口増加による農地拡大と集約化，改良された農業技術の必要がなく，中央・西ヨーロッパで広まった工業化や新しい農業技術は1850年になっても東ヨーロッパに伝わらなかった（Kaplan *et al.*, 2009）．

C．西暦1000年以降の森林変化と黒死病

寒冷化によって始まった民族移動時代が温暖化によって収束すると，ヨーロッパは古代から中世の封建社会へと発展した．11世紀までにはスペイン，フランス，イギリスの西ヨーロッパ諸国と都市が出現した．このような封建社会の政治的構造が生まれることで森林減少が拡大した．たとえば11世紀にノルマン征服後のイギリスにおいて，安定し洗練された政府が設立されたことで森林減少が拡大したことが，土地台帳であるドゥームズデイ・ブック（Domesday Book）に記録されている（Rackham, 2001）．

ヨーロッパでは，森林地域への入植と農地拡大が14世紀まで急速に進展し，農業技術の進歩によってそれまで農業に不適切とされていた土地まで開拓されるにいたった（Pongratz *et al.*, 2008）．ヨーロッパの農業技術変化はゆっくりと起こり，800年頃，フランスの北東部で新しく三圃式農業（three field system；冬畑，夏畑，休耕地に区分して，作付けと休耕を順次交代させて地力を維持する農法）がはじまったが，その普及の足取りは遅く，イギリスでも1250年頃までそれほど普及していなかった（Ponting, 1991）．そのため何千年もの間，ヨーロッパでは農業生産性は低い水準にとどまり，大半の人々は飢餓の影におびえながら生活していた（Ponting, 1991）．食糧増産に重要な役割を果たしたのは6世紀頃に発明され400年かけてヨーロッパ中に広まった大型の犂（モールドボード・プラウ（mouldboard plough）：改良された犂で，それまでの単純なプラウに比べて圃場準備にかかる時間が大幅に短縮された）や，牛に代わる馬の牽引力の使用である（Ponting, 1991）．11世紀から12世紀に入って大型の犂の使用が普及すると，それまで開墾の困難だった土地に進出し

(Ponting, 1991)，森林面積が減少していった．さらに，空中窒素を固定して土壌を肥沃にするマメと，冬季の飼料用作物の栽培によって，極めて緩慢ながら収穫量は向上していった（Ponting, 1991）．一方で，中央・西ヨーロッパ地域のうち，以前は激しく森林消失していたギリシャ近辺では，人口が減少したために 1000 年には森林面積の増加が続いていた（Kaplan *et al.*, 2009）．

海に面したノルウェーやアイスランドは，そもそも利用可能な土地が少なく 1000 年頃には新たな開墾可能な土地が底をつき農業生産が少ない地域であったが，漁業を通じて大きな人口を扶養することができた（Kaplan *et al.*, 2009）．

ヨーロッパの中では比較的森林破壊のレベルが低かった東ヨーロッパでは，中世の間に政治的および文化的不安を抱えていた（Kaplan *et al.*, 2009）．歴史的記録によると，技術の高度化には限りがあったため，西ヨーロッパの人口はすでに環境収容力の限界に近づいており（Kaplan *et al.*, 2009），新たな土地を求めて東ヨーロッパに進出する動き（ゲルマン民族による「東方植民（Ostsiedlung)」）が現れた．ヨーロッパ東部の開発の動きは，もともとスラブ人が住んでいた土地にゲルマン民族が大規模に入植を開始して始まった．ゲルマン民族の農民は，スラブ人がまだ焼畑で暮らしていた地域に，家畜の飼育や狩猟，漁労とともに，森林を開墾して大型の犂で耕しながら進出してきた（Ponting, 1991）．この動きは 10 世紀に始まり，1018 年にはゲルマン民族はウィーンを建設し，13 世紀末にようやく収束したものの，それまでにゲルマン民族は好条件の土地をあらかた占拠してしまった（Ponting, 1991）．11 世紀初頭までブルガリア帝国が領有していた東ヨーロッパでは，ゲルマン民族による東方植民によってあまり人口密度の高くない土地が侵略された（Williams, 2000；Kaplan *et al.*, 2009）．ロシアの森林ステップ地帯やルーマニア，ハンガリーは，中世に西アジアに移住した西アジア人の連続的な波状攻撃によって征服され，数世紀の間モンゴル帝国の一部となった（Kaplan *et al.*, 2009）．13 世紀末はちょうど気候が寒冷化する時期と重なり，さらに 14 世紀には黒死病の大流行もあって，人口が減少に転じ，東方植民は終末を迎えた（Ponting, 1991）．

1000 年以降のヨーロッパの多くの地域では，人口増加とともに森林破壊は着実に続いたが，14 世紀半ば（1347–1353 年）に黒死病が流行したことで人口が激減し（当時のヨーロッパ人口の 3 分の 1 から 3 分の 2 に当たる約 2,000

万から 3,000 万人が死亡したと推定されている)，急速な開墾と農地化はいったん停滞した（Williams, 2000; Kaplan *et al.*, 2009）．この感染症に起因する人口の大幅な減少によって，西ヨーロッパと中央ヨーロッパの多くの地域では再森林化が起こったと考えられ，1400 年の推定森林分布によって確認できる（Kaplan *et al.*, 2009）．ヨーロッパのほぼ全域で，森林破壊の一時停止または森林面積の増加が見られた（Kaplan *et al.*, 2009）．ただし，耕作可能な土地が非常に少ない地域（アイスランドなど）では，森林回復が起こらなかった（Kaplan *et al.*, 2009）．

15 世紀になると再び人口増加が始まり，ヨーロッパのほとんどの地域の人口は 1450 年までに疫病前のレベルに回復し，これに伴い農地増加と森林減少が進行した（Kaplan *et al.*, 2009）．そのため，1500 年から工業化直前の 1850 年にかけては，高い森林減少率が推定され，ヨーロッパと周辺地域で利用可能な土地はほとんど伐採されたと考えられる（Kaplan *et al.*, 2009）．特にこの時期（1500 年から 1850 年）には，東ヨーロッパ（たとえば，ルーマニアとブルガリア）で歴史上初めて森林伐採が急激に増加した（Kaplan *et al.*, 2009）．13 世紀初頭からモンゴルによって征服されていたロシア地域（キエフ大公国）でも，15 世紀にモンゴル人の支配から脱した後，次第に国土を拡張する過程で人口増加と森林の伐採が進んだ（Ponting, 1991）．

ベルギーとルクセンブルクは，すでに 16 世紀の段階で製造業と国際貿易に依存した洗練された都市へと発展した（Kaplan *et al.*, 2009）．

D．大航海時代

黒死病が蔓延した 100 年後（1450 年頃）にヨーロッパの人口が回復したとき，新しい土地と森林を求めて拡大してゆく必要性が再び生じた．しかし，ヨーロッパの東側には強力なイスラム勢力が支配しているため東へは拡大することができず，大西洋に進出せざるを得なくなり，大航海時代（age of discovery; 15 世紀半ばから 17 世紀半ば）とヨーロッパの世界への膨張が始まった．1500〜1700 年頃にかけては，スペインとポルトガルによるラテンアメリカ・南アメリカ（アステカ，マヤ，インカなど）の征服と，イギリスとフランスなどによる北アメリカ東部への入植，アフリカ西岸沿いにインドや東南アジアに至るルートの確立が起こった．

その頃ヨーロッパでは木材不足が起こっていた．たとえば，中世ヨーロッパで最強の海軍力を誇ったベネチアは1590年頃になると材木が枯渇して，海外から船体を輸入しなければならなかったし，イギリスでは1620年代のフランスとの戦中に船材不足が露呈して，バルト海沿岸やノルウェー，スウェーデン，ロシア，デンマーク，北米の植民地などから輸入するようになった（石，2003）．船材不足は1860年代半ばに木造船から鉄装甲艦に代わるまで続いた（石，2003）．このような木材不足と再森林化・持続的な利用の必要性から，16世紀のドイツで科学的な林学が初めて生まれた（Westby, 1989）．

ヨーロッパ人は，カリブ海の島々や南北アメリカ大陸に入植する際に，小麦やサトウキビ，ウシ，ヒツジ，ウマなどの作物や家畜を伴っていたために，入植地の環境は劇的に変わってしまった（Ponting, 1991）．たとえば，カリブ海のバルバドス，リーワード諸島，ジャマイカ，ハイチ，キューバは，サトウキビ農園造成と砂糖精製の燃料のために森林は伐採された（Westby, 1989）．逆に，新大陸からもヨーロッパ人にとって未知の作物（ジャガイモ，トウモロコシ，キャッサバ，トウガラシ，トマトなど）が，ヨーロッパだけでなく中東，インド，アフリカ，中国へも伝播して，その地域において従来の農業形態を大幅に変えることになった（Ponting, 1991）．

南北アメリカ大陸が発見される以前は，ヨーロッパの多くの地域で，基盤となる食糧は種類が限られていたために，食糧供給が非常に不安定で幾度も飢饉が発生していた．しかし，南北アメリカ大陸の発見以後は多様な作物が栽培されるようになったおかげで，破局的な凶作と飢饉の危険性は以前よりも小さくなった（Ponting, 1991）．南アメリカ大陸アンデス原産のジャガイモがスペインに導入されたのは遅くとも1570年であり，イギリスとドイツに伝わったのは16世紀の終わり頃である（Ponting, 1991）．北アメリカには1718年にヨーロッパ経由で持ち込まれた（Ponting, 1991）．メキシコ近辺が原産のトウモロコシは，小麦と比べて単位面積あたりの生産性が高く，農地面積あたりの扶養人口を増やすことができる穀類である．しかし，当時は気候が寒冷だったためヨーロッパではトウモロコシがうまく育たず，18世紀になってようやくバルカン半島で栽培が始まった（Ponting, 1991）．集約的な農業を発展させたことで食糧の供給量は上昇したが，その分人口が増えることにつながったので，農地拡大と森林伐開の必要性は継続しただろう．ただ一方で，貧しい農民はジャガイモなどの単一の作物に極度に頼りすぎた．アイルランドでは19世紀後半にジャガイモの病気が発生して大飢饉が生じ，およそ100万人が餓死し，およそ200万人がアメリカ合衆国やオーストラリアなどに移住せざるを得なくなった．

1750〜1850年頃には，インドに対する覇権争いでイギリスがフランスに勝ち（1757年のプラッシーの戦いなど），イギリス東インド会社によるヨーロッパと中国の貿易が拡大した．オーストラリアとニュージーランドにも入植がはじまった．1850年以降になると，ヨーロッパの列強諸国によってまずアフリカの分割が進められた（Ponting, 1991）．また，オスマントルコが1919年に第一次世界大戦で敗北すると，フランスとイギリスは中東の大半の地域を支配するようになった（Ponting, 1991）．その結果，特にイギリスをはじめとするヨーロッパの列強諸国は，アフリカや南アジア，東南アジア，オセアニアに植民地を作り，グローバル社会を推進した．

E. 1850年以降．飢餓への終止符

1850年以降，気候が次第に回復するにつれていくつかの問題は緩和された（Ponting, 1991）．ベルギー，ルクセンブルク，イギリス，オーストリア，オランダ，イタリア，ドイツ，フランス，スイス，チェコスロバキアといった国々は，ジャガイモなどの新しい作物を利用して集約的な農業を発展させたし，南アメリカの植民地に産するグアノ（海鳥の糞塊であり，化学肥料の原料となる）の輸入によって，伐採した土地面積あたり扶養できる人口は非常に高くなった（Kaplan *et al.*, 2009）．さらに，工業化が興こったイギリスでは，19世紀に入って農村から工業都市への人口移動が始まって，農村は危機的な状態からようやく脱した（Ponting, 1991）．

ヨーロッパの食糧問題はおよそ1850年以降，植民地の南北アメリカやオーストラリア，ニュージーランドなどの外国から食糧を輸入することができるようになったことで，それまでとは根本的に異質なものになる（Ponting, 1991）．海上交通が可能になっても19世紀よりも前の時代では，シルク，ウール，スパイスなどのように高価な産品に限って海外から輸出入されていたが，19世紀以降になると輸送コストが減少したため，一般的な食料の輸送も行われるよ

うになってきた（Grigg, 1974）．結果として，国際貿易，海外植民地での搾取，都市化，技術開発によって，自国の農業生産性とは無関係に，非常に高密度の人口を扶養することができるようになった（Kaplan *et al.*, 2009）．さらに，ヨーロッパからアメリカやアフリカへ多くの人口が移民したことも，人口圧を減少させるのに効いたであろう．一方，中国などのヨーロッパ以外の地域は植民地を持っていなかったために，1850 年以降にも人口圧による飢餓と栄養不足の問題は依然として解決しなかった（Ponting, 1991）．

20 世紀になってからのヨーロッパの大部分では森林減少速度は減速し，逆に自然植生の再生も可能であった．たとえばフランスでは 1800 年代前半において森林面積の縮小から拡大におおきく移行した（Mather *et al.* 1999；図 1.4）．フランスの海軍は弱かったために国外からの木材輸入が制限され，国内で木材供給する必要性が生じたことが，再森林化の促進に寄与したと考えられる（Westby, 1989）．一方海軍の強かったイギリスでは，バルト海などから安い木材を輸入できたので，1900 年頃の森林率は 4% で最低値であったにもかかわらず，国内の再森林化の必要に迫られなかった（Westby, 1989）．しかし，当時の対イギリス木材輸出国であったアメリカ，スカンジナビア，カナダなどにおいても森林減少がみられるようになってきたことと木材価格の上昇によって，第一次世界大戦を機にイギリス国内でも植林の機運が高まっていった．またその一方で，ヨーロッパ東部の旧ソビエト連邦地域では顕著な森林減少が生じた（Pongratz *et al.*, 2008）．

長い歴史の中でヨーロッパでは，人口密度が高まり社会が進展するにつれて，森林被覆が後退した（Kaplan *et al.*, 2009）．多くのヨーロッパ諸国の森林は，黒死病や気候の寒冷化などで人口が減少することで一時的に森林回復したこともあるが，工業化（ヨーロッパでは約 1790 年～1900 年）以前にかなり伐採されていたことは確実である（Kaplan *et al.*, 2009）．しかし 1800 年以降は，工業化と国際貿易によって自国の森林に対する人口圧が弱まって，多くの国で森林回復している．

1.2.3　南アジア

南アジア地域には，紀元前 7000 年頃には小麦やヤギ・ヒツジなどの作物・

家畜が伝わった．南アジアでは，紀元前4000年頃のインダス川流域と紀元前1000年のガンジス川流域では，どこからかやってきた人々によって農耕定住社会が形成された（Grigg, 1974；Bellwood, 2005）．およそ3000年前，インダスの初期文明が力を失って肥沃なガンジス川流域に移っていったのは，北部の森林破壊が原因である（Westby, 1989）．しかし，紀元前326年に，アレキサンダー大王がパンジャブへの作戦を展開しているときには，その軍隊を森林に隠すことができたとの記述がある（Westby, 1989）．西暦800年になると作物の主要な生産地となり，約4000万haにわたる農地があったと推定されており（Pongratz *et al.*, 2008），その分だけ森林が開拓されていただろう．

南アジアは，紀元前数千年より現在まで，他の地域と比べると人口稠密地帯であるといえる．人口圧が嵩じた過剰な農耕と放牧，薪集めなどによる植生の破壊が，もともと乾燥性の強い土地を荒廃させてしまった（石，2003）．森林伐採と砂漠化は現在でも続き，人口が急増して開墾や薪集めの圧力が高まると植生が破壊されてゆく．特に，農地拡大が加速した16世紀から19世紀にかけてかなりの森林が伐採され，耕作や放牧が行われた（Pongratz *et al.*, 2008）．それでもイギリス植民地統治時代の初期（18世紀後半）には国土の66%が森林で覆われ，1800年以前にはインドのおよそ50%の森林が残されていた（石，2003）．

喜望峰を廻ってきたイギリスやフランスは，ムガル帝国に拠点を置いて希少価値のあるスパイスなどの交易をはじめた．イギリスは1757年にプラッシーの戦いでフランスを退けると，インド支配を確立し，1858年にインドにインド帝国を成立させた．一方フランスは，インドシナ半島のラオス，カンボジア，ベトナムを植民地にしていった．

イギリス東インド会社が，18世紀半ばにインド各地を支配してゆくにつれて，植民地で税収を確保するための農地が必要であり，それに伴って各地で大規模な森林伐採を伴った（水野，2006）．19世紀初期にイギリスが最も必要としていたのは，海軍用の船材であり，需要の高かったチーク林の伐採が行われた（石，2003）．マラバール海岸（インド南西部の海岸）のチーク林がなくなると，イギリスはビルマに進出して1852年に併合した．その頃アメリカでは南北戦争（American Civil War, 1861年～1865年）が勃発して，コメの輸入先だったカロライナ（ノースカロライナ，サウスカロライナ）からの輸入が途絶えたことと，1869年にスエズ運河が開鑿されたこと，インドや日本，中国におけるコメの需要を受けてコメ価格が騰貴したことを受けて，豊かな熱帯雨林のあったエーヤワディー川（イラワジ川）デルタは伐開され，19世紀後半以降は世界最大の米作地帯となり，一方ミャンマー北部の熱帯季節林では科学的な林業が適用されていった（Westby, 1989）.

木材伐採だけでなく，商品作物の生産も行われた．19世紀半ば（1840年頃以降）のイギリスで紅茶をたしなむ文化が醸成されると，インドやスリランカ，マレーシア，ケニアなどで茶畑のプランテーションのために森林が開拓された（Westby, 1989）.

さらに，税収の見込める土地をなるべく多く市場圏に含めるために鉄道敷設が1853年に始まり，深い谷や山岳地帯に架ける橋や枕木には大量の木材が必要であり，機関車の燃料も薪を用いたので，ヒマラヤ山麓の森林破壊を促進した（Westby, 1989；石，2003）．1910年までにインドは総延長5000 kmを超える世界で四番目の鉄道網を築くことで（石，2003），それまで木材搬出できなかった地方や奥地においても森林伐採が行われるようになったと推測される．1880年に34.5% だった森林被覆は，1920年には31.9%，1950年には27.7% に減少した（Mather, 2007）．森林が急速に失われるにつれて，各地で洪水や渇水が増え，川の流れや湧水が途絶えていった．

一方でイギリスでは，第一次世界大戦後に植林による木材生産の拡大が企画され，イギリス本国だけでなく，インドを含むイギリス帝国各所においても植林がなされるようになった．

1947年にインドが独立してからも森林減少は収まらず，森林被覆は1970年には25.0%，1980年には21.7% にまで減少した（Mather, 2007）．13億人もの人間が生きてゆくために農耕を営んでいるうえに，農村部の67%，都市部でも49% の家庭で薪が使われている（NSSO, 2012）．木材利用の内訳としては，88.6%（3.85億 m^3，2011年）が薪として利用されている（FAO, 2015）．それゆえ森林と農地への圧力が非常に大きい．自然や社会への影響を一層ひどくし，旱魃や洪水，土壌浸食といった自然災害が急増している．しかし近年の推計によると，近年の活発な植林活動のおかげで，森林被覆が2015年には

23.8% まで徐々に増加している（Mather, 2007；MEF, 2009；FAO, 2015）．とはいえその一方で現在のインドでは，国土の 25%（8140 万 ha）が砂漠化している（その内 32.1% が土地劣化）（Ajai *et al.*, 2009）．

1.2.4　東南アジア

A. 19 世紀まで

東南アジアへの農業の拡散は，中国南部からベトナム・タイにかけて紀元前 2500 年～紀元前 1500 年頃に広がり，フィリピンへは紀元前 2000 年，インドネシアへは紀元前 1500 年～紀元前 500 年に広がっていった（Bellwood, 2005）．イネは紀元前 4000 年頃にインドシナで栽培化されていた（Grigg 1994）．

南アジアに比べて東南アジアにおける農業の発達と森林減少は，近年までゆるやかであった．西暦 800 年の農地は小規模で，その後 1000 年間もそのままだった（Pongratz *et al.*, 2008）．マレー諸島では，農民の人口は常に南部の島々（ジャワ島など）に集中していた（Grigg, 1974）．東南アジアで起こった農地拡大は，約 2000 年前に中国かインドからもたらされたイネの広がりによって成し遂げられたと考えられる（Grigg, 1974）．

19 世紀から 20 世紀にかけてヨーロッパの植民地となっていたり，日本の支配を受けていた東南アジアの国々は，第二次世界大戦のあと相次いで独立した（インドネシアは 1945 年にオランダから独立，ベトナムは 1945 年にフランスから独立，フィリピンは 1946 年にアメリカから独立，ミャンマーは 1948 年にイギリスから独立，ラオスは 1949 年にフランスから独立，カンボジアは 1953 年にフランスから独立，マレーシアは 1957 年にイギリスから独立）．独立して間もない国々が経済成長を成し遂げるためには国の資源である森林と木材が貴重な財源となるため，外国の企業に森林伐採の許可（森林伐採コンセッション）を契約し，大規模な森林伐採が展開するようになった．1970 年代以降の東南アジアは，企業によるプランテーション作物の栽培や木材伐採によって世界的に森林減少率が最も高い地域の一つとなった（Pongratz *et al.*, 2008）．

しかし，同じような状況に見えて東南アジア諸国のうち，カンボジア，インドネシア，ミャンマーの森林面積は減少しているが，フィリピン，タイ，ベトナム，ラオス，マレーシアでは森林被覆面積は増加傾向にある（FAO, 2015；

Keenan, 2015).

B. インドネシア

インドネシアは1945年に独立して以来，経済の発展を目指してきた．インドネシアにおける土地利用面積の変化をみると，1950年から1985年，1997年にかけて，森林被覆が87.0% から61.0%，54.7% に減少した．およそ70% の森林は伐採された後に農地を開くでもなく放置されて荒地になったようだ(Tsujino *et al.*, 2016)．1970年頃を境に対日本輸出用の木材生産量が急上昇して，1970年頃から急速に森林減少していったと考えられる．この頃初めて大規模な森林伐採コンセッション制度が設立された．伐採された木材は日本などに輸出されていたが，1980年代になると丸太の輸出規制が行われて，丸太輸出の役はマレーシアのサラワク州が引き継いだ．その後も，ジャワ島で増え続ける人口をスマトラやカリマンタン（ボルネオ島のインドネシア部分）に移住させる移住政策（transimigrasi）によって，泥炭湿地林を伐開してプランテーションや農地が造成された．それゆえ，スマトラ島とカリマンタンでは特に激しい森林減少にさいなまれた（Tsujino *et al.* 2016)．泥炭地の伐採は，二酸化炭素放出元として国際的に問題視されている．

1997年から2015年にかけては，森林被覆が49.8% にまで減少したが(FAO, 2015)，放置されていた荒地も同期間に減少して，1690万haの農地やプランテーションが増加した（Tsujino *et al.*, 2016)．1970年から1990年代後半までは木材の収奪が主な要因であったが，1995年頃からは，商品作物のアブラヤシの作付面積が大幅に増加しており，大規模なプランテーション造成が，森林減少に大きく寄与している（Kho and Wilson, 2008)．インドネシアはマレーシアと並んで世界のアブラヤシ生産のほとんどを占めている．他にも，1997年半ばに始まったアジア経済危機によるインドネシアの経済危機によってスハルト大統領は退陣し，世界銀行と国際通貨基金（IMF）の勧告で，地方分権化が行われたことが要因として挙げられる．この地方分権によって森林政策が混乱し，これまで以上に汚職や違法伐採を含めて森林が伐採されるようになったと考えられている．さらに1997年から1998年にかけてのエルニーニョ現象に起因する大規模な森林火災が起こり，森林が消失した．

しかし，1985年から1997年と1997年から2010年，2010年から2015年にかけての一年あたりの森林減少率は −0.88%／年と −0.23%／年，−0.36%／年であり，1997 年以降は森林減少速度がそれ以前と比べて落ち着いている（Tsujino *et al.*, 2016）．

C. カンボジア

カンボジアは，数十年前は豊かな森林を誇っていたものの，1960 年代に森林被覆が国土の 66.7% であったものが，右肩下がりに 2010 年には 51.1% にまで減少し（RDCMDP, 1965; FAO, 2015），東南アジア諸国の中でも急速な森林劣化と森林減少が国内の様々な地域で起こっている．

カンボジアでは，1960 年代後半に隣国のベトナムでベトナム戦争が始まったことで 1970 年頃から内戦状態となり，1991 年に国連カンボジア暫定統治機構（UNTAC）の設置と 1993 年の総選挙を経て，ようやく長引いた内戦が終了した．この間，政治的・経済的に不安定な状態であったため森林に対するガバナンスが失われた状態で無秩序に木材伐採が行われたと推測できる．また，爆撃によって森林が消失した可能性や，戦争資金確保のために率先して森林伐採と木材輸出が行われた可能性も示唆できる．さらに，戦争をさけて住民が移動することで，移動した先の土地への定着と森林開拓が行われ森林伐採を促進しただろう．

1993 年から 2002 年頃の戦後復興期のカンボジアでは，国内のインフラが壊滅していたために，政府と国際援助機関にとって戦後復興と経済成長が最も重要な課題となり（Poffenberger, 2009），木材生産と輸出や農業生産の再興が促進されることになった．さらに同時期に，近隣諸国のタイでは 1989 年から，ベトナムでは 1992 年から，中国では 1998 年から国内での天然林伐採が禁止されたことを受け（Lang and Cham, 2006），カンボジアを含むその他の東南アジア諸国への国際的な木材需要が急増した．カンボジアでも 1997 年には木材輸出が禁止されたものの，違法伐採が横行して過剰な伐採圧もかかったようだ．たとえば，NGO の調査によると，1997 年の木材生産量は 330 万 m^3 であり，持続可能な生産量の 5 倍を占め，しかもその 67% は違法伐採由来であったと言われている（Kim Phat *et al.*, 2001; Kim *et al.*, 2005）．

2002 年頃から現在にかけては，高度経済成長期（GDP 成長率，年率約 9%）にあたる．政府としては，事実上すべての伐採コンセッションの停止や木材輸出の禁止措置（Lakanavichian, 2001；Lang and Cham, 2006），違法伐採の摘発，植樹活動，コミュニティ林業などの森林政策をしているにもかかわらず，違法伐採や森林減少は収まっていない．面積縮小を伴わない森林劣化も起こっている（Meyfroidt and Lambin, 2009；Poffenberger, 2009）．一方，2005年に始まった経済土地コンセッション制度（economicland concession）によってプランテーションが促進され（Neef *et al.*, 2013）森林減少と同時に農地面積は急上昇しており，カンボジア民の主食であるコメを育てる水田とキャッサバ，ゴムのプランテーションが盛んに開かれている．人口増加（年率1.8% の増加率）も無視できない森林の減少要因である．カンボジアでは人口の90% 以上が日常の煮炊きを薪炭に依存しており（NIS, 2012），人口増加に伴って食糧や薪炭要求量も増大してそれだけ森林に対して圧力がかかっている．

D. フィリピン

フィリピンは，1900年頃には国土の70% 程が森林であった．しかし，1950年代から1970年代初頭にかけての合法・違法な伐採ブームによって，1960年代にはカナダやソ連，アメリカを凌ぐ木材輸出量を誇っていたが，天然林の資源ストックはほぼ使い尽くされ，1970年代には木材資源が不足し始めた．そして1986年以降は木材輸入国に転じた．集中的な伐採や農地拡大の結果，森林面積率は1941年には国土面積の58.2%，1988年には21.5% にまで減少している（Pulhin *et al.*, 2006）．

こうしたプロセスは，商業伐採によって森林が切り開かれ，農業拡大のためのアクセス道路を提供することによってはじまる．伐採コンセッションの最盛期であった1972年には伐採コンセッションの面積は1060万 ha にのぼり，これは全国土の35%，全国有林面積の67% に相当した．伐採会社としては取得した森林は自分たちの資産ではないので，与えられた期間内に最大限の伐採を行い別のコンセッションを獲得してゆくことが，利潤最大化戦略となる．したがってコンセッション林業は，取得した森林を短期間に伐採して放置するという，必然的に非持続的な森林管理手法に結びつく制度であった．

このような過剰伐採は，木材資源の枯渇という問題を生じさせ，その対策として1986年に国家森林計画（NFP：National Forestry Program）がスタートした．この国家森林計画では，安定的で機能的な森林環境を復元・維持することが目標として掲げられ，植林による森林回復努力が集中的に行われた．たとえば，伐採跡地の管理権を地域住民に移管して住民参加型森林管理プログラムが開始されたり，1990 年代に入ってからは伐採コンセッションが次々にキャンセルされ，丸太や木材の輸出禁止も強化され，公的・私的を含む多様なセクターによる植林活動にも拍車がかかった（Pulhin *et al.*, 2006）．この種の取組みは 1991 年のレイテ島や 2004 年のルソン島で起こった大規模な洪水や土砂崩れなどの災害を受けてさらに強化された．その結果，大規模な洪水や土砂崩れ防止のための環境整備，管理伐採による資金調達，森林回復が促進されるようになった（Pulhin *et al.*, 2006）．以上のような結果，森林面積は 1990 年の 22.0% から 2010 年には 24% にまで増加している（FAO, 2015）．このような森林回復を成し遂げたのは，国家による森林政策や 1970 年代から現在に至る多様なセクターによる森林回復への取り組みがあったからであろう．

E. ベトナム

ベトナムでは，1965 年頃から 1975 年までのベトナム戦争（1976 年に南北統一）やカンボジア紛争（1978 年 12 月侵攻，1989 年撤退）により政治経済は混乱と不安定に陥って環境破壊（たとえば，枯葉剤や爆撃）が行われ，森林面積は 1950 年の 57.0% から，1970 年の 49.4%，1980 年の 44.6%，1990 年の 28.3% にまで減少した．人口増加に伴って農地面積が上昇していることから，人口圧が森林減少の要因としてあげられる．しかしながら，1992 年以降，国内の政治や経済，土地利用形態の改革を進め，2000 年には 35.2%，2010 年には 40.4% にまで森林回復を成し遂げてきている（Mather, 2007 ; FAO, 2015）．

ベトナムでは，経済再生を目指して 1986 年にドイモイ（刷新）とよばれる改革路線が打ち出されて，市場経済の導入と経済成長を促す要因が生まれた．ドイモイ以降のベトナムでは，1992 年に天然林からの伐採を大幅に削減するとともに原木の輸出は禁止され，1993 年には保護林などでの伐採が全面禁止になり，1998 年には商業伐採の禁止範囲が国内の 58% の天然林にまで広げられた（Mather, 2007）．また，1998 年には，環境保護や社会経済振興をめざして 2010 年までに 500 万 ha の森林を造林によって再生し，森林率を高める「森林再生・修復計画」（500 万 ha 国家造林計画）を策定した（Mather, 2007 ; Meyfroidt and Lambin, 2009）．1990 年代より前は国内の天然林から木材を供給していたが，これらの森林政策によって1990年代以降は人工林や海外からの輸入木材に転換し，さらに輸出政策においても，原木輸出から付加価値を高めた家具などの木材製品の輸出へと転換していった．木材輸入量はこの時期から急増し，その多くはカンボジアやラオス，後にはマレーシアやミャンマー，インドネシアなどの近隣諸国からの違法伐採された木材だったと推測されている（Meyfroidt and Lambin, 2009）．

1.2.5　中国

中国では，開墾の容易な北部の黄土高原（Loess Plateau）地帯で紀元前6000年～紀元前5000年に，豚の飼育を伴ってキビを栽培する農耕が発達して定住社会の黄河文明が勃興した（Grigg, 1974）．現代中国で農業といえば水稲栽培であるが，農業の起源地は，北部半乾燥地帯に位置する黄土高原という全く異なる環境であり，湿田栽培のイネが広がるのは，ずっと後になってからであった（Ponting, 1991）．中国南部では熱帯性の根菜が栽培されていた（Grigg, 1974）．小麦は紀元前1300年頃になって導入され，大麦はそれよりやや遅れた（Ponting, 1991）．

森林破壊と劣化は紀元前3000年頃に始まり，紀元前1000年頃にクライマックスに達して，人口増加と拡散によって伐採が進んだ（Zhang, 2000）．環境が悪化するにつれて，黄土高原の定住地域は縮小し，人口は黄河に沿って東の山西省や河南省，山東省に移動した（Zhang, 2000）．

西暦220年に漢帝国が滅亡するまで，中国は北部を中心に無灌漑でキビを育てる乾燥農耕を基盤として繁栄した（Ponting, 1991）．4世紀以降，北方からの異民族の侵入がもとで漢帝国が崩壊し，中国の中心は南の長江流域に移動した（Ponting, 1991）．東南アジアでは，稲が紀元前350年頃から広く栽培されており，中国の南下の動きに水稲栽培という農業技術の革新が伴って，水田耕作という新しいシステムは収穫を飛躍的に向上させた（Ponting, 1991）．

西暦400年から後の数百年間に，絶えず南に人口が移動して開田や定住が続いた．長江デルタや湘江流域，四川省，広東省などの主要稲作地帯にはこの時代に入植が進み，着実な耕作技術の発展に伴って収穫は大幅に伸びた（Ponting, 1991）．しかし，食糧供給と人口の釣り合いが取れていたことはなく，中国社会は多くの構造的な問題を抱えたままで，技術の進歩や新たな土地の開墾によって一人あたりの食糧供給が一時的に向上したとしても，再び人口が増加することでバランスはすぐに崩れてしまった（Ponting, 1991）.

800年頃の中国での農地面積は2100万haであった（Pongratz *et al.*, 2008）．その前の数百年間に，黄河から南へ大規模な人口移動が起こり，中国の東部全域をカバーするような今日のような農地分布パタンをもたらしたと考えられる（Pongratz *et al.*, 2008）．それに伴い，米に重点を置いて二期作を導入するなど，農業の方法が大きく変わった（Grigg, 1974）．そのため，14世紀以前において作物を栽培可能な面積は広かったと推測される（Pongratz *et al.*, 2008）.

中国では順調に農地拡大と人口増加していたが，1211年に始まるモンゴルの侵攻によって北部を中心に人口の約3分の1を失い，1586年～1589年と1639年～1644年の疫病の大流行や1644年の明朝の崩壊によってふたたび人口の約6分の1を失った（Pongratz *et al.*, 2008）．一方で16世紀にはトウモロコシの栽培が始まり，主要な作物になったことから（Ponting, 1991），人口扶養力も向上したはずである．これらによって人口圧は一時的に軽減されたと考えられる（Ponting, 1991）．人口密度の高い中国ではすでに激しく森林消失しており，この人口減少イベントと気候寒冷化によって再森林化したと考えられる（Kaplan *et al.*, 2010）．しかし，1600年以降については，一人あたりの食糧の量が増えた証拠はなく，集約度の高い農耕を続けていながらも人口の大多数は絶えず飢餓の一歩手前の生活を強いられていた（Ponting, 1991）．その後は，かつてない速度で人口成長が再開し，それに伴って中国の自然林の半分が農耕地へと変貌した（Pongratz *et al.*, 2008）.

800年には，主に自然草原やツンドラ植生を切り開くことで作られた牧草地が推定3400万haの面積で現在のモンゴルとチベットのあたりに分布しており，これらの地域の主要な生業が放牧であったことを示している（Pongratz *et al.*, 2008）．さらにモンゴルとチベットでは，20世紀にいたるまで放牧が伝統的な生業として現在まで継続している（Pongratz *et al.*, 2008）.

中国において森林伐採面積は着実に増加して，今からおよそ200年前までに中国の本来の森林はほとんどすべてが失われた（Ponting, 1991）．中国の森林減少は黄土高原で始まり，黄河に沿って現在の山西省，河南省，山東省に移動し，北方の河北省と北京地域に広がり，最終的に万里の長城を越えて中国北東に拡大した（Zhang, 2000）．大河川に沿った平地は最初に占有されて耕作の手が入り，その後で低丘陵地帯に広がって最終的には山岳地帯が耕作されるにいたった（Zhang, 2000）．中国の高原地帯において大規模に森林消失したことで，黄河が頻繁に氾濫し，災害を引き起こすようになったのである（Ponting, 1991）．黄土高原南西部の花粉分析によると，6200年前〜2900年前の黄土高原の植生は，落葉広葉樹と常緑針葉樹の林（*Betula, Quercus, Picea, Pinus*）だったが，乾燥化しつつあった気候変動と2000年前〜1000年前における人間活動によって著しく森林が減少して，ヨモギ属 *Artemisia* などの草地へと変化した（Zhao *et al.*, 2010）．また歴史資料によると，黄河では4000年間に1000回以上の洪水があったことがわかっており，1000年以降には約25年に一度下流域で流路変更が起き，1年に一度堤防が決壊し，17世紀中頃には平均年3回の高頻度で洪水が起こっていた（Chan *et al.*, 2012）．

中国南部の山岳地帯では，清朝（1644年〜1912年）までは豊かな原生林があったが，清朝後期の特に太平天国の乱（1851〜1864年）の間に大規模な森林消失が起こった（Zhang, 2000）．中国東北部には19世紀後半まで広大な原生林が広がっていた．しかし，19世紀後半にロシアによって鉄道が敷設されたり，20世紀初頭に満州国が設立されたことで森林破壊が促進された（Zhang, 2000）．1949年に中華人民共和国が建国された後には残っていた森林もさらに伐採され，アクセス可能な自然林は20世紀末までに残っていないと推測された（Zhang, 2000）．20世紀初頭の四川省と雲南省の南西部には，まだ多くの天然林が残っていたものの，過去50年間に森林伐採が行われるようになり，現在ではチベットと雲南省の一部に森林が残っているだけである（Zhang, 2000）．中国の森林管理は1000年以上の歴史を持っていたにもかかわらず，19世紀後半から20世紀半ばにかけては継続的な戦争に苛まれており，政治的・経済的に不安定な状態で長期的な投資である森林管理は正常に作用しなかった（Zhang, 2000）．

1850年頃以降に食糧問題が緩和されたヨーロッパと違って，中国は植民地を持っていなかったために，1850年以降にも人口圧による飢餓と栄養不足の問題は依然として解決しなかった（Ponting, 1991）．そのため，19世紀末から

20世紀初頭にかけては，中国人は中国東北部や東南アジアに移民した（Grigg, 1994）．1958年に毛沢東は，「大躍進政策（Great Leap Forward）」を行うことで，残っていた原生地帯を耕作地に改変し，森林は鉄鋼業の燃料となるため伐採が進んだ（Chen *et al.*, 2012）．その結果，黄土高原の植生は6%に減少し，傾斜30度以上の土地が耕作されて土壌浸食が増加した（Chen *et al.*, 2012）．さらに，1966年～1976年の文化大革命（Cultural Revolution）の時期には，中国北西部と南西部の森林が急速に伐採された（Zhang, 2000）．しかしながら，1970年代以降は，森林転換への道を歩んできたようだ．森林減少から拡大への転換は，中国北西部では1970年代後半に，南東部では1980年代初頭に，北東部および南西部では1980年代後半から1990年代初頭に始まった（Zhang, 2000）．

1980年代には，人口増加と経済発展の両面から木材需要が高まり，林産品の大量輸入への依存や国内の森林伐採による環境被害の増加と自然災害の発生をもたらした（Zhang, 2000）．1990年代半ば以降は，植林地からの木材供給や木材の輸入の増加，国の経済構造の変化などによって木材価格がやや低下したことから，国内での木材不足がやや緩和された（Zhang, 2000）．また，中国では，長江の度重なる洪水を契機として1998年に水源地帯である中央地域等での森林伐採を制限あるいは禁止されたことから木材生産量が減少し，そのため隣国のロシアや東南アジア諸国，熱帯アフリカ諸国（ガボン，コンゴ共和国，赤道ギニア，カメルーン，モザンビーク），ブラジルなどから木材輸入が行われている（石，2003；IUCN 2009；Fearnside and Figueiredo, 2015）．燃料不足に対しては，1980年代以来政府が燃料材用に植林を進めるとともに，石炭やメタンガスの普及や燃料が少なくても済む熱効率の良いかまどを奨励してきた（石，2003）．さらに，2003年には退耕還林条例が施行されて，土壌流出の危険性が高い傾斜地での耕作地への植林事業が開始した．

木材や燃料は市場価格を持ちやすいが，森林の価値には，市場価格を持ちにくい生態系サービスもある．経済が開放的であると木材は他地域から輸入することができるが，その地域の生態系サービスは現場で供給されざるを得ず，輸入に頼ることができないため地域内での供給が必要となる．中国で近年増加している植林地は，木材を供給することだけが目的でなく環境に配慮したものでもあり（Zhang, 2000），2015年の森林面積のうち13%（2810万ha）が保護区に指定されている（FAO, 2015）．

1.2.6 日本

日本列島では，紀元前8世紀頃に水田稲作がアジア大陸から伝来して弥生時代が始まり（松木，2007），日本列島に広がって定住社会が拡大した．

仏教が6世紀中頃に伝来したことと，アジア大陸から大規模建築の技術が導入されたことによって，法隆寺や東大寺などを建立するという当時としては途方もない建築ブームがおき，木材伐採が増加した（辻野，2011）．この頃から始まった古代の略奪期（Totman, 1989）には，地域が畿内に限定されていたものの，度重なる都の造営や巨大な記念碑的建築によって畿内の森林が伐り開かれて開墾された（辻野，2011）．建築や都の造営ブームが去ると近畿圏での伐採圧は弱まったものの，大和盆地周辺の材木はずいぶん伐られてしまい，略奪的な濫伐による木材不足と水害という問題を招いた（西岡・小原，1978）．

織豊時代の16世紀末には，大坂城の造営や文禄・慶長の役のための艦隊，京都の聚楽第や方広寺，比叡山の寺院群などの建築のために広域の原生林で木材が伐採された（Totman, 1989）．また，16世紀に畿内都市が発展することで奈良県吉野地方では木材生産が増大して天然林材を枯渇させ，16世紀の最後の四半世紀になると大峯山北部の東西斜面において採取林業から育成林業が発展した（谷，2008）．江戸時代初期（17世紀初頭）から享保期（1716年から1735年）にかけての平和な時代は，急速な人口増加を伴って薪炭・建築用材・柴草を得るための過剰な林野利用と農地開墾が行われ，大規模な森林伐開が行われ（辻野，2011），17世紀の儒学者で岡山藩政に力を尽くした熊沢蕃山の言を借りれば，「天下の山林十に八尽く」状態だった（只木，2004）．

略奪林業による17世紀の木材不足を受けて，規制による管理体制が敷かれるとともに，18世紀になると各地で積極的な植林政策が展開され，宮崎安貞による『農業全書』（1697年）をはじめとして育林技術が確立されていった（Totman, 1989）．1700年頃の日本では主食のコメが高い生産性で栽培されており，タンパク源には魚が重要な位置を占めていたため，1人あたり必要とされる農地面積は非常に小さく（Grigg, 1974），しかも江戸時代後半は人口増加が停滞した（鬼頭，2000）．

明治に入ると，殖産興業と富国強兵政策によって木材需要が増加したために，木材の河川流送に加えて森林鉄道や林道が登場して奥地林開発も展開されるようになった（依光，1984）．また一方で，造林も行われた（依光，1984）．

第二次世界大戦後は，戦後復興と1955年頃から始まった高度経済成長に伴って木材需要が急増し，国内の天然林が伐採された（辻野，2011）．同時期にはチェーンソーの導入により伐採効率が格段に上がるとともに，樹木を選んで伐る択伐からすべて伐る皆伐へと変化して天然林減少が加速した（辻野，2011）．急増した木材需要に対応するために1950年代から1970年代にかけては拡大造林政策が行われて，1980年頃にはおよそ1000万haの針葉樹人工林が造成された（辻野，2011）．ところが，1960年代後半から木材輸入が自由化されたために安い南洋材が用いられるようになり，逆に国内の植林地は放置されることになった（辻野，2011）．1960年頃から1970年代後半にかけてはフィリピンから，1960年代後半から1990年頃にかけてはマレーシアのサバ州から，1970年頃から1980年代半ばにかけてはインドネシアから，1980年代前半から1990年代にかけてはマレーシアのサラワク州から南洋材の丸太が輸入され（Tachibana，2000），輸入先の諸地域の森林減少の要因となった．また，1955年から1965年頃にかけて起こった燃料革命によって薪炭を使わなくなり，里山薪炭林（雑木林）や焼畑地，草地，竹林が打ち捨てられて放置された（辻野，2011）．

かつての日本列島は原生林に覆われていたはずだが，現代では国土の17.9％にまで減少し，二次林と植林地，二次草原はそれぞれ23.9％と24.8％，3.6％を占めるに至っている（環境庁自然保護局，1999）．

1.2.7　太平洋地域

太平洋地域への農業の拡散は，台湾を起点としてミクロネシアへは紀元前1500年〜西暦0年，メラネシアへは紀元前1400年〜紀元前800年，ポリネシアへは西暦600年〜1250年，ニュージーランドには1200年頃に広がった（Bellwood，2005）．なお，東南アジアのはるか西方のマダガスカルには，東南アジアを経由して西暦500年頃に広まった（Bellwood, 2005）．

一般に太平洋地域の土地面積はほかの大陸と比べると狭いために，土地利用形態が変化しても全球的にはそれほど影響はしないものの，森林減少した事例はある．たとえば，南アメリカ大陸の西に位置するイースター島に1000年頃に到着した人々は，多くのモアイ像を建立する繁栄を遂げるが，行き過ぎた森林伐採や入植の際に荷物に紛れ込んで密航したネズミによる樹木の更新阻害で森林を失って社会が崩壊した（Diamond, 2005；Hunt, 2007）．

オーストラリアは1770年にイギリスのキャプテン・クックがシドニー郊外に上陸して大陸東部のイギリス領を宣言して以来，入植がはじまった．特に，19世紀にヨーロッパからの移民で人口が増加した（Ponting, 1991）．19世紀になるとまずオーストラリア東南部，次第にオーストラリア西部で農地が拡大し，自然草地や灌木林が影響を受けて消失した（Pongratz *et al.*, 2008）．19世紀初期には羊毛産業の基礎が築かれ，1870年代からはサトウキビ栽培が始まった（石，2003）．1945年以降になるとオーストラリアが太平洋先進地域の土地利用変化を牽引するようになった（Pongratz *et al.*, 2008）．面積の程度は小さいが，ニュージーランドもオーストラリアと同様の傾向を示している（Pongratz *et al.*, 2008）．近年のオーストラリアでは，大規模な森林火災が発生することで森林消失している．

1.2.8　中央アジア

中央アジアの大半は19世紀まで人の定着はなく，人口も少なかった（Pongratz *et al.*, 2008）．アジアの大草原や半砂漠の一部は広大な牧草地になっている．これらの地域では，動物は作物生産にほとんど組み込まれておらず，遊牧民の牧畜業は産業化の時期以降に大きく広がり，今日まで続いている（Grigg, 1974）．

1.2.9　南北アメリカ

A.　中米

メキシコからグアテマラあたりに位置する中央アメリカ地域では，紀元前6000年頃から穀物の栽培化が行われて古代文明が出現した（Grigg, 1974）．ここでは，トウモロコシが栽培化された一方で，家畜となりうる有用な野生哺乳類が潜在的にいなかったために，長い期間有力な家畜を持たない文明だった．中央アメリカでは紀元前5000年にはすでにトウモロコシが栽培化されていた証拠があるが，種子は非常に小粒だった（Ponting, 1991）．紀元前2000年頃になって最初の高収量品種が現れたことで，ようやくトウモロコシが主食として人々の生活を支えるだけの収量を上げるようになると，そのあとは比較的速やかにトウモロコシ栽培が中央アメリカ一帯に波及していった（Ponting, 1991）．

マヤの社会は，熱帯低地の深い密林ジャングルの中で発達したという点で特筆に値する（Ponting, 1991）．この地域での最初の定住は，紀元前2500年頃までさかのぼる（Ponting, 1991）．その後人口は次第に増加し，社会は複雑化して定住規模も拡大した（Ponting, 1991）．そして紀元前450年頃までには居住地の中に祭祀のための特別な場所や建造物が分化したらしいことがわかってきた（Ponting, 1991）．マヤの文化が最も花開いたのは西暦600年頃以降，テオティワカンの影響が薄くなった後である（Ponting, 1991）．だが750〜950年の間に数回の旱魃が訪れ，マヤは深刻な人口減少を経験して人口密度の高い都市中心部の多くは永久に放棄され，マヤ文明は終焉した（Haug *et al.*, 2003）．都市はたちまちジャングルにおおわれてしまった（Ponting, 1991）．

B. 南米

中央アメリカに次いで農業が開始されたのはペルー周辺（ペルー，ボリビア，エクアドルを含む）である（Ponting, 1991）．ペルー沿岸部では，紀元前5000年頃から植物が作物化されはじめ，灌漑に基礎を置く農耕村落が存在した（Grigg, 1974）．栽培化の正確な年代は知られていないが，ジャガイモなどが栽培化された．ジャガイモは，アンデス高地原産の作物であり，16世紀までペルー特産だった．紀元前1000年頃，トウモロコシ栽培が中央アメリカからアンデスの高地に伝わり，さらに150年遅れて大西洋岸地域に達した（Ponting, 1991）．中米・南米地域において文明度の高い地域では耕作地の集約強度は高く，その周辺部では低強度の撹乱をもたらす焼畑耕作が行われていた（Pongratz *et al.*, 2008）．アンデス地域の人々はラマを家畜として利用しており，西暦1500年には牧草地が900万haと耕作地面積が800万ha分布していたと推定されている（Pongratz *et al.*, 2008）．

15 世紀末になるとヨーロッパ人が南北アメリカに到達した．16 世紀になると次第にヨーロッパ人の武力やもちこまれた疾病によって中南米の現地民の人口は減少し，それに伴って重要な農地は放棄されていったはずである（Pongratz *et al.*, 2008）．特に中央アメリカとアンデスに集中していた高度な農業による大規模な文明の崩壊は，大量の土地放棄と森林回復につながったと推測される（Kaplan *et al.*, 2010）．古生態学的データによると，ヨーロッパとの接触によってもたらされた中南米の人口減少後の再森林化は，世界規模の炭素循環と気候システムを混乱させるほどであった（Nevle and Bird, 2008）．1500 年から 1750 年にかけて 5000 万 ha の再森林化がおこったことで 5～10Gt の炭素が固定され，大気中の二酸化炭素濃度レベルを減少させた（Nevle and Bird, 2008）．その後ヨーロッパ人の支配下で，作物の栽培と牧畜を目的とした自然植生の大規模な転換が始まり，農地は西から東海岸へと広がった（Pongratz *et al.*, 2008）．かつての自然草地やサバンナの多くは放牧地となっている（Pongratz *et al.*, 2008）．

現在のブラジル地域には，1500 年にポルトガル人が漂着した．その後，先住民たちが暮らしていた森に入植がはじまった．ヨーロッパ人の入植によって，輸出用の食料を生産するために森林が伐採されるようになった．ブラジル東北部のノルデスチでは，1530 年代にサトウキビが伝えられて，ポルトガル人入植者らによって砂糖生産が開始された．以来，17 世紀に入ると，サトウキビのプランテーション造成と製糖の燃料としてブラジルの東海岸の森林が失われた（石，2003）．また，南北アメリカ大陸の人口は，19 世紀にヨーロッパからの移民によって増加したが，その後は自然増に任せることになった（Ponting, 1991）．1840 年頃にアマゾン一帯がゴム景気に沸くと，20 世紀初頭に東南アジアでゴムノキのプランテーションが経営されるようになるまで，ゴム生産が盛んに行われた．

1950 年には中南部ブラジル中部のセハード（Cerrado）地域が，農地として利用された．元々セハードの植生は灌木がまばらに生える植生で，強い酸性の赤土なので耕作には不向きであったことから放牧地として利用されていた．しかし，1970 年代以降，土壌改良することで大豆やトウモロコシ，サトウキビの栽培がされるようになって，農耕地が拡大することとなった．ブラジルのアマゾンでは，1970 年まではほとんど人の手が入っていなかったが，1970 年代に東西を横断する国道（Trans-Amazonian Highway）の建設やダム建設，鉱山開発などのプロジェクトが始まったことによって開発が進行した（Fearnside, 2005）．たとえば，ブラジルのロンドニア州では，大規模な政府植民地プロジェクトによってブラジルの中部南部地域から移住者が来たことで，人口増加と伐採，鉱業，小規模農業，牧畜業などによって森林破壊が促進された（Pedlowski *et al.*, 2005）．アマゾンでは，家畜の総数と伐採面積が比例していることから，外貨獲得を目指したブラジル牛肉の輸出が大きく関係しており，ハンバーガーコネクションと呼ばれている（Kaimowitz *et al.*, 2004）．さらに 2003 年 12 月にアメリカで BSE 問題が発覚したことから，EU 諸国がアメリカから輸入していた牛肉を全てブラジルから輸入することになり，セハードやアマゾンにおいて牧場の造成が拡大した（Kaimowitz *et al.*, 2004）．2007 年から 2008 年にかけては，穀物生産国における旱魃や原油価格の上昇，先進国におけるバイオ燃料の利用などによって，世界的に食料価格が高騰した．これを受けてバイオエタノール生産のためのサトウキビ畑が造成されたと考えられる．ただし，近年のブラジルアマゾンでは，森林伐採防止の政策や，大豆と牛肉産業における自主的な取り組みによって森林減少速度が落ちてきている（Nepstad *et al.*, 2014）．

C．北米

ヨーロッパ人が到達する 16 世紀より前の北アメリカでは，住民が焼畑耕作を行う過程で自然植生の改変が行われたが，野生の食料も依然重要であった（Pongratz *et al.*, 2008）．アメリカでは初期にも農業が発展していたが，ヨーロッパ人が到着するまで，高度な文化の中心地以外では集約度は低いままだった（Grigg, 1974）．15 世紀末以降のヨーロッパ人との接触は，中米・南米ほどの深刻な影響は受けなかったものの，北米においても新しい病気がもたらされて人口増加は停止した（Pongratz *et al.*, 2008）．17 世紀にヨーロッパ人達によって北米が植民地化されると，焼畑耕作からヨーロッパ式の農業形態に移行して東海岸に導入され，大陸の西方に広がって行った（Pongratz *et al.*, 2008）．これまでの狩猟採集の生業から農業への移行や人口増加に伴って，その後数世紀にわたってアメリカ東部に広がっていた森林地帯と中央部の草原地帯において農耕地と牧草地の拡大がおこり，20 世紀になるまで農地の拡大はつづいた（Pongratz *et al.*, 2008）.

1850 年頃にはアメリカ合衆国の主に東部に農地が広がっていたが，1900 年頃にはアメリカ合衆国の全域が農地に姿を変え，中央部の草地も放牧地に変化してしまった（Ellis *et al.*, 2010）. 19 世紀のアメリカでは依然として大量の木材があったため，工業化は石炭よりも木材と水力に拠っていた（Ponting, 1991）. しかし，1880 年代半ばから木材の供給不足が起こるようになると，石炭が主要なエネルギー源となり（Ponting, 1991），1910 年には石炭は全エネルギーの 4 分の 3 をまかなうまでになった（石，2003）. アメリカ合衆国の主に東部に広がっていた巨大な森林地帯は，19 世紀の西部開拓時代に姿を消してしまった．ただし，20 世紀になるとアメリカ合衆国東部の一部地域では，農業放棄によって土地利用が減退し，森林回復が起こっている（Ellis *et al.*, 2010）.

1.2.10　熱帯アフリカ

最終氷期がおわるとともにサハラ砂漠は湿潤化しはじめ，およそ 8,000 年前にもっとも湿潤な時期を迎え，5,000 年前までの期間は，現在のサハラ砂漠地域のほとんどはサバンナやステップ，一部は森林でおおわれていた．その後徐々に乾燥化が始まった.

紀元前 5000 年以来，西アフリカでは根菜の栽培が行われていたであろうし，アフリカの角地域（アフリカ大陸東端の角のように突き出た半島部）では穀物の栽培が行われていたに違いない（Pongratz *et al.*, 2008）. サハラ砂漠より南のサバンナ地帯北部では，紀元前 3000〜紀元前 2000 年には農地として利用されていた（Grigg, 1974）. 紀元前 1000 年頃から鉄器とウシを持つバントゥー語部族が大規模に東アフリカに広がり，さらに南下した（Bellwood, 2005）. サハラの乾燥化により農耕民は南下して，サヘル，サバンナ地帯でのトウジンビエ（乾燥に強いイネ科の雑穀），ソルガム（モロコシ，コーリャンとも呼ばれるイネ科の雑穀）の栽培化が進んだ（Bellwood, 2005）. バントゥー語部族の拡大によって，サハラ以南の多くの地域に穀物の栽培や牧畜，鉄の技術が広まっていった（Grigg, 1974; Hanotte *et al.*, 2002; Pongratz *et al.*, 2008）. 中には，製鉄用の木炭を作るために，森林を伐りつくした地域もある（Schmidt, 1997）．ただし，1700年までサヘルより南は，沿岸地域を除いてヨーロッパ人によってほとんど探検されておらず，過去の人口と農業がどのようであったかはよくわかっていない（Pongratz *et al.*, 2008）．

16世紀前半からはヨーロッパによる奴隷貿易がはじまり，多くの人々がアフリカ西沿岸部から南北アメリカ大陸に連れて行かれた．そのため，アフリカでは人口が減少して都市も弱体化するようになり，ヨーロッパによる支配が横行するようになる．19世紀に入ると奴隷制度は時代遅れとなり，植民地化政策が行われるようになった．植民地政策によって，農業生産拡大のために単一作物栽培が進められ，生産力維持のために農薬や肥料が使われるようになると，それまでの農業のシステムが崩壊し，農地確保のための森林伐採が広範に行われるようになった．アルジェリアでは，フランスの植民地になってヨーロッパ人入植者のために土地が接収されたのち，元の住民は別の土地に移住しなければならず，森林が伐採された（Ponting, 1991）．ケニアは，1895年にイギリスが公式に占領して入植した白人によるコーヒーや茶，サイザル麻，トウモロコシのプランテーション造成が進んだ．1920年代に紅茶の商業生産が始まってからは，定住農耕民や牧畜民のいた土地に白人がプランテーションを造成したことで森林が失われてきたとともに，元々いた人々を森林の奥へ追いやったことでも森林が失われた（石，2003）．ケニアではもともと国土の17%～30%と推定されていた森林被覆が，2015年には7.8% にまで失われている（石，2003; FAO, 2015）

20世紀後半になるとアフリカ諸国は，ヨーロッパ植民地政府から独立していった．その後，農業技術の向上や農地の開拓などによってアフリカでは急激に人口が増加して，森林伐採と農地拡大が進んだ．ほとんどすべてのアフリカ諸国は依然として基本的なエネルギー源を木材に頼っており，サハラ以南のアフリカでは薪炭燃料が住民のエネルギー消費の90～98% を占めている（Idiata *et al.*, 2013）．また，植民地化政策は終わりを告げたが，先進諸国の木材需要がなくなるわけではない．さらに中央アフリカの国々にとって木材は外貨獲得の重要な資源である．そのため資本主義企業が木材生産に参入し，コンゴ盆地などの広い熱帯雨林が残っている地域では，違法か持続不可能な様式で森林が伐採されている．これに対してEUは，森林法施行・ガバナンス・貿易に関するEU行動計画（EU-FLEGT行動計画）の一環として，木材産出国と合法木材の輸入を目指す自主的二国間協定（VPA: Voluntaly Partnership Agreement）の交渉を進めている（Forest Watch special: VPA update November 2016; http://www.fern.org/publications/eu-forest-watch/forest-watch-special-vpa-update-november-2016 2016年12月27日確認）．一方近年では，ガボンやコンゴ共和国，赤道ギニア，カメルーン，モザンビークなどから中国に木材を輸出する量が多くなってきたが，持続可能な林業政策を具体的に行いながら輸出拡大するには至っていない（IUCN, 2009）．

おわりに

古来より森林は二つの理由で伐採されてきた．一つ目は日常の調理や暖房，建材，道具用材としてであり，もう一つは農地・都市を拓くためであった．森林面積に対して人口が少なかった時代は，森林の枯渇問題は起きなかったが，人口が次第に増えるにしたがって，森林減少の問題は徐々に表れてきた．最初は地域の問題であり，人口増加に伴って人間の活動域を広げ，あるいは移動することで問題を解決しようとしてきた．これはすなわち森林消失の拡大を意味する．

地域の中で森林が枯渇したにもかかわらず地域外の森林資源を利用することができなければ，地域内に残された資源を有効に利用せざるを得なくなる．森林がある限り持続的な利用や賢明な利用は行われないが（たとえば，19世紀のアメリカ合衆国），枯渇に瀕すると持続可能な林業様式や賢明な利用，資源管理が行われる可能性があった（たとえば，江戸時代の日本）．一方，外の資源を搾取することができると，自国での余裕が生まれるものの，環境へのコストが考慮されなければ短期的に収奪する戦略こそが最大利益をもたらすので，他国の資源管理や賢明な利用までは行われない．そして森林枯渇による災害や不利益を受けるのはその地域に住む住民であって，収奪した他国の人々ではない．

先進国が位置する温帯林と亜寒帯林では，1990年から2015年にかけて，自然林が合計 582.0 万 ha 減少しているが，植林地が 7743.4 万 ha 増加していて，森林面積は純増加している（Keenan *et al.*, 2015）．しかし，熱帯林では自然林が 2.2190 億 ha 減少して植林によって 2651.7 万 ha が増加しているにすぎず，大きく純減少している（Keenan *et al.*, 2015）．これまでの歴史を見てきたとおり，ヨーロッパやアメリカ合衆国，中国などの温帯に位置する先進国では，過去に森林減少とその結果としての木材枯渇や土壌浸食・土壌劣化などの危機を経験したからこそ，森林管理や林業政策によって森林面積の縮小から拡大へ移行させる努力を続けている．しかし，現在発展途上の熱帯地域では，自国の木材や森林転換と換金作物の栽培によって急速に発展を遂げようとしており，森林枯渇による災害などの不利益を受けつつも植林や林業政策が追い付いていない．

本章では，時間的空間的に広い範囲をカバーして森林減少の歴史を紐解いてきた．そこで明らかになったのは，人が増え，農地を開拓すると森林枯渇に陥り，新たな森林資源を求めるという歴史が繰り返されてきたことである．ある地域で森林回復した場合でも，別の地域の森林枯渇を誘発している可能性は否定できない（Meyfroidt, 2010）．したがって，現在起こっている森林減少という世界的な問題は森林減少している地域に植林をすれば解決するというものではない．人間社会の発展と森林との関係は複雑であり，森林利用を巡る人と自然のかかわりの中にある潜在的な要因と複雑に絡み合った関係を解明しないことには森林減少の問題は解決されないだろう．

参考文献

Bellwood, P. (2005) *First Farmers: The Origins of Agricultural Societies.* Blackwell Publishing.

Diamond, J. (2005) *Collapse: how societies choose to fail or succeed.* pp. 574, Penguin Books.（ダイアモンド，J. 著，楡井浩一 訳（2005）文明崩壊：滅亡と存続の命運を分けるもの（上・下），pp. 433，草思社）

Ellis, E. C. (2015) Ecology in an anthropogenic biosphere. *Ecol. Monogr.*, **85**, 287–331.

Food and Agriculture Organization of the United Nations (FAO) (2015) Global forest resources assessment 2015.

Kaplan, J. O., Krumhardt, K. *et al.* (2009) The prehistoric and preindustrial deforestation of Europe. *Quat. Sci. Rev.*, **28**, 3016–3034.

Pongratz, J., Reick, C. *et al.* (2008) A reconstruction of global agricultural areas and land cover for the last millennium. *Global Biogeochem. Cycles*, **22**, GB3018. doi: 10.1029/2007GB003153.

Totman, C. (1989) *The green archipelago: forestry in preindustrial Japan.* Ohio University Press. (タットマン, C.著, 熊崎 実 訳 (1998) 日本人はどのように森をつくってきたか, pp. 200+xi, 築地書館)

Westby, J. (1989) *Introduction to world forestroy: people and their trees.* pp. 240, Wiley-Blackwell. (ウエストビー, J.著, 熊崎 実 訳 (1990) 森と人間の歴史, 築地書館)

引用文献

Ajai, A. S. Arya, Dhinwa, P. S. *et al.* (2009) Desertification/land degradation status mapping of India. *Curr. Sci.*, **97**, 1478–1483.

Ammerman, A. J., Cavalli-Sforza, L. L. (1971) Measuring the rate of spread of early farming in Europe. *Man*, **6**, 674–688.

Arnold, E. R., Greenfield, H. J. (2006) *The Origins of Transhumant Pastoralism in Temperate South-eastern Europe: a Zooarchaeological Perspective from the Central Balkans.* Archaeopress.

Bar-Yosef, O. (1998) The Natufian Culture in the Levant, threshold to the origins of agriculture. *Evol. Anthropol.*, **6**, 159–176.

Bellwood, P. (2005) *First Farmers: The Origins of Agricultural Societies.* Blackwell Publishing.

Chang, Y., Syvitski, J. P. M. *et al.* (2012) Socio-economic impacts on flooding: a 4000-year history of the Yellow River, China. *AMBIO*, **41**, 682–698.

Cordova, C. E. (2005) The degradation of the ancient near eastern environment. *in: A Companion to the Ancient Near East* (ed. Snell, D.C.). Blackwell Publishing.

Darbyshire, I., Lamb, H., Umer, M. (2003) Forest clearance and regrowth in northern Ethiopia during the last 3000 years. *Holocene*, **13**, 537–546.

Diamond, J. (2002) Evolution, consequenes and future of plant and animal domestication. *Nature*, **418**, 700–707.

Diamond, J. (2005) *Collapse: how societies choose to fail or succeed.* pp. 574, Penguin Books. (ダイアモンド, J.著, 楡井浩一 訳 (2005) 文明崩壊：滅亡と存続の命運を分けるもの (上・下), pp. 433, 草思社)

Ellis, E. C. (2015) Ecology in an anthropogenic biosphere. *Ecol. Monogr.*, **85**, 287–331.

Ellis, E. C., Goldewijk, K. K. *et al.* (2010) Anthropogenic transformation of the biomes, 1700 to 2000. *Glob. Ecol. Biogeogr.*, **19**, 589–606.

Fearnside, P. M. (2005) Deforestation in Brazilian Amazon: history, rates and consequences. *Conserv. Biol.*, **19**, 680–688.

Fearnside, P. M., Figueiredo, A. M. R. (2015) China's Influence on Deforestation in Brazilian Amazonia: A Growing Force in the State of Mato Grosso. *Discussion Paper of Working Group on Development and Environment in the Americas.*

Feintrenie, L., Schwarze, S., Levang, P. (2010) Are local people conservationists-analysis of transition dynamics from agroforests to monoculture plantations in Indonesia. *Ecol. Soc.*, **15**, 37.

Food and Agriculture Organization of the United Nations (FAO) (2015) Global forest resources assessment 2015.

Fox, J., Vogler, J. (2005) Land-Use and Land-Cover Change in Montane Mainland Southeast Asia. *Environmental Management,* **36**, 394–403.

Gaveau, D. L. A., Linkie, M. *et al.* (2009) Three decades of deforestation in southwest Sumatra: Effects of coffee prices, law enforcement and rural poverty. *Biol. Conserv.,* **142**, 597–605.

Geist, H. J., Lambin, E. F. (2001) *What drives tropical deforestation? A meta-analysis of proximate and underlying causes of deforestation based on subnational case study evidence.* LUCC International Project Office, University of Louvain.

Geist, H. J., Lambin, E. F. (2002) Proximate causes and underlying driving forces of tropical deforestation. *Biosci.,* **52**, 143–150.

Halsall, G. (2007) *Barbarian Migrations and the Roman West.* pp. 376–568, Cambridge University Press.

Hansen, M. C., Potapov, P. V. *et al.* (2013) High-resolution global maps of 21st-century forest cover change. *Science,* **342**, 850–853.

Hansen, M. C., Stehman, S. V. *et al.* (2008) Humid tropical forest clearing from 2000 to 2005 quantified by using multitemporal and multiresolution remotely sensed data. *Proc. Natl. Acad. Sci. U.S.A.,* **105**, 9439–9444.

Haug, G. H., Günther, D. *et al.* (2003) Climate and the Collapse of Maya Civilization. *Science,* **299**, 1731–1735.

Hughes, J. D., Thirgood, J. (1982) Deforestation, erosion, and forest management in ancient Greece and Rome. *J. For. Hist.,* **26**, 60–75.

Hunt, T. L. (2007) Rethinking Easter Island's ecological catastrophe. *J. Archaeol. Sci.,* **34**, 485–502.

Idiata, D. J., Ebiogbe, M., *et al.* (2013) Wood Fuel Usage and the Challenges on the Environment. *Int. J. Eng. Sci.,* **2**, 110–114

International Union for Conservation of Nature (IUCN) (2009) Scoping study of the China-Africa timber trading chain.

Kaimowitz, D., Mertens, B. *et al.* (2004) *Hamburger connection fuels Amazon destruction.* Center for International Forest Research.

環境庁自然保護局（1999）第５回自然環境保全基礎調査：植生調査報告書植生メッシュデータとりまとめ全国版，pp. 344，環境庁自然保護局.

Kaplan, J. O., Krumhardt, K. M. *et al.* (2009) The prehistoric and preindustrial deforestation of Europe. *Quat. Sci. Rev.,* **28**, 3016–3034.

Kaplan, J. O., Krumhardt, K. M. *et al.* (2010) Holocene carbon emissions as a result of anthropogenic land cover change. *Holocene,* **21**, 1–17.

Keenan, R. J., Reams, G. A. *et al.* (2015) Dynamics of global forest area: Results from the FAO Global Forest Resources Assessment 2015. *For. Ecol. Manag.,* **352**, 9–20.

Kim Phat, N., Ouk, S. *et al.* (2001). A case study of the current situation for forest concessions in Cambodia - Constraints and prospects-. *J. For. Plan.,* **7**, 59–67.

Kim, S., Phat, N. K. *et al.* (2005) Causes of historical deforestation and forest degradation in Cambodia.

J. For. Plan., **11**, 23-31.

鬼頭 宏（2000）人口から読む日本の歴史，講談社.

Klein Goldewijk, K., Beusen, A. *et al.* (2016) New anthropogenic land use estimates for the Holocene; HYDE 3. 2. *Earth Syst. Sci. Data Discuss.*, doi: 10.5194/essd-2016-58. https://www.earth-syst-sci-data-discuss.net/essd-2016-58/

Koh, L. P., Wilcove, D. S. (2008) Is oil palm agriculture really destroying tropicalbiodiversity? *Conserv. Lett.*, **1**, 60-64.

Lakanavichian, S. (2001) Impacts and effectiveness of logging bans in natural forests: Thailand. *in: Forests Out of Bounds: Impacts and Effectiveness of Logging Bans in Natural Forests in Asia-Pacific.* (eds. Durst, P. B., Waggener, T. R. *et al.*) pp. 167-184, Food and Agricultural Office of the United Nations (FAO).

Lang, G., Chan, W., Hiu, C. (2006) China's Impact on Forests in Southeast Asia. *J. Contemp. Asia,* **36**, 167-194.

Langner, A., Miettinen, J. & Siegert, F. (2007) Land cover change 2002-2005 in Borneo and the role of fire derived from MODIS imagery. *Glob. Change Biol.*, **13**, 2329-2340.

Langner, A. & Siegert, F. (2009) Spatiotemporal fire occurrence in Borneo over a period of 10 years. *Glob. Change Biol.*, **15**, 48-62.

Laumonier, Y., Uryu, Y. *et al.* (2010) Eco-floristic sectors and deforestation threats in Sumatra: identifying new conservation area network priorities for ecosystem-based land use planning. *Biodiv. Conserv.*, **19**, 1153-1174.

Mather, A. S. (1992) The forest transition. *Area,* **24**, 367-379.

Mather, A. S. (1999) The course and drivers of the forest transition: the case of France. *J. Rural Stud.*, **15**, 65-90.

Mather, A. S. (2004) Forest transition theory and the reforesting of Scotland. *Scott. Geogr. J.*, **120**, 83-98.

Mather, A. S. (2007) Recent Asian Forest Transitions in Relation to Forest-Transition Theory. *Int. For. Rev.*, **9**, 491-502.

Mather, A. S., Needle, C. L. & Coull, J. R. (1998) From resource crisis to sustainability: the forest transition in Denmark. *Int. J. Sustain. Dev.*, **5**, 182-193.

松木武彦（2007）全集日本の歴史第 1 巻列島創世記，pp. 366，小学館.

Meyfroidt, P. , Lambin, E. F. (2009) Forest transition in Vietnam and displacement of deforestation abroad. *PNAS,* **106**, 16139-16144.

水野祥子（2006）イギリス帝国から見る環境史―インド支配と森林保護―，pp. 240，岩波書店.

National Institute of Statistics (NIS) (2012) *Cambodian Statistical Yearbook 2011.*

National Sample Survey Office (NSSO), Ministry of Statistics and Program Implementation, Government of India (2012) *Energy Sources of Indian Households for Cooking and Lighting, 2011-12.* Report No. 567 (68/1.0/4).

Neef, A., Touch, S., Chiengthong., J. (2013) The politics and ethics of land concessions in rural Cambodia. *J. Agric. Environ. Ethics,* **26**, 1085-1103.

Nepstad, D. *et al.* (2014) Slowing Amazon deforestation through public policy and interventions in beef and soy supply chains. *Science*, **344**, 1118–1123.

Nevle, R. J., Bird, D. K. (2008) Effects of syn-pandenic fire reduction and reforestation in the tropical Americas on atmospheric CO_2 during European conquest. *Palaeogeogr., Palaeoclimatol., Palaeoecol.*, **264**, 25–38.

西岡常一・小原二郎（1978）法隆寺を支えた木，pp. 226，日本放送出版協会.

Pedlowski , M. A, Matricardi, E. A. T. *et al.* (2005) Conservation units: a new deforestation frontier in the Amazonian state of Rondônia, *Brazil. Environ. Conserv.*, **32**, 149–155.

Pinhasi, R., Fort, J. & Ammerman, A. J. (2005) Tracing the Origin and Spread of Agriculture in Europe. *PLOS Biol.*, **3**, e410. doi: 10.1371/journal.pbio.0030410

Poffenberger, M. (2009) Cambodia's forests and climate change: Mitigating drivers of deforestation. *Nat. Resour. Forum*, **33**, 285–296.

Pongratz, J., Reick, C. *et al.* (2008) A reconstruction of global agricultural areas and land cover for the last millennium. *Global Biogeochem. Cycles*, **22**, GB3018. doi: 10.1029/2007GB003153.

Ponting, C (1991) *A green history of the world.* Penguin Books.（ポンティング，C. 著，石 弘之・京都大学環境史研究会 訳（1994）緑の世界史（上・下），朝日新聞社）

Potts, D. T. (1993) The late prehistoric, protohistoric, and early historic periods in Eastern Arabia (ca. 5000–1200 B.C.). *J. World Prehis.*, **7**, 163–212.

Pulhin, J. M., Chokkalingam, U. *et al.* (2006) Historical overview. *in: One century of forest rehabilitation: Approaches, outcomes and lessons* (eds. Chokkalingam, U., Carandang, A. P. *et al.*) pp. 6–41, Center for International Forestry Research (CIFOR).

Rackham, O. (2001) *The History of the Countryside: The Classic History of Britain's Landscape, Flora and Fauna.* Phoenix Press.（ラッカム，O. 著，奥 敬一・伊東宏樹 ほか訳（2012）イギリスのカントリーサイド―人と自然の景観形成史―，昭和堂）

Richerson, P. J., Boyd, R. and Bettinger, R. L. (2001) Was agriculture possible during the Pleistocene but mandatory during the Holocene? A climate change hypothesis. *Am. Antiq.*, **66**, 387–411.

Royaume du Cambodge, Ministère du Plan (RDCMDP) (1965) *Annuaire Statistique du Cambodge 1965.*

Ruddiman, W. F. & Ellis, E. C. (2009) Effect of per-capita land-use changes on Holocene forest clearance and CO_2 emissions. *Quat. Sci. Rev.*, **28**, 3011–3015.

坂本美南・永田 信ほか（2014）森林面積の推移に関する研究動向―Forest Transition 仮説を中心に―. 林業経済，**67**，1–16.

佐竹暁子（2007）数理生態学からサステイナビリティー・サイエンスへの挑戦：森林衰退／再生への道をわける条件. 日本生態学会誌，**57**，289–298.

Schmidt, P. R. (1997) Archaeological views on a history of landscape change in East Africa. *J. Afr. His.*, **38**, 393–421

Tachibana, S. (2000) Impacts of log export restrictions in Southeast Asia on the Japanese plywood market: an econometric analysis. *J. For. Res.*, **5**, 51–57.

只木良也（2004）森の文化史，pp. 263，講談社.（原本は 1981 年講談社より刊行）

谷 彌兵衛（2008）近世吉野林業史，思文閣出版.

The Ministry of Environment and Forests (MEF), Government of India (2009) *India Forestry outlook study*. Asia-Pacific Forestry Sector Outlook Study II Working Paper Series Working Paper No. APFSOS II/WP/2009/06. Food and Agriculture Organization of the United Nations.

Totman, C. (1989) *The green archipelago: forestry in preindustrial Japan*. Ohio University Press.（タットマン，C. 著，熊崎実 訳（1998）日本人はどのように森をつくってきたか，pp. 200＋xi，築地書館）

辻野 亮（2011）日本列島での人と自然のかかわりの歴史．日本列島の三万五千年—人と自然の環境史 1　環境史とはなにか（湯本貴和・矢原徹一・松田裕之 編），pp. 33–51，文一総合出版.

Tsujino, R., Yumoto, T. *et al.* (2016) History of forest loss and degradation in Indonesia. *Land Use Policy*, **57**, 335–347.

Wanner, H., Beer, J. *et al.* (2008) Mid- to Late Holocene climate change: an overview. *Quat. Sci. Rev.*, **27**, 1791–1828.

Weiss, H., Courty, M. A. *et al.* (1993) The Genesis and collapse of third millennium North Mesopotamian civilization. *Science*, **261**, 995–1004.

Westby, J. (1989) Introduction to world forestroy: people and their trees.（ウエストビー，J. 著，熊崎実 訳（1990）森と人間の歴史，築地書館）

Wicke, B., Sikkema, R. *et al.* (2011) Exploring land use changes and the role of palm oil production in Indonesia and Malaysia. *Land Use Policy*, **28**, 193–206.

Williams, M. (2000) Dark ages and dark areas: global deforestation in the deep past. *J. Hist. Geogr.*, **26**, 28–46.

依光良蔵（1984）日本の森林・緑資源，pp. 208，東洋経済新報社.

Zhang, Y. (2000) Deforestation and forest transition: theory and evidence in China. *in: World Forests from Deforestation to Transition?* (eds. Palo, M. & Vanhanen, H.), Kluwer Academic Publishers.

Zhao, Y., Chen, F. *et al.* (2010) Vegetation history, climate change and human activities over the last 6200 years on the Liupan Mountains in the southwestern Loess Plateau in central China. *Palaeogeogr., Palaeoclimatol., Palaeoecol.*, **293**, 197–205.

日本列島の森林の歴史的変化
人との関係において

大住克博

はじめに

森林の歴史を回顧するということ

森林は樹木により構成される，陸上では最も生物現存量の大きな，また立体的構造の発達した生態系である．そのような生態系を成立させるためには，日照や気温，降水量が好適であることが必要であり，良く発達した森林生態系は，陸上のどこにでも成立するわけではない．

森林が成立する地域では，樹木に由来する大きなバイオマスは，野生生物ばかりでなく人類にとっても有用な資源であり続けてきた．そして建材や器具の材料，燃料などとしての利用を通して，森林は地域の文化に深く影響を与えてきた．資源としての森林は再生に数十年から数百年の時間が必要であるため，農作物など再生が早い草本系の資源と比べて枯渇を招きやすく，資源の持続性の在り方としては，むしろ農業よりも鉱業に近い．実際，人の利用による森林資源の破綻は歴史の中で頻繁に発生し，持続的あるいは破綻の少ない利用の実現には，何らかの管理制度や，資源の再生を保障する技術の発達が必要であった（大住・湯本，2011）．そのため，森林は自然として地域の文化に影響を与える一方で，それ自身も社会的な制度や技術と深く関わる文化的存在としての側面を深めてきたのである．

森林と人との相互関係の長い歴史の中で，ある資源利用は森林生態系に対するなんらかの特性を持った撹乱様式として機能してきた．そしてそれぞれの樹木種は，それぞれの生理的あるいは生態的な種特性をもってその撹乱様式に対応し，あるものは繁栄し，あるものは衰退していったのである（たとえば大住，2005）.

このように見てくると，少なくとも人が居住する地域——地球上のほとんどの地域がそうであろう——においては，現在目前にある森林を理解するためには，自然科学と社会科学にまたがる様々な視点を持って，その歴史的な経緯，変化に遡って解釈しなければならないことが理解されよう.

日本列島の森林の歴史を記述する試みは，過去から少なからず行われてきた. ごく一部であるが，一般の読者にも図書館などで比較的利用しやすい文献を示してみよう.

林政に重心を置いた林業史としては，タットマン（1998）が多くの日本人研究者の成果をもとに，古代から近世までの流れを集大成した労作がある. 彼は日本列島においていかに人がヒノキなどの天然林[1]資源を消費し消耗し破綻させてきたか，そしてその破綻の中で資源保全のための社会制度がどのように成立してきたかを論じた. 著者の学術的な守備範囲から，参照されるのは社会科学的な情報に限られるが，この本により，専門外の読者でも容易に近世以前の日本社会と森林の関係の歴史を概観できるようになった. 近代以降の林業史については『林業発達史 上巻』（林業発達史調査会編，1960），『日本林業発達史』（大日本山林会『日本林業発達史』編纂委員会編，1983），『戦後林業史』（戦後日本の食料農業農村編集委員会編，2014）などの研究がある[2].

森林文化論は森林を文化的存在としてとらえ（北村，1981），人の影響により形成され，また姿を変えていくものとする. したがって，人と森林の歴史的な過程についてもしばしば言及してきた（只木，2010 など）. 森林文化の精神

1）正確には，林学で天然林と定義されるのは，伐採など人為撹乱をほとんど受けていない林分であり，伐採など人為影響を受けながらもその後は植栽などの人為に依らず更新した林分は，種組成や構造が天然林に類似していても天然生林と呼んで区別する（藤森，2006）（図 2. 1）. たとえば，いわゆる原生林は天然林にあたり，また収穫後の更新を萌芽という自然の過程に委ねる薪炭林は天然生林にあたる. 一方，撹乱が人為か自然かは問わないが，更新を播種や植栽などの人為により行ったものが人工林である. ただし実際には，林業関係機関の文書や統計でも，天然林と天然生林は混同して使用されることの方が多い. 本章で引用する情報でも，天然林と天然生林双方に触れながら議論しているもの以外は，両者が混同されている場合が多い.

2）山本（2016）は，明治から現在までのコンパクトな概観を試みていて，分野の違う読者にも手に取りやすい.

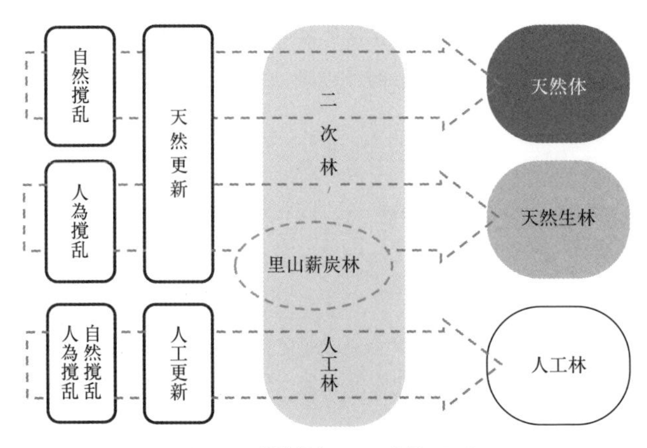

図 2.1　林学概念による森林の区分
藤森（2010）より一部改編して描く.

性に踏み込んだものは，日本社会と森林との関わりを日本人の感性や信仰，風土に根差したものとしてとらえ，日本社会の醸成した共生的な文化が現在の豊かな森林を残したとすることが多い（安田，1997；梅原，2015）．それらの議論は時にユニークで魅力的な考察を展開するが，一方で議論の客観性や普遍性の検証が困難であるというきらいがある．

林業経営史あるいは技術史については，通史（西川，2007; 2008; 2009）や，古文書を渉猟した大部の資料集（日本学士院編，1959）が上梓されている．さらに近世以降については，吉野林業（泉，1992；谷，2008）をはじめ多くの地域研究（日本林業技術協会編，1972）もある．しかし多くは専門分野の関係者向けに刊行されたものであり，現在では入手が難しいものもある．

森林生態史あるいは森林環境史としては，千葉徳爾の一連の著作を挙げたい（千葉，1973; 1975; 1991 など）．それらは荒廃地や野生動物，山村社会などのテーマについて論じられたものであり，日本列島の森林の通史を扱っているわけではないが，林政史，林業経済史，地域社会史，生態学，造林学，自然地理学などを越境し総合化していく議論は，今も新しい

森林植生史は花粉分析をベースに多くの実績を上げ，我々が過去の森林植生の変化の概要を知ることを可能にした（高原，2011；佐々木・高原，2011 など）．専門的な論考が多いが，数百年〜数万年というメソスケールの時間軸を

得意とし，先史時代と考古学や史学が扱う有史以降とを接続しうるため，日本列島における人と森林の関係史を構築する上で，重要な情報源となっている．さらに古生物学に遡り，日本列島の森林植生の形成を論じたものとしては堀田（1974）が重要である．

本章では，森林に関わる諸分野を学ぶ人々へ，日本列島の森林の人との関係における歴史的な変化の概要を，基礎知識として提供することを目的とする．そのために，上記のような様々な側面から書かれた森林の歴史を参照しつつ，森林史に関しては従来から中心的であった社会科学的な情報に，植生史学，生態学，造林学などの知見を組み合わせることで，森林環境史，あるいは森林生態史として記述することを試みる[3]．

森林の歴史は複雑で迷走し，それを追跡することは容易ではない（ラートカウ，2013）．そのような複雑な森林の歴史を，広く一般社会の人々が入手できるような形で示すこと[4]は重要であるものの，多くの困難が付きまとう．本章でも，日本列島の森林の歴史の多様な側面は，筆者の力不足と紙面の制約により，十分に取り上げそして整理することができなかった．説明を過度に単純化してしまっているところもあるだろう．客観的な検証が難しく解釈の洗練がより重要な役割を果たす歴史の議論では，時に自身の史観を正当化するための論証に陥りやすいが，本章もそのそしりは免れられないだろう．

以上のような点から，本章はあくまで試論に留まるものであると釈明しておきたい．また，必要な情報を十分得られなかった時代や地域も多い．ことに地域については，本州，特に中部から西日本についての記述が主体となっており，少なくとも北海道や南西諸島については，別の取り組みが必要であろう．

3）戦後の農林省林業試験場長を務めた長谷川孝三（1967）は，国内では西欧に比べて森林の記録がほとんど残されていないことを指摘している．そして，林業史は誰が何をしたかは述べても，それがどのような社会的，自然的背景の下に，どのような経過でどのような変化を生んだかを体系化するということについては沈黙しており，歴史になっていないと嘆いている．

4）近年では太田（2012）や田中（2014）などによる著作が参考になる．

2.1　先史時代　樹木種の多様性の起源

2.1.1　日本列島の地史

本章は日本列島の森林の，人との関係による変化を記述することを主目的とするが，話はそれ以前の植生史の概観から始めたい．というのも，後述するように，日本列島が地史的時代を通して保持してきた樹木種の多様性が，その後の人による森林資源利用様式や林業の成立に大きな影響を与えることになると考えるからである．

日本列島は近隣の台湾や中国南部と共に，温帯域としては樹木種の多様性が極めて高く，その中に第三紀に繁栄した古い種群を多く含むという特徴を持つ（堀田，1974）．その理由の推定は，地史，古気候，古生物など幅広い分野の知見についての総合的かつ慎重な検討を必要とする作業であり，本章の目的とするところではない．しかし，北半球の温帯域において，東アジアはヨーロッパや北アメリカとは異なった古環境を持っていたことを指摘しておきたい．一つは最終氷期の最盛期にもほとんど陸氷におおわれることがなく，広い地域で森林植生が維持されていたことであり（高原，2013），もう一つは，東アジアではヒマラヤモンスーンの存在により，ヨーロッパにとってのサハラ砂漠や北アメリカにとってのメキシコなどのような中緯度乾燥帯が発達せず，南方に接する亜熱帯や熱帯山地の森林植生[5]との連続性が，長い間保たれてきたことである（図2.2）．

森林植生が長期にわたって維持され，また北方や南方との接続も保たれてきたことで，東アジアは第四紀の大きな気候変動の中で，寒冷期には様々な北方の樹木種の逃避地となり，また温暖期には南方の樹種の橋頭保となってきたのであろう．東アジアの植物地理区は日華区系に区分されるが（北村，1957），この区系は東アジアとそこからヒマラヤ山系南部に盲腸のように伸びた部分か

5)　日本列島の照葉樹林とこれらの熱帯地域との間で共通するクスノキ科，ツバキ科，モチノキ科などは，南アメリカ，東南アジア，アフリカにまたがる汎熱帯的な分布を持つ．したがって，これらの熱帯地域が接続していたゴンドワナ大陸の時代にさかのぼる起源を持つと考えられている（原，1997；清水，2014）．

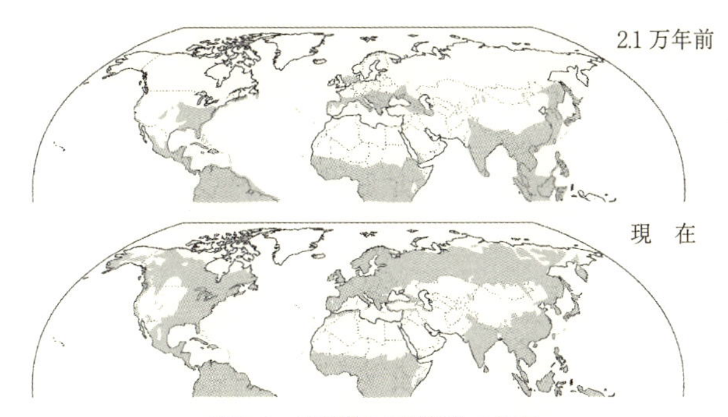

図 2.2 北半球の森林植生の分布
気候モデルより推定された最終氷期最寒冷期（2.1 万年前）と間氷期（現在）の森林および疎林の分布域（灰色塗り潰し）を示す．Kutzbach *et al.*（1998）より描く．

ら構成された独特の形態をしている．これは，前述のように東アジア以外では氷期の気候や中緯度乾燥帯の発達により，古・新第三紀に由来する多くの樹木種が絶滅したことにより，形成されたと考えられる．

2.1.2 日本列島の樹木種の多様性

東アジアの森林植生の特徴は，暖温帯域で際立っている（山中，1979 など）．過去に東アジアとヨーロッパ，北アメリカは共にローラシア大陸を形成しており，それらの冷温帯域の森林植生は，互いに地続きであった頃に成立した第三紀周北極植物群[6]と呼ばれる樹木種に優占されていて，類似している（図 2.3）．一方で，冷温帯の南に接続する暖温帯に相当する地域では，上記の三地域間での森林植生の類似性はより低く，それぞれの独自性が強いことがわかる．

日本列島を含む東アジアの暖温帯域の森林植生の特徴として，照葉樹とよばれる多様な常緑広葉樹が生育し森林帯を形成していることが挙げられる．照葉樹林帯には常緑性のクスノキ科やブナ科の種が多数分布する．それらを代表するアカガシ属[7]，シイ属，マテバシイ属，シロダモ属，ニッケイ属などは，中国南部やインドシナ半島の山地林を構成する樹種群と共通している（村田，1977；大沢，1993；堀田，2006）．ところが，北アメリカやヨーロッパ南部の

6) 堀田（1974）によれば，古第三紀に北極周辺の地域に分布した植物群で，ブナ属，カエデ属，カバノキ属，コナラ属などの落葉広葉樹や温帯性針葉樹などを含み，現在の日本列島の樹種群と共通性が高い．
7) 本章では従来のコナラ属アカガシ亜属 *Cyclobalanopsis* を独立属として扱う．

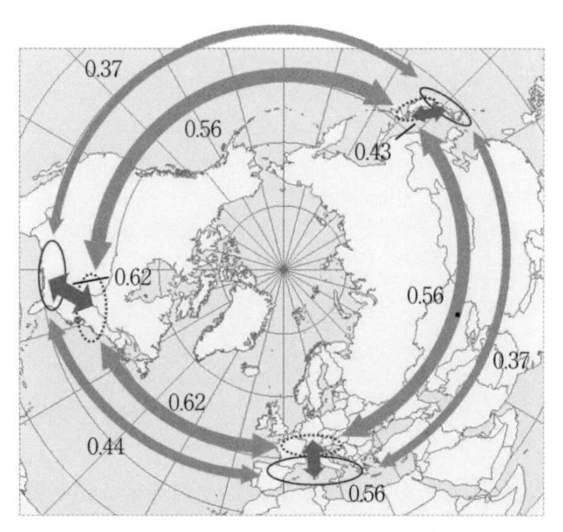

図 2.3　北半球三地域（ヨーロッパ南部，北アメリカ東岸，本州）間の高木性植物相の類似性
三地域の冷温帯相同域（スイス，米国北部，本州冷温帯：破線楕円）と暖温帯相同域（地中海北岸，米国南部，本州暖温帯：実線楕円）間での高木種を擁する属の二地域間の共通割合．線の太さは共通割合に比例する．北半球図は以下を利用した．S. Baker: http://www.cipotato.org/DIVA/data/misc/world_adm0.zip

暖温帯に相当する地域には，北方の冷温帯と共通する落葉性樹木属が多く，一方で，おそらく中緯度乾燥帯が障壁になっているためであろうが，南方の熱帯・亜熱帯に分布を連続するような属はほとんど見られない．両地域の暖温帯では常緑広葉樹の種数が乏しく，東アジアと同じように温暖な気候でありながら，発達した常緑広葉樹林帯は形成されない[8]．

東アジアの暖温帯の森林植生のもう一つの特徴は，多様な温帯性針葉樹を包含することであろう．温帯性針葉樹は，日本列島で言えば暖温帯から冷温帯域に分布する針葉樹を指し，モミやツガ，トガサワラ，カヤ，ネズコ，さらにはコウヤマキ，ヒノキ，スギ，ヒバといった林業的に有用な樹種も含む．古第三紀やそれ以前の中生代に起源をもつ古い種群が多く，第四紀に地球環境変動が始まり，北方に広大な寒冷地が形成されると共に新しく展開していった北方針葉樹の低緯度に残留した祖先種の系譜を継ぐものと考えられている（堀田，

8)　たとえばフロリダ半島は亜熱帯域に属するが，植生はマツ林，ナラ・フウ・ヌマスギ林，サバンナに分かれていて，常緑広葉樹林は区画されていない（USDA　Forest　Service；https://data.fs.usda.gov/geodata/rastergateway/forest_type/）

1974；山中，1979).

日本列島は針葉樹の種多様性が世界で最も高い地域の一つとされるが（Farjon, 2008)，これには，亜高山域などの北方的な針葉樹種と共に，多くの温帯性針葉樹を含むことが貢献している．これらの温帯性針葉樹種の多くは第四紀には衰退し，世界における分布は遺存的になる．加えて温帯域には，その後人が多数居住し，農耕や都市建設などの活動を行うようになるため，残った温帯性針葉樹も早くから優良な木材資源として選択的に利用されることになり，多くの種がそれぞれの地域から衰退し絶滅していった[9)].

2.2 古代から中世 採取の時代

2.2.1 温帯性針葉樹天然林資源の利用と枯渇

日本列島の森林史の中で，古代と中世[10)]を一つの時代としてまとめるのが適切かどうかは，中世以前の史料が乏しいこともあり，筆者には明らかではない．ここでは暫定的に，建築用材利用のための天然林の採取的な伐採が本格化し，しかし近世以降のような積極的な森林資源管理は始まっていなかった時代として位置付けたい．

縄文期以降の本州の低地帯は，特に日本海側においては，かなり広範にわたりスギが優占する天然林に覆われていたと推定される（高原，1994)．実際，青森県から山口県までの各地で，スギの大径木で構成される埋没林が発見されている（佐藤，2000)．このようなスギの埋没林は太平洋側でも散見され，また北日本ではサワラやアスナロの埋没林も報告されている（箱崎ほか，2009)．これらのことは，現在よりもむしろ温暖であった縄文期において，低地にスギなどの温帯性針葉樹が広く分布していたことを示唆している．

9) 地中海域のレバノンスギ，後述する日本列島のヒノキなどがそうである．欧州諸国が新大陸に進出すると，北米西海岸の針葉樹群や南米のパラナマツやパタゴニアヒノキなども同様に利用され，16 世紀以降大きく減少した．文明の発達に伴う温帯性針葉樹の減少や絶滅は，汎世界的現象であったといえよう．

10) 日本史における古代・中世の分画の適否やその期間については諸説があるが（井上，2008)，本章では従来通り平安時代以前を「古代」，鎌倉時代から室町時代を「中世」とする．

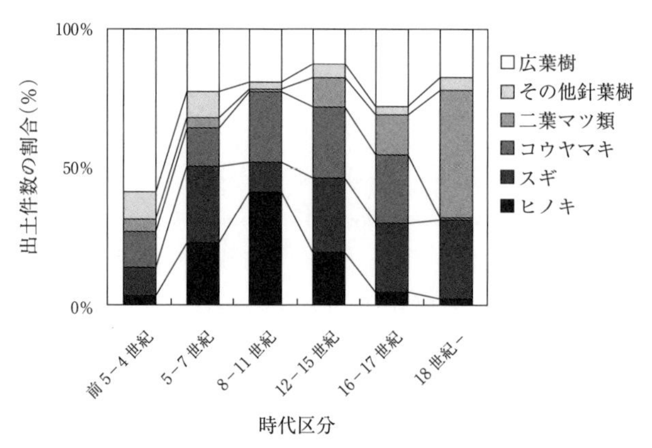

図 2.4　近畿地方の木質遺物出土数の樹種別割合の歴史的変化
山田昌久（1993）より描く．

低地に温帯性針葉樹がかなり多く生育していたことは，花粉分析の結果からも知られている．たとえば京都盆地の標高 78 m の低地に位置する深泥池から採取された試料からは，縄文期以降，スギやヒノキ属，そしてコウヤマキの花粉が，高い頻度で発見される（佐々木・高原，2011）．高原（1998）は中国地方各地の花粉分析の結果を比較し，最終氷期最盛期に隠岐諸島と本州の間に広がっていた低地に逃避していたと思われるスギは，後氷期に温暖化が進むと共に，海岸の低地から次第に高標高地に分布を広げていったのではないかと推定している．

古代に低地に生育していたスギやヒノキ，あるいはコウヤマキといった温帯性針葉樹は，古墳時代になり金属製の斧などが普及するとともに，資源として盛んに利用されるようになる（図 2.4：山田，1993）．なぜスギやヒノキ，あるいはコウヤマキは，それほど多用されたのだろうか？　人の居住域の近傍に多数生育し調達しやすい建築用材であったこと，強度や内装材としての美しさが評価されたことなどは想像に難くないが，加えてこれらの樹種の加工性が重要であった．柱や板を製材するためには，幹，つまり繊維に平行な方向に縦挽きする必要がある．しかしながら古代に存在した鋸は横挽き鋸のみであり，幹を切断することはできても縦挽きは難しかった．縦挽きが可能な鋸[11)]の製造

11）　大鋸（おおが）と呼ばれた．後に国内で改良されて前挽き鋸を生み出す．

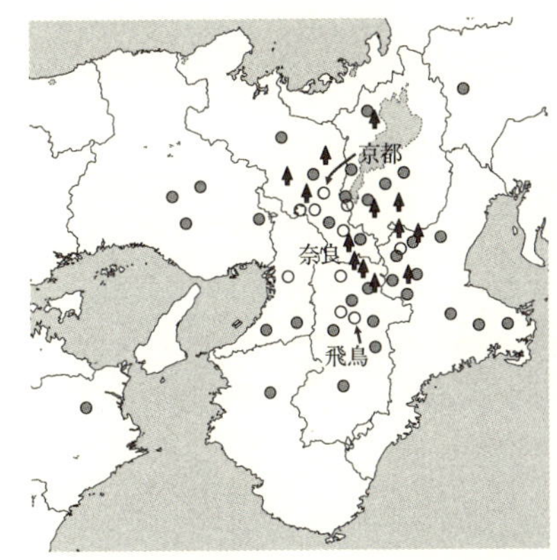

図 2.5 関西地方における古代・中世の針葉樹材産出記録の地理的分布
ヒノキ人工林造成が一般化し始めるのは 17 世紀以降と考えられるため，これらの記録は天然林より産出した資源についてのものであると推定される．筒井（1955）より描く．

技術が中国から導入され普及するのは中世以降であり（宮本，2003），それまでは，柱や板の製材は伐倒した幹を楔などで割裂して粗取りし，ちょうなや槍鉋で表面を整形して仕上げていた．そのために，建築構造材に好適な樹種としては，割裂性が良いことが大変重要だったのである．広葉樹でも割裂性が比較的良いクリは古代より構造用材として多用されてきた．一方で，針葉樹でも割裂性が悪いアカマツや広葉樹のケヤキなどは，近世近くに縦挽き鋸が普及した後に，盛んに利用されるようになることが指摘されている（宮本，2003）．

温帯性針葉樹の中でもヒノキは，おそらく材質や加工性の良さにも支えられて，古代から宮殿や宗教的な聖堂，飛鳥時代以降は大寺院といった記念建造物の建築用材として，特別な地位が与えられた（タットマン，1998；木沢，2001 など）．そして都市や国家といった権威の発展に連動する形で，最上の建築用良材という現在まで続くヒノキの評価は確立されていったのである．

大径な温帯性針葉樹を天然林より伐採し，距離の離れた都市建設に利用するといった大掛かりで組織的な採取林業が始まったことは，森林と人との関わりの歴史の中でこの時代を特徴づけるものであろう．この資源利用様式は，上記のように樹種の割裂性に関わっているので，伐採は樹種選択的に行われたと推定される．

古代の都は飛鳥時代から平安時代までの間に転々としたため，その都度，宮

図 2.6　平安末期まで東大寺の建築用材を供給していた玉瀧杣跡（三重県伊賀市阿山町）
20 世紀末以降のマツ枯れや竹林の拡大の影響を受けた典型的な放置里山林が低い丘陵地に広がる現在の姿から，ヒノキなどの巨木が産出された過去の天然林の姿を思い浮かべるのは難しい．

殿や多数の社寺，貴族らの居館を建設する目的で，奈良，京都盆地周辺の丘陵や山地から膨大な量の大径な温帯性針葉樹が伐採された（タットマン，1998）．伐採のために区画設定された森林は杣（そま）あるいは杣山（そまやま）と呼ばれた．大径木の伐採と搬出，遠方の都への運材には専門的な技術を必要としたと考えられるが，それは有力な貴族や東大寺などの官寺により設置された山作所（やまつくりどころ）と呼ばれる，官営の林業組織により行われた（筒井，1955）．

当時，杣や山作所が置かれ，ヒノキやコウヤマキなどの大径材を産出した地域は畿内である（図 2.5：筒井，1955）．杣の多くは，決して深山ではなく，現在ではアカマツやコナラ，竹林が広がる低い丘陵地帯にあった（図 2.6）．繰り返す都城建設のための伐採により，京都の山国地方など流域が広く針葉樹資源も豊富であったと考えられる地域を除き，大径材資源は急速に消耗していった[12]．平安後期から鎌倉初期に至ると，杣や山作所に関わる木材生産活動は，史料からは目立たなくなる．そして，杣や山作所の一部は農業を専らとする荘園に転換していった（水野，2011）．

タットマン（1998）は，中世には大規模な都城建設を行うような権力が成立しなかったために伐採圧は低下し，古代の過剰利用により衰退した温帯性針

12）西暦 758 年に建立された初代の東大寺大仏殿の用材は，淀川支流の木津川流域から調達された．しかし西暦 1181 年，平家の南都焼討により焼失し，初代建立の四百年余り後の西暦 1195 年に再建された折には，もはや畿内での用材調達が難しく，僧重源が遠く周防（山口県）まで原木を求め，間口を初代の 2/3 の規模に縮小してようやく実現できたことが知られている．

葉樹資源は，徐々に回復していったと推定している．しかし，たとえば中世においても関東では，房総半島や伊豆半島，富士山周辺などからヒノキやスギが供給されたことが断片的に知られている（盛本，2012；小野ほか，2015）．中世には全国的に森林の伐採量が低下したのか，それには地域差があるのか，あるいは史料の地域的な偏在で確認できないだけなのか，今後の検証が必要であろう．

2.2.2　暖温帯林における温帯性針葉樹の位置づけ

古代にヒノキやコウヤマキ，スギといった大径な温帯性針葉樹が，関西地方などの低山や丘陵地に多く生育していたことは，文書史料や花粉分析，遺跡発掘物，埋没林など様々な証拠からも裏付けられる（遠山，1976）．このことは，少なくとも関西地方においては，暖温帯の極相の種構成について再考が必要であることを示唆している．現在広く受け入れられている理解では，関東より九州にかけての暖温帯の極相はアカガシ属やシイ属などが優占する照葉樹林である．これらは東アジアの照葉樹林の分布の北限域に当たるが（山中，1979など），本来は地域や立地によっては照葉樹に温帯性針葉樹を混交したものであった――その混交の程度，林分構造はなお不明であるが――と考えたい[13]．その後の歴史の中で，人々が選択的かつ徹底的に伐採利用した結果，平地や低標高域の植生から温帯性針葉樹が抜け落ちてしまった後の姿を見て，暖温帯の極相を照葉樹林であると理解し，一方で奥山に伐採を免れて残存したむしろ分布周辺域にあたるヒノキやスギの個体群を見て，それらの樹種を冷温帯的な森林の構成種であると誤認してきたのではないだろうか．

13）日本列島に隣接する台湾において，ヒノキの亜種であるタイワンヒノキやサワラに近いベニヒが，温量指数 72～108℃ の上部コナラ属（ここでは常緑であるアカガシ属を意味する）混交林帯 *Quercus* (upper) mixed forest (Su, 1984)，あるいは温量指数 100～150℃ のヒノキ属山地混交雲霧林帯 *Chamaecyparis* montane mixed cloud forest (Li *et al.*, 2013) の構成種として位置付けられていることは，日本列島の暖温帯を考える上で興味深い．Li *et al.*, (2013) によれば，そこではアカガシ属やシイ属などの照葉樹が密に優占する林分に，ヒノキ属やトウヒ属の針葉樹の大径な個体が，周囲の林冠層を突き抜ける超高木（エマージェント）として混交する．さらに近年 Aiba (2016) は，西太平洋の南北半球にまたがる森林植生帯について再検討を行い，西太平洋の温帯および熱帯山地には，常緑広葉樹に針葉樹が混交する森林帯が一貫して認められるという新しいモデルを提案している．またそのような混交林の構造について，針葉樹が広葉樹の上層を占めることが多いとしていることも注目すべきである (Aiba, 2013)．

ところで，アカマツやカラマツなど，針葉樹にも先駆種として大規模で強度な撹乱を利用して更新し，個体群を維持している樹種は多い．では，スギやヒノキ，あるいはトウヒの仲間などの温帯性針葉樹は，なぜ撹乱に弱く，伐採を繰り返すと個体群の縮小や絶滅が発生しやすいのであろうか．これには，後者は前者より種子の供給能力が低い[14)]こと，種子から実生の間の死亡率が高いこと[15)]，実生の初期成長が遅く他の植生との競争に弱いことなどが原因として挙げられるだろう．

2.2.3　二次林の拡大

ここで温帯性針葉樹を離れて，古代における人による森林の他の利用形態を見てみたい．日常生活に必要な燃料や様々な材料の採取（西川，2007），焼畑（小杉ほか編，2009）などは，古代以前から広く行われてきたであろう．しかしながら，国家が絡んだヒノキなどの天然大径針葉樹資源利用と異なり，これらの民生的な利用についての史料は乏しい．日本列島における人による植生改変としては，縄文時代中期の三内丸山遺跡の集落周辺をはじめ，北日本の遺跡周辺でしばしばクリが優占することが知られていて（吉川ほか，2006），早くから何らかの森林管理の可能性も含む二次林化が起きていたことが指摘されている（吉川，2011）．人里近くの植生が二次的なものに替わっていたことは，当時の詩歌からも推測できる．万葉集に「野」などの言葉で示される草原の描写が多いことは，以前より良く指摘されており，また，ナラ類の萌芽林を推定させる歌もある[16)]．

このように二次的な植生は，人の居住や農耕によって周辺の森林が大きく撹乱された結果，日本列島各地でも古くから形成されてきたと考えられる．古代

14)　これらの針葉樹はすべて風散布種であるが，スギやヒノキは種子に比べて翼が小さく飛散距離が短いこと，種子生産量の年変動が大きく凶作年の発生頻度が高いことから，時間空間的な種子の供給能力はアカマツやカラマツより低い．

15)　この段階での針葉樹の高い死亡率には，土壌中の菌類の感染が大きな役割を果たしていると考えられている（倉田，1949）．

16)　万葉集から代表的なものを二首示しておきたい．「ははそ」「櫟」はナラ類あるいはドングリの仲間を指す．詞の中の「ははそ原」，「櫟柴（いちしば）」という表現は，植生高の低い柴山を想像させる．

山科の　石田の小野の　ははそ原　見つつか君が　山路越ゆらむ　(9-1730) 藤原宇合

み狩する　雁羽の小野の　櫟柴の　なれはまさらず　恋こそまされ　(12-3048) 詠み人知らず

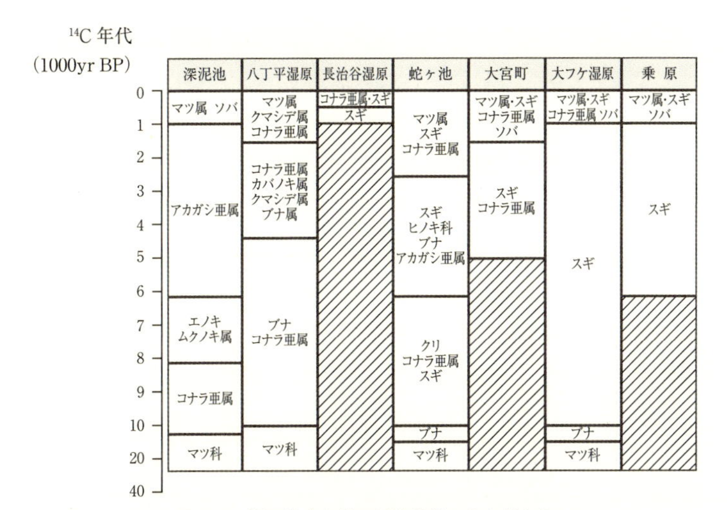

図 2.7　関西地方各地の優占花粉の入れ替わり

概ね 1000 年前以降，マツ属やコナラ属などの二次林構成種や，栽培種であるソバの花粉が優占し始めることがわかる．斜線部分は試料の欠損を示す．佐々木・高原（2011）より描く．

においても，都の周辺では，薪炭材の濫伐による山地荒廃が問題になったことが知られている（水野，2011 など）．しかし，二次的な森林植生への変化が大きく進むのは，関西地方では概ね中世以降であると推定される（図 2.7：佐々木・高原，2011）．日本海側から京都盆地までの関西各地の花粉分析の結果をもとに，花粉数で優占する種の変化をみると，温帯性針葉樹やアカガシ亜属などの天然林的な樹種構成から，ニヨウマツ亜属やコナラ亜属など人為撹乱による二次林化を示唆する樹種構成への交代は，8～13 世紀にかけて起きている．これは，火入れに伴って蓄積されたと思われる土壌中の微粒炭の増加や，栽培種であるソバの花粉の出現などとしばしば同調していて，この時代に農耕が大きく拡大し，その活動が周辺植生に大きな影響を与えるようになったことが推測されている[17]．

これらは，現在里山景観と呼ばれるものと相同なのだろうか？　実際に三内丸山遺跡などが縄文里山と呼ばれることもある．これは，里山をどう定義する

17）火入れやソバの栽培は焼畑農耕を示唆する．焼畑は過去日本列島に広く行われていたため，森林にも様々な影響を与えてきたと考えられる（佐々木，1972；福井，1983）．しかし，焼畑の研究は多いものの，その森林植生への歴史的な影響はほとんど明らかにされていない（米家，2014）．そのために本章では，焼畑については言及できなかった．

かということと大きく関わる問題であろう．里山を集落周辺の人為によって改変された二次植生と解釈すれば，古代の植生変化も里山化と見なすことができよう．一方で，田端（1997）により提唱された定義，つまり里山とは農業を中心とした人の活動により，集落周辺に一定の構造やパターンを持って形成された森林を伴う景観（土地利用や生態系の集合）であるという考え方に従えば，古代以前の二次植生の存在をもって，ただちに里山の成立とすることはできない．

水野（2009; 2015）は，古代の荘園が，管理する耕地がばらばらに所在していた寄進型から，一定の地域に集中する耕地とその周囲の山野まで含めたまとまりを持った区域を管理する領域型に変化する過程で，里山景観が成立したと考えている．この過程において，古代に多かった散村から集村へと農村は変化し，惣村と呼ばれる近世の村の原型が生まれる．そのような農業共同体が，その周辺の森林を含む土地利用に一定の人為撹乱，土地改変を持ちこむことで，現在につながる里山景観が生まれたのである[18)]．

農業などで定着した人の活動は，地域の森林の構成を大きく改変したが，関東以西の低標高域では，これは常緑樹林と落葉樹林の交代[19)]という顕著な相観的変化を伴った．たとえば大阪湾周辺では，後氷期の温暖化とともに7500～6000年ほど前にナラ類の多い落葉広葉樹林は常緑広葉樹が多い照葉樹林に入れ替わる（前田，1980）．しかしそのうちの多くは，人の活動で二次林化する過程で，1000年ほど前から再び落葉樹林化していく（佐々木・高原，2011）．

人の森林への関わりとして最も積極的なものとしては，産業として植栽により人工林を造成し，木材資源を利用する育成林業がある．しかし，樹木を植栽

18）ちなみに，集落からその外側に向かって耕地–薪炭林–天然林という里山の空間構造の成立を確認できる最も古い絵画資料としては，14世紀初めの近江国葛川を描いたものが知られている（近江国葛川相論絵図文保2年ごろ：明王院蔵）

19）落葉性は季節的な寒冷や乾燥を持つ環境への適応と考えられており（菊沢，2005など），北半球の冷温帯域には，ユーラシアの東西と北アメリカ東部に，ブナ科やニレ科，ムクロジ科などが優占する落葉樹林が発達する．一方，先述したように，冷温帯南側に隣接するより温暖な地帯には，南ヨーロッパ，東アジア，北アメリカではそれぞれやや異なった森林植生が形成される，そして，南ヨーロッパや北アメリカ南部では冷温帯域よりも常緑広葉樹が増えるものの，明確な常緑広葉樹林帯を形成するまでに至らない（たとえばThe Nelson Institute Center for Sustainability and the Global Environment, University of Wisconsin-Madison, 2017）．ところが東アジアのみは，照葉樹林と呼ばれる東南アジア山地に連続する常緑広葉樹林帯が形成される．このことが，二次林化に伴う常緑樹林から落葉樹林への変化を，日本列島を含む東アジアで際立たせている．

すること自体は古代より行われていたものの[20]，育成林業を目指した植林活動は中世以前には認められない．

史料においては，西暦 866 年に鹿島神宮で造営用木材備蓄のためスギ 4 万本クリ 5700 本を植栽したこと（日本三代実録）などが知られている．しかし，中世以前の植林の記録は信仰に関連したものが多く，植林の広がりはまだ限定的であったのではなかろうか．育成林業の成立，そして面積的にまとまりを持った人工林の出現は，次の近世まで待たねばならない．

2.3　近世　採取から管理へ

2.3.1　再び温帯性針葉樹天然林資源の利用と枯渇

近世とは，ここでは，16 世紀末の織田信長による統一政権の成立から明治維新までを指すこととする．近世における森林への人の関わりの変化は，初期に天然林資源の破綻が発生し，その後，それに対応する形で森林資源の保護政策が整備され育成林業が始まった，と要約することができるだろう．このような近世の森林の変化についても，引き続きタットマンの総括（1998）に依拠して話を始めたい．

織田，豊臣，徳川と引き継がれた統一政権による国内秩序の構築は，政治と経済の複合した城下町の発展を促し（松本，2013），城郭や寺院から上級武士の居館，富裕な商人たちの店舗まで，大規模な木造建築が多数作られるようになった．タットマンによれば，大名など近世の諸侯にとって針葉樹材は，城郭や砦，城下町の建設のみならず，地域経済の基盤であった農業生産に直結する治水や灌漑などの様々な土木工事に必要な，重要な戦略物資であった．このことを最も的確に認識していたのは豊臣政権である．豊臣秀吉は政権につくと，速やかに木曾や伊那[21]などの森林資源を直轄管理とし，また北は津軽や秋田

20）　次の歌は，それを示すものとして良く知られている．
　　いにしへの　人の植ゑけむ　杉が枝に　霞たなびく　春は来ぬらし（10–1814）柿本人麻呂歌集
21）　伊那谷は木曾谷に比べてヒノキの資源量は少なかったものの，大径なサワラを豊富に産したことが知られている（松原，2015）．サワラは屋根板に広く使われたため，官用が中心であったヒノキと異なり，民生用としての需要も大きかった．

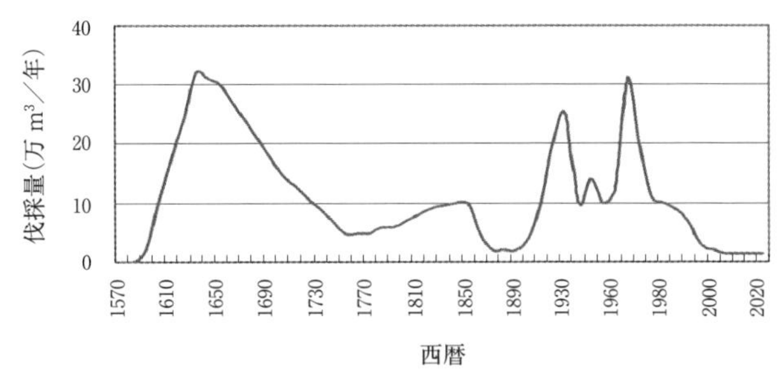

図 2.8　木曾ヒノキ伐採量の推移（山本，2005）

から南は薩摩の屋久島までの全国にわたって，木材の生産と流通の体制づくりに努めた．木材資源重視の方針は続く徳川政権にも引き継がれ，徳川家康も政権を握った直後に木曾山，伊那谷，吉野などを直轄領として編入している[22)]．そして，木材搬送に重要な河川や運河の整備，海運や市場の育成を進めた（所，1980）．

領国の経営と経済的繁栄の要となる城郭と城下町の建設には，大量の木材を必要とした．幕府による江戸，名古屋，大阪の三城の建築では，100 万 m^3 に達するヒノキ大径木を，木曾を中心とした天然林より伐り出したが，そのためには少なくとも 3000 ha 程度の天然林の伐採が必要であったとタットマンは推定している．徳川幕府最初の 100 年である 17 世紀には，そのような天然林の伐採が幕府や諸藩の経営により大規模に進められた．たとえば木曾地域の天然ヒノキの伐採量は，17 世紀ほぼ一世紀にわたり 20 万 m^3／年前後で推移し，最大では 30 万㎥／年に達していたと推定されている（山本，2005）．これは戦後の木曾ヒノキ伐採最盛期（1960 年代後半～1970 年代前半）の伐採ペースをも上回る（図 2.8）．

このような温帯性針葉樹資源の過重な利用は，木曾のヒノキや秋田のスギに限らず，四国や紀伊半島のスギやヒノキ，屋久島のスギ，津軽半島や渡島半島のヒバにまで及ぶ（図 2.9）．そして江戸最初の世紀である 17 世紀の後半には，早くもそのような優良天然針葉樹資源が枯渇し始める．そして，当時，熊沢蕃山が「天下の山林十中八，九尽き候」と嘆いたように，枯渇は国家的な課題と

22)　徳川将軍家は 1615 年に分家である尾張徳川家に木曾山を譲るが，その後，もう一つのヒノキ美林地帯であった裏木曾を擁する飛騨を金森氏から接収している．

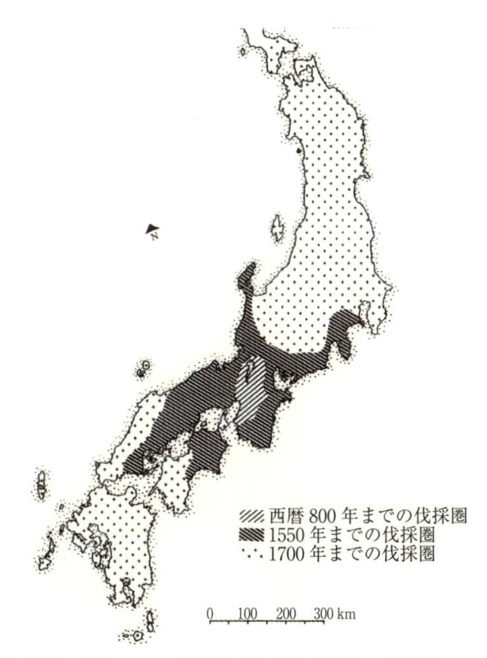

図 2.9　記念建造物建設のための針葉樹大径材供給地域の変遷（タットマン，1998）

して，政治の世界でも認識されるようになっていった．18 世紀に入ると，資源不足により，木曾における伐採量が大きく低下する．全国的にも天然林資源は消耗し，いわゆる「尽き山」[23)]が生まれていった．

近世において，天然林のヒノキやスギなど，権力者側から資源として高い評価を受けていた「美林」以外の森林の変化はどうだったのであろうか．本州以南の日本列島には，天然生針葉樹の美林以外の天然林も広く分布する．アカガシ属やブナが優占する広葉樹林などである．そして，多様な樹種を建築用材以外の多様な用途に利用する文化も発展していた（宮本，1964；須藤，2010）．近世において広葉樹資源がどのように利用され，どのような盛衰を辿ったかは，引用できる資料が乏しく明らかではない．したがって，以下は断片的な情報に基づく推測としての記述である．

23）　当時どのぐらい徹底的に森林が伐採されたのかは，具体的にはわからない．木曾地方において，現在の樹齢が 400 年生を超える……つまり更新が江戸期以前に遡るヒノキ個体は，源流域を含めてほとんど存在しないが，集落背後の急斜地などの保安林的な場所にはしばしば存在するといわれる．このことは江戸初期の伐採が奥山まで徹底したことを示唆する．

スギやヒノキなど，温帯性針葉樹の天然林資源が選択的に伐採され消耗していった中で，特別な評価を受けていたわけではないと考えられる奥山の広葉樹天然林は，地域での自給的な利用を除けば無傷だったと考えてよいのであろうか？　この点について，白水（2011）の報告は興味深い．越後・信濃国境の中津川流域にある秋山郷は，国内屈指の豪雪地帯であり，江戸期から秘境として知られていた．現在でも広いブナ天然林が残り，大径広葉樹を利用した様々な木製品，こね鉢や盆の産地として有名である．白水は地域の古文書を精査し，この地域では江戸初期にはネズコやキタゴヨウといった温帯性針葉樹を盛んに伐採し，材木や曲げ物を生産していたが，やがて針葉樹資源が枯渇したために，トチノキやハリギリなどの広葉樹大径材を利用した木製品生産に移行していったことを明らかにした．またそのことによって，それまでは山裾まで鬱蒼として覆っていた大径広葉樹林が，人里近くから消滅していったと推定している．

このことは，木曾や秋田といった美林地帯外でも，針葉樹天然木の選択的伐採と，その後の資源の枯渇，そしてその代替として広葉樹資源の利用といったような，天然林への人の強い関与が存在していたことを示している．したがって，前述の中津川流域の天然林のように，ヒノキやスギ以外の温帯性針葉樹や，トチノキやケヤキ，カツラなどの大径となる広葉樹についても，選択的伐採とそれによる個体群の縮小や消滅が起きていた可能性がある[24)]．

天然林における選択的な伐採としては，木地利用も良く知られている（杉本，1967など）．これは，木地師や轆轤師（ろくろし）と呼ばれる木工旋盤の職人が，各地の天然林でブナ，クリ，ケヤキ，トチノキ，ミズメなどを伐倒して，お椀や盆，櫃などの什器の生産を行ったものである．彼らは天然木伐採の特権を持ち，自ら良材を求めて，あるいは殖産興業のために諸藩より求められて全国スケールで移動し，生産活動を行ってきた．したがって，天然林と思われる

---

24)　ブナの寿命は極相種の中ではそれほど長くなく300～400年程度である．そのため更新さえうまくいけば天然林的な構造を持ったブナ林は比較的短い期間で再生し得るだろう．一方，随伴する温帯性針葉樹や，ミズナラ，カツラ，トチノキといった広葉樹はブナよりも長い寿命を持つものが多いため，それらの個体群を含んだ森林群集の再生と成熟にはより時間がかかるだろう．現在日本各地でみられる純林に近いブナ天然林は，種構成がナラ類やカンバ類が優占する二次林とは明らかに違うので，潜在植生の植物相をかなり維持していることは疑いがない．しかし，それらが人為影響の極めて少ない天然林であり，有史以前の冷温帯の極相林と同じような種構成や林分構造を持つものであるかどうかは，議論の余地があるのではないだろうか．

森林の中にあっても，単木的にトチノキやカツラ，ミズメなどの大径木が伐採されることはあったと考えるべきである．

また，杓文字や杓子，箸など，現代では100円ショップなどで消費されるような日用雑器も，近代後半になって合成樹脂製品が取って代る以前は，各地で大量に広葉樹林から供給されていた．これらの雑器製作には，コシアブラやミズキなどの比較的な短命で小径な高木も多用された（森本，2011）．しかし，これらの生産活動が，森林に与えた影響は不明である．

2.3.2　里山の拡大

中世に起源すると考えられる里山景観も，近世に入ると大きな変化がみられる．里山域では，近世に土地利用，資源利用が極度に高まったことが知られている．森林資源のエネルギー利用は，居住地周辺の森林からの薪炭生産という形で古代から存在する．近世には大都市である京・大阪の近辺では，薪炭材の商業的な生産が広く行われた．幕末には舟運を利用して瀬戸内海沿岸や九州からも集貨されるなど，流通も発達していた（佐久間・伊東，2011）．このような大都市を抱える地域以外でも，近世には薪炭生産とそのための薪炭林管理は洗練されたものになっていて，資源の持続的利用のための様々な利用規則や萌芽更新技術が発達していた（水野，2015）．また，前述したように，前挽き鋸の普及は，里山のアカマツ，ケヤキなど，身近ではあるが割裂性に劣る樹種を，建築用材として利用することを可能にした[25]．

しかし，近世の里山に対する最大の需要は薪炭材生産ではない．徳川家による統一政権の樹立は，パックス徳川とも呼ばれる国内秩序の安定を生み出し，17世紀には都市建設の集中による針葉樹天然林資源の消耗を引き起こしたことは先に述べた．このパックス徳川は，各藩が繁栄するためのシナリオ——基本的には，財政を支える米をより多く得ること——から，隣国侵略による領地，つまるところ年貢を得る水田の拡大という選択肢を封じた．その替わりに選ばれたのが，領国内で収穫量を増大する新田開発であった（武井，2015）．この新田開発によって，パックス徳川は森林および山地に，天然林資源の消耗の他

25）近世の建築技術を引く農家建築では，近隣の里山に生育する樹種から得た用材を多く使用していることが知られている（奥，2011）．

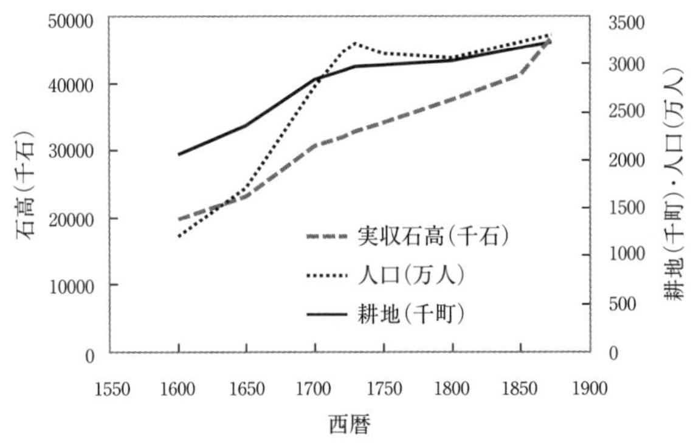

図2.10　江戸期の耕地・石高・人口の推移
速水・宮本（1988）より描く．

に，もう一つの大きな影響をもたらした．

江戸時代の初めの100年である17世紀には，全国の水田面積は二倍近くに増えたと推定されている（図2.10；速水・宮本，1988）．近世においては，水田の生産力は，耕地周囲の山裾や丘陵に形成された草山や，柴山で採取される緑肥[26]によって維持されることが多かった．そのため，新田の増加は，そのような緑肥生産地の拡大を必要とした[27]．通常の農村集落にとって，緑肥生産のために必要な山野は，燃料自給のために必要な薪炭林よりも広い面積が必要であった（所，1980）．そのために17世紀には，里山と呼ばれるような農村周辺の山々の多くが，草山[28]あるいは柴山になっていったと考えられている（水本，2003）．

集落や耕地に近い山野の面積には限界があるため，かなり遠くの山まで草山・柴山として草刈や柴刈が行われるようになった[29]．このような草山・柴

26）緑肥とは，草や樹木の萌芽である柴を刈り取って肥料として耕地に敷き込み，その分解された有機物を作物の養分として利用するものである．そのために毎日早朝に行われた朝草刈りは，全国各地で農家の重要な作業であった．

27）水田の生産力の維持にどのぐらいの面積の草山や柴山が必要かについては，水田と同じくらいという見解（野田ほか，2011）から，数倍から十倍という見解（所，1980）まで様々である．いずれにしても，少なからぬ面積であると考えられる．

28）「草山」は，近代以前の非森林化した景観に対する表現として広く使われるが，それはシバ草原，ススキ草原，ササ原，柴山など多様で生態学的な性格の異なる植生を包括していると思われるため，解釈には注意が必要である．

山の不足は，村と村との境界争いを激化させる．これは惣論とも山論とも呼ばれ，時に村々の間の武力衝突を起こし，死者も出る激しいものになった．これらの紛争については全国各地に多くの文書史料[30]が残されている．それらによれば，紛争は新田開発が大きく進んだ17世紀以降に多発したことがわかる（たとえば前澤，2002）．このような紛争を回避するために発達したのが，入会[31]と呼ばれる里山の共同管理制度である．これにより，里山の多くは近代まで共有地あるいは共用地として位置付けられてきたが，このことは里山が大きく非森林化したことと並んで，近代以降の里山における森林管理と森林の変化に，土地所有権や利用権の点から大きな影響を与えていくことになる．

現代では，里山は人の資源利用と森林生態系が折り合って形成された共存的なシステムであるという文脈で語られることが多い（たとえば武内ほか編，2001；藻谷ほか，2013）．萌芽更新によって薪炭林が持続的に維持されていたことは，その事例であろう．しかし，近世の里山利用の在り方は多様であり，常に持続的で共存的なシステムであったわけではない．前述した耕地の拡大により，18世紀には草山・柴山への利用圧は過剰となり，ところにより荒廃を招くようになる（武井，2015）．近世には精錬や製塩，窯業，養蚕といった多量の薪炭材を必要とする産業が発達し，しばしば周辺の里山林を過度な利用により荒廃させた．西日本では砂鉄の採取や安価な灯明材料として松の根が掘り取りにより，表土が多量に流亡した例も知られていて（千葉，1973），花崗岩の深層風化が進んだ地帯や，古赤色土の粘土層が存在する地域では，瘠悪地（せきあくち）と呼ばれる荒廃地を生み出した（図2.11）．それらは，明治以降の治山や砂防政策の大きな課題となって残っていく．

29) 20世紀前半の事例ではあるが，滋賀県の湖西では，標高差が800 mもある山稜の向こう側まで草刈に出向いていた．関西の生駒山でも，奈良県側から越境する形で大阪側の斜面で草刈が行われた（佐久間，2011）．千葉（1995）は，山深くまで出かけて朝草刈りが行われるようになる中で，作業を担った青少年らがオオカミの犠牲になる事例が多くなることを，江戸期の史料より指摘している．

30) 近世の村々では，通達，契約，紛争などに関わる文書やその写本が，大量に制作され保存されていた．興味深いことに，山野に関わる紛争では，立木を草・柴の生育を邪魔するものであるとして，伐採除去を願い出ているものがしばしばみられる．農民にとっての里山とは，木材ではなく草・柴に価値の中心があったことがわかる．

31) 入会とは本来は村と村とが入り合うという意味であり，村と村との間で共有地を設定し，一定の規則や制限の下に平和的に利用していこうという契約である．一方，一つの村が専有する共有地において，村民同士が共同利用する仕組みも，入会あるいは村中入会と呼ばれる（北条，1978）．

図 2.11　滋賀県田上山，笹間ヶ岳，堂山付近の砂防山腹工事（明治 41 年撮影）
花崗岩の深層風化地帯に，江戸後期に松根の掘り起こしなど過剰利用が行われたために荒廃が進んだと考えられている．白く見えるのは雪ではなく風化した土砂である（国土交通省近畿地方整備局琵琶湖河川事務所 提供）．

このような里山の過度な利用は，山崩れによる住居や耕地の埋没や，土砂の堆積による河床の上昇を引き起こした．そして，河川の氾濫により農業生産に打撃を与えたり，流通の動脈であった水運を寸断させたりすることにより，地域の経済に深刻な影響を与えた（千葉，1973）ため，当時の行政にとっても看過できない課題となっていった．

2.3.3　森林資源管理の発展

ここまで見てきたように，江戸初期の 17 世紀には，奥山や里山において資源利用の破綻が発生したが，それは木材供給の枯渇や治山治水の悪化のみならず，農業生産への打撃を通じて封建体制下の経済を圧迫するに至った（武井，2013）．そのような危機に対する対応として，徳川幕府は一連の山野の管理制度を整備し始める[32)]．そして，これを受けて，各藩でも同様の森林管理制度の整備が進められた（タットマン，1993）．その基本は伐採規制のための法整備と，その実効性を担保するための森林警察制度の整備である

前者はゾーニングによる規制と樹種別の伐採規制が主体であり，後者は様々

32）　幕府は寛文 6（1666）年に治山治水対策を整理した諸国山川掟を布告する．

表 2.1　育成林業の歴史

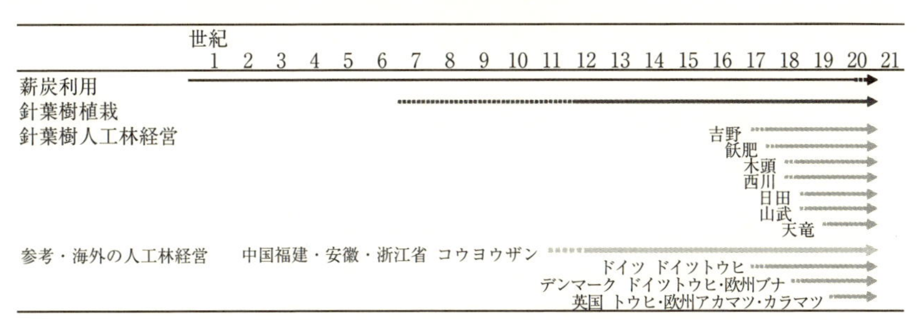

な階層の「山役人」の配置により実行された取り締まりと法的な処罰である．ゾーニングでは森林資源管理のための各種の制限林や，山地保全のための保安林などが設けられた．伐採制限は森林資源管理としては「消極的」と表現されるものである（タットマン，1993）．しかし，江戸期の山林の権利関係は，所有と管理と利用の関係者が必ずしも一致しないこと，土地と立木は分けて取り扱われていたことなど，複雑なものであったことを考えれば，この時代にそれらの複雑さを克服しながら，伐採の制度的な規制や管理が始まったことは，画期的なことといえよう．

制限林の一つに普段の伐採を禁ずる留山がある．諸藩の所有林である御山の多くも留山とされ，その伐採は強く制限されてきた．御山には，その地域の天然生の美林に設定されたものも多く，明治以降は国有林に引き継がれていった．現在，本州，四国，九州にかろうじて残っている天然林は，このような近世の御山に起源を求められるものが多い．

濫伐の規制が始まったことと並ぶ，近世の森林資源の管理のもう一つのエポックは，育成林業[33)]の発展である．苗木植栽により森林を積極的に造成し始めたのである．近世以前に針葉樹を利用した育成林業がある程度のまとまりを持って成立したのは，従来は18世紀ごろのドイツのエルベ川中流域と日本であるとされてきた（表 2.1）．加えて最近では，12世紀以降に中国の長江流域でもコウヨウザンを利用した，おそらく世界で最古の育成林業が成立していた

33)　天然林伐採のように人が栽培したわけではない森林資源を利用する採取林業に対し，播種や植栽，あるいは管理された天然更新などによって造成された森林資源を利用する林業を育成林業と呼ぶ．

ことが知られるようになってきた（斯波，1989；Menzies, 1994）が，いずれにしても，針葉樹植栽による育成林業は，世界史の中で極めて稀にしか出現しなかった産業と言えよう．

日本における育成林業はいつ頃どこで成立したのだろうか？　西川（2009）は，中世に山城（京都府）の北山で萌芽更新を利用した択伐による育成林業が存在していた可能性を指摘しているが，詳細は明らかではない．一般には，17世紀初めに大和（奈良県）の吉野でスギを用いた育成林業が始まったとされるものの（日本学士院編，1959），産業としての実態が様々な史料により明確になるのは18世紀以降である．吉野の育成林業の確立と拡大においても，17世紀の天然林資源の枯渇がきっかけになっているのであろう（藤田，1995）．スギなどの針葉樹造林が農家の資産形成として有効であるという認識は，農業全書（宮崎安貞，1697）や草木六部耕種法（佐藤信淵，1829）などの農書にも説かれているように，江戸期には山村社会でも広く共有されていったものと考えられる．江戸後期には各地に針葉樹の育成林業が成立するようになるが（日本林業技術協会編，1972），その多くは19世紀に入ってからである．したがって，江戸期の人工林の面積は，全国的に見ればまだ一部に留まっていたと思われる．

近世に発展した伝統的な針葉樹育成林業の体系には，様々な地域性がみられ（藤田，1995），造林技術から大きく二つの類型に分けることができる．一つは西南日本の産地に点々と見られる疎植と短伐期による林業体系であり，もう一つは吉野林業に代表される密植と長伐期による林業体系である．前者は主に農業との複合経営[34]として比較的小規模に行われるのに対し，後者は林家として専業形態をとることも多い．苗木生産から保育に関わる技術，特に間伐が高度に発達していることも，後者の特徴である．吉野は長伐期多間伐管理で年輪の揃った大径材を生産するという施業体系を高度に発達させたが，それはそ

34）　この類型の育成林業は木場作と呼ばれる焼畑とセットになり，焼畑耕作終了時に植林を行うことも多かった．また，九州を中心にスギの直挿し造林が広く行われたことも特徴的である．これらの焼畑，挿し木造林を技術要素に持つ林業体系は世界的にも西日本と前述の中国華南の伝統的林業以外には見当たらず，両者の技術的連環の有無が注目される．なお，このような焼畑造林が，焼畑から長伐期人工林経営が進化する過程の途中相として現れたものなのか，あるいは米家（2014）が示唆するように，焼畑の輪作期間に納まるごく短伐期を採用することで，焼畑のシステムに調和的に組み込まれた一つの完成型であったのかは，今後の課題である．

もそもは樽材生産[35]のためのものであり，江戸中期以降の醸造業の発展に伴う需要増に対応して確立していったと考えられている（泉，1992；谷，2008).

このように，日本列島において，世界史上でも早い時期に育成林業が確立し，まとまった面積の針葉樹人工林が造成されたことには，本州から九州には，スギやヒノキといった材質が良く，夏季にはかなり高温になる気候にも適し，苗木生産が容易で活着が良く，下刈りが過重にならない程度に初期成長が早いといった造林に適した種特性を持つ郷土樹種が二種も――どちらも温帯性針葉樹である――存在することが，大きく貢献しているだろう[36].

2.4　近代前半　林業的管理と生産の拡大

2.4.1　森林管理の近代化

明治から第二次世界大戦までは，針葉樹人工林を造成して育成林業を目指すという拡大造林的な森林資源政策が，近代化という形で全国に普及していった時代である.

明治に入り幕藩体制が崩壊する過程で，全国的に森林の濫伐が発生する（萩野，1999). これは政治体制の切り替えにより旧体制の管理制度が機能しなくなったことに加えて，新政府による社寺有林の接収[37]，地租の回避や林野の官民有区分に伴う所有権放棄に際して，人々が立木の伐採に走ったことなどが原因とされる.

そのような混乱を経て，やがて明治中期までには，新政府による森林の所有と管理に関わる制度の整備が進み，統括された林政が始まっていく．国有

35)　樽材は樽丸と呼ばれ，通直かつ無節で，年輪幅の揃った大径材が賞用される．そのような木材生産のために，枝打ちや密植多間伐といった技術体系が用いられた．これが後に高級な建築用材生産技術に転用されていく.

36)　近代以前の育成林業に貢献してきた針葉樹は，世界的に見ても欧州のドイツトウヒ，中国のコウヨウザンなどの他に多くはない．たとえば同じ日本の温帯性針葉樹でも，コウヤマキは材質的には大変優れているものの苗木は移植を嫌い，また初期成長が遅く下刈り作業が長年かかるため，育成林業には不適である．日本列島には多様な温帯性針葉樹が遺存していたからこそ，我々はその中からスギやヒノキといった林業に好適な樹種を選択できたのではないだろうか.

37)　明治4年および同8年に出された上知令による.

林[38]という全国組織の成立も，この流れの中にあった．

新しい管理制度や技術体系は，ヨーロッパへの留学生らが持ち帰ったものが基盤となって整備された．19世紀末の欧州各国ではそれぞれ特色のある林学が発展しつつあったが，その中で日本の近代林政や林業技術の教科書となったのはドイツ林学であった．当時のドイツ林学は，ドイツトウヒなど針葉樹植栽により，より生産力の高い人工林を造成する管理体系[39]を完成していたが，これは伝統的にスギやヒノキといった針葉樹材を重用し，植栽による育成林業を行ってきた日本にとって親和性が高いものであっただろう．一方で，広葉樹による森林管理により重きを置いていたフランス林学は，最終的に主流とならなかった．

針葉樹を主体とした人工林の造成は，明治30年代から加速する．これは国有林野特別経営事業とよばれ，明治初期に国が取得した広大な国有林の一部を再び民間に払い下げることで得た潤沢な資金によって国家的な造林事業として行われた（松波，1919；1924）．この事業は資金が尽きる大正11年まで約20年間継続し，この間に事業により人工植栽された面積は30万haに達した（山内・柳沢，1973；図2.12）．この事業では，当時全国の特に里山域に広大に存在していた原野[40]も造林の対象地となった．江戸時代にはまだ自給的で小規模な広がりに止まるか，伝統的林業地帯に偏在していたと思われる針葉樹人工林は，これを機会に国内の景観の中の一般的な要素になっていったであろう[41]．

38）昭和22年に林政が統一され現行の林野庁所管の国有林が発足するまでは，農商務省山林局所管の国有林，宮内省帝室林野局所管の御料林，内務省北海道庁所管の国有林の三つの組織に分かれていた．

39）このような，山野をより高い生産力の森林に切り替えていくことを拡大造林と呼ぶ．ドイツでは，伝統的にはナラなどの広葉樹林を対象にした森林経営が行われてきたが，18世紀以降，産業的な木材生産を目指した在地荘園領主らにより，より成長量の大きい針葉樹人工林経営に切り替えられていく（ラートカウ，2013）．日本国内では，大規模な拡大造林の波は明治以降二度発生した．初回は文中にあるとおり明治末期から大正期にかけて実施された特別経営事業であり，二回目は後述する昭和30～50年代に展開された戦後拡大造林と呼ばれるものである．

40）当時の「原野」という呼称は，「北海道の原野」という時のような自然植生的な湿原や草地ではなく，近世の章で述べた緑肥採取のための草山や柴山といった未立木地を指すことが多い．小椋（2006）の推定によれば，明治初年の草山の面積は，国土の10%以上であった．ちなみに現在の草地面積は国土の1%を切っている．

41）たとえば，明治初期から中期にかけて関東地方で作成された「迅速測図」の土地被覆や挿絵には，スギやヒノキの人工林と思われる景観はあまり見られない．

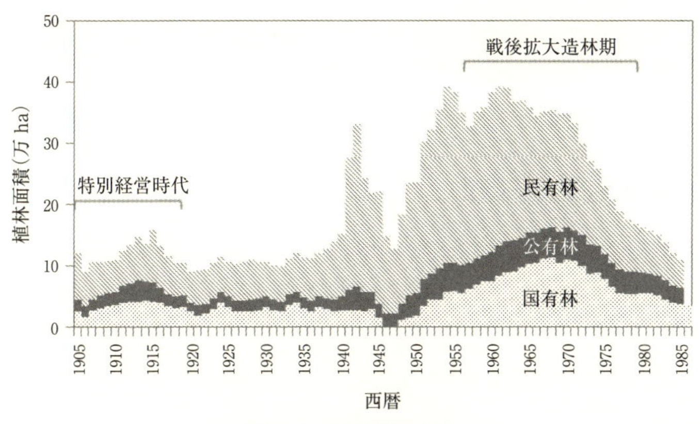

図 2.12　造林面積の推移
総務省統計局（1996）より描く．

明治以降の森林管理に影響を与えた思潮は拡大造林のみではない．20 世紀初期のドイツでは，針葉樹による拡大造林への反動としてロマン主義的な森林思想が盛んになる（ハーゼル，1996；ラートカウ，2013）[42]．それらは自然の営みに沿った林業を理想とし，択伐や天然更新，広葉樹の混交を重視するものであり，後の生態系に配慮した森林管理の先駆けともいえるものであった．

この流れは日本にも強く影響し，昭和初期には択伐を中心にした天然更新を用いた天然林施業の試みが，秋田のスギ天然林や青森のヒバ天然林，高知のモミ・ツガ天然林などで盛んに行われるようになった（山内・柳沢，1973）．しかし，青森のヒバ択伐林施業などを除いては，広く普及し定着することはなかった．その理由としては，技術が成熟する前に日本が戦時に突入し，増産に対応しやすい皆伐が主流になってしまったことが挙げられている（山内・柳沢，1973）．他にも天然更新の結果が不良であったことも，大きく影響したであろう（たとえば岩崎，1939）．当時の天然林施業の技術に関する議論を見ると，収穫する林木のサイズや量の級数的配分，立木位置の幾何学的配置といった森林経理学的な側面に関心が集まっていて，更新過程についての造林学，生態学的な検討が比較的手薄な印象がある．更新成績の不良を克服するために，しばしば集約的な更新補助作業[43]を必要とし経費が嵩んだことも，択伐–天然更

42）　アルフレッド・メーラーによる「恒続林思想」など．

新施業が批判的にみられる結果を生んだ（大金，1981）[44]．このような経緯を経て，国内の木材の生産林では皆伐が主流となり，その跡に植栽された針葉樹同齢人工林が生産林の中で卓越していった．

2.4.2　林業活動の国際化

話題は本章の対象である日本列島からはみ出すが，この時代には，日本社会の木材消費は，海外の天然林資源にも大きな影響を与えるようになった．ここでは，ヒノキという日本列島との資源の共通性ゆえに，特異な影響を受けることになった台湾について，簡単に記述しておきたい．

近世以前には，権力や経済力を持った階層の専有に近かったヒノキ材の需要は，明治から大正にかけて日本社会の経済力が発展するに伴い，一般庶民の間でもたかまっていく（帝室林野局，1923）．しかし当時，国内ではヒノキ人工林はまだ造成が始まったばかりであり，一方のヒノキ天然林も17世紀以降の更新からまだ200年程度しか経過していないため直径が細く，資源としては未熟であった[45]．その狭間を埋めたのが海外の大径ヒノキ材の輸入である．まず，まだ西海岸の大森林地帯の伐採が進行中であった北アメリカより大量のローソンヒノキが輸入された．その後，日本が日清戦争に勝利し，清国より獲得した台湾で阿里山などにヒノキ天然林が発見されると，台湾が調達地となっていく．

台湾の山地林は，当時まであまり大規模な木材伐採を受けてこなかったと考えられる．山地には様々な先住民が居住していたため，低地に移住してきた漢族にとって入山は容易ではなかったこと，平地に木材の市場となる大都市が発達していなかったこと，海岸から一気に4000 m近い山脈がそそり立つために

43）土壌表層の腐植などを除去し，種子更新の好適サイトを造成する作業である地掻きや，更新個体の競争相手を除去する除草など．

44）にもかかわらず，天然更新への期待と天然更新技術の追求は，現在まで連綿と続いている．これには，自然の力で森林資源を再生させるということへのロマン主義的憧憬が大きく影響しているだろう．しかし一方で，更新費の低減に貢献するのではないかという文脈からの天然更新への期待も常に大きく存在してきた．現実には，天然更新で良好な結果を得るための作業は集約的になり，更新費の低減にはつながらないことが多い．

45）たとえば，萩野（1936）で報告されている神宮備林のサイズ構成をみると，それらは当時の優良林分であったであろうと考えられるにもかかわらず，平均的な胸高直径は60 cm台であり，現在のそれよりも10〜20 cm細い．

図 2.13　木曾ヒノキ天然生林（左）と台湾阿里山のヒノキ天然林（右）

河川勾配が急で安定した水路が得られず，木材の流送が難しかったことがその理由である．そのために，19 世紀末に台湾総督府の探査隊が阿里山でヒノキなどの温帯性針葉樹林を見出した[46]当時は，樹齢 1000 年を超えるヒノキやベニヒ，タイワンスギなどの大木が混じる，原生林に近い林分構造を維持していた[47]．

阿里山をはじめとした台湾の上部ナラ属混交林帯[48]を中心に分布する温帯性針葉樹林では，その後 1915 年に台湾総督府により搬出のための阿里山森林鉄道が敷設されたことで，本格的な森林開発が始まる（台湾総督府殖産局，1924）．本州の天然ヒノキ林では得られない大径木は内地に大量に移入され，大型木造建築を支える主役になっていく．明治神宮や平安神宮，靖国神社など，明治から戦前の昭和にかけて新しく鎮座した数々の神社の建築も，台湾材があ

46)　阿里山のヒノキ林は，1896 年に台湾総督府林圯埔撫墾署長の齋藤音作によって見いだされた．この探査隊は玉山（日本領有時代の新高山）登頂を目指していたもので，当時東京帝国大学助教授であった若き日の本多静六も参加していた．

47)　台湾のヒノキやベニヒの林分構造は，木曾谷などの国内の天然ヒノキ林とは大きく異なる（図 2.13）．前者は時に樹齢 1000 年を超え，直径も 2 m に達するヒノキやベニヒが，アカガシ属などの照葉樹林の中にエマージェントとして散在するという形をとることが多い（Li *et al.*, 2013）．一方，木曾谷のヒノキ林では，樹齢は概ね 350 年以下で，直径も 1 m 以下の立木が一斉林のような密な純林を形成する．これは，17 世紀の尽き山（つきやま；伐採による森林資源の枯渇のこと）の後に再生した森林を，その後，藩政時代から除伐や間伐という形で広葉樹やヒバ，ネズコなどを抜き伐りすることでヒノキの混交率を高め，いわゆる美林に導いてきた結果であると考えられる（原田，1997）．したがって，木曾谷のヒノキ林は，正確には天然林ではなく天然生林である．

48)　この「ナラ属」とは，常緑のアカガシ属である．

ったからこそ可能になったといえる[49]．台湾のヒノキ材の輸入は，戦後台湾が日本から独立した後も1989年に伐採が全面的に停止されるまで続き，法隆寺など国宝級の社寺の修復から，寿司屋のカウンターに至るまで広く利用された．

台湾からの大量のヒノキ材の輸入が内地の林業にどのような影響を与えたかは，明らかではないが，本州のヒノキ天然林への伐採圧をある程度低下させた可能性がある．また，内地の木造文化は，台湾材によって大いに支えられた．しかしそれは，台湾の森林生態系，そして森林資源の大きな劣化と引き換えであったことは言うまでもない（Lee, 1962）．

2.4.3　里山の森林化

江戸期に草山の拡大という大きな変貌を見せた里山は，近代においても変化し続けた．草山や柴山の利用は，江戸末期にはすでに翳りを見せ始める．そもそも近世の農民にとっても，毎朝遠出しての草刈は苦役であった[50]．西日本の貨幣経済が発展した地域の農村では，江戸後期には緑肥に代わって綿の搾り粕や北前船がもたらす身欠鰊などが購入され[51]利用されるようになる．明治になるとこの傾向に拍車がかかり[52]，地域差はあるものの昭和初期にかけて草山・柴山利用は衰退していく[53]（古島，1955）．前述した国有林野特別経営事業や，公有林で1920年から引き続いて行われた「公有林野官行造林事業」

49）当時の宮内省帝室林野局は，台湾産のヒノキ材について，次のような称賛を寄せている．「大徑材に富むため大小共に芯去材を得らるゝ點に於て到底内地檜の及ばざる特徴を有し，美的要素を有し優美なる建築材として他に比類を見ず，（中略）臺（灣）檜は木色清楚，木香高雅，木理整然として國民精神の要求に合致し（以下略）」（帝室林野局，1932）

50）草の利用としては，屋根葺き材であるススキやカリヤスの供給も重要であった．このために，村々では緑肥用の草山，柴山とは別に，萱を立てるカヤ場が造成されていた．柳田國男（1967）によれば，萱の採取や屋根葺きは非常に労力がかかるので，江戸末期には人々の間では瓦葺きが好まれるようになるが，統治者による奢侈禁止令がそれを押しとどめていた．

51）金銭で購入する肥料を金肥という．

52）小林・堤（2001）の福岡県太宰府町での調査によれば，明治後期，日清戦争，日露戦争に勝利し満州鉄道の権益を得た日本は，以降，中国東北地域から大量に大豆油の搾り粕を肥料として輸入するようになるが，これがこの地域の草山利用を急速に衰退させ，その多くは植林され人工林に移行していった．

53）本章では割愛しているが，「草山」利用では，緑肥や屋根材の採草ばかりでなく，地域により放牧が行われた．北上山地や中国山地，阿蘇などが有名であるが，街道沿いにも運搬に当たる牛馬のための牧が設けられた．放牧地には現在まで存続しているところもあり，草原種の保全上重要である（須賀ほか，2012）．なお前述のように「草山」は土地利用体系としても多様であり，生態系への撹乱様式や影響も，刈り払い採草，放牧，火入れの間で大きく異なる．

などの明治の拡大造林が対象とした「原野」の多くは，このような用途が途絶えかけた草山や柴山であった．

しかし，草山や柴山のすべてが人工林化したわけではない．特別経営事業による拡大造林面積は，概ね30万haと推定されている（山内・柳沢，1973）．一方，小椋（2012）は明治末期の草山の面積を500万ha程度と試算しているが，仮にこのうちのかなりが北海道の「原野」であり除外されたとしても，特別経営事業による造林面積は本州以南の草山や柴山の一部にしかあたらないであろう．では，残りの草山はどうなったのであろうか？　まだ十分検証されているわけではないが，かつて草山が広がっていた里山の現在の姿を見れば，その多くはコナラやアカマツの優占する二次林に移行した（田村，1994；小椋，1996など）と考えるのが合理的だろう．一般的には，近代以前の里山は主としてコナラなどが優占する薪炭林に，あるいは東海地方以西では主としてアカマツ林に覆われていたと理解されている．しかし，江戸期の里山には草山や柴山が広がっていたこと，それが幕末から昭和の前半にかけて徐々に放棄されていったことを考えると，明治後半から戦前にかけてという比較的新しい時代に，里山は森林化し里山林が広がる景観が成立していったと考えるのが妥当だろう．

では，近世の草地はどのような過程を経て森林化していったのであろうか？西日本に多いアカマツ林の場合は，その過程は容易に想像できる．アカマツは典型的な先駆種であり，羽を持った飛散距離の大きい種子を多量に生産し，林縁から離れた草地の中にも散布する．実生は，草地の強光環境を利用して大きな成長を実現することができる．そのため，アカマツは放棄された草地で様々な植生との競争に勝って，二次林の優占種となっていくことができるのであろう（四手井，1963）．

しかし，コナラ林の場合は，その成立過程の説明は簡単ではない．里山の薪炭林にコナラなどのナラ類が優占する理由として，ナラ類の高い萌芽能力が，短期間で伐採が繰り返される薪炭管理下で個体群の維持と優占に有利に働くことが，従来から指摘されてきた（本多，1908など）．しかし，伐採ごとに萌芽に失敗して死亡する株がある程度発生するため（田中，1983），ナラ類の個体群の成立と維持のためには，萌芽更新のみではなく種子更新による補充も必要である．アカマツに比べて重く羽も持たないコナラのドングリは，基本的に重

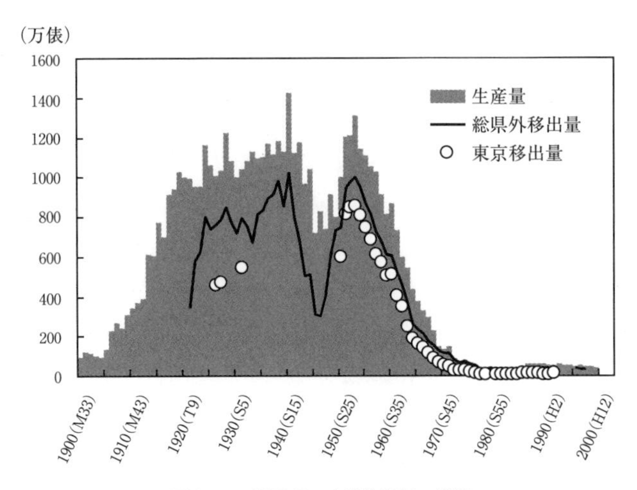

図2.14　岩手県の木炭生産量の推移
木炭県営検査三十五年のあゆみ（岩手県，1956）および岩手県木炭協会40年のあゆみ（岩手県木炭協会，1992）より描く.

力散布される．アカネズミなどによる動物散布も行われるが，放棄された草地全面に隈なくコナラの一斉林を成立させるような役割を期待することは無理があるだろう．

ここで，コナラは国内の高木種の中で抜群の繁殖早熟性を持つ（橋詰，1983）ことに注目したい．コナラの野生個体群では，胸高（地上1.3 m）に達しない幹でも発芽力を持つドングリを結実させることが，広く観察される．先に述べたように，近世の里山景観には緑肥生産のための草山や柴山が広がり，そこでは頻繁な刈り取りという非常に短い間隔での撹乱が繰り返されていた．このような撹乱体制下では，萌芽能力が高く，かつ次の刈り払いを受ける前に種子更新も行うことができる高木性樹種はコナラしかない[54]という状況が発生し，そのため，草山や柴山にはコナラの若い萌芽が多く混交していた可能性が考えられる．そして，その後草山や柴山の刈り払いが停止すると，コナラを多く交えた草山や柴藪[55]から，コナラの優占する里山林が成立していったのではないだろうか．

54）同様に強い萌芽性と繁殖早熟性を持つ樹種として，クリやシイ類がある．どちらも里山の二次林の重要な構成種である．

コナラ亜属の樹種が優占する里山の二次林は薪炭林として利用され，明治以降，里山林の役割は，緑肥生産基地から生活用エネルギーの供給基地へと変化していくことになる．ことに炭は全国的に流通する商品となり[56]，その生産は明治後期に急増し，昭和30年代のエネルギー革命まで，薪と共に里山の主要な生産物としての地位を占め続ける（図2.14）[57]．

2.4.4 森林保護・保全制度の近代化

保全・保護という森林への関わり方は，近世の項で述べたように，江戸期にも資源管理や山地保全などを目的として存在していた[58]．近代に入ると，森林の保全・保護には科学的根拠が与えられ，森林管理や林業の中で徐々に大きな存在となっていく．

木材資源保護のための森林の保全は，つまるところは利用の一環であるのでここでは除外する．木材以外の森林の生態系サービス機能の維持，発揮を目的とした保全は，明治15年に山地荒廃防止を目的として創設された伐木停止林制度を嚆矢として，後の保安林制度へと受け継がれていくが，これは森林に何らかの伐採，利用の制限をかぶせるという形で進められた（図2.15）．さらに個別の森林の施業においても，造林地の保護を目的として尾根筋や渓流沿いに保全帯や保護樹帯と呼ばれる伐採除外区域を設けることも，国有林などで行われた．これらの取り扱いは，その後の地域や小流域における森林の構造に足跡を残していった．

55) 近世の「草山」がコナラ林化する経過の記録は見当たらない．田村（1994）が埼玉県下での史料と調査に基づき，かつての秣場（草山の一形態であろう）にはナラ類の柴を交える区域も多く存在し，これらがその後里山のコナラ林に移行したと考察していることは注目される．

56) 畠山（2003）は，その現象を以下のように説明している．木炭は薪に比べて煙が少なく，都市生活に適していた．明治になり社会体制が変化したことに伴い，旧士族などが新しい職を求めて東京や大阪などに流入し都市人口が増えたが，彼らは給与生活者であり商品としての木炭の消費者となった．一方，明治後半になると鉄道の建設が全国に及び，薪に比べて軽量で熱量が高い炭は商品として九州や東北など遠方でも生産され，東京や大阪へと輸送供給されるようになった．

57) しかし，その間わずか半世紀と少々であり，里山が全国的に薪炭林化した時期は意外に短い．里山の生態系や生物多様性を考えるときには，比較的短い薪炭林時代の前により長い草山時代があり，その時代の影響を受けている可能性もあることに留意すべきである．

58) ご神体，神域としての森など，宗教的な目的の保全も古代より存在してきた．しかしながら神社境内の社叢の多くは，従来考えられていたような原植生のタイムカプセルではなく，明治以降の伐採規制と植樹（小椋，2012），そして風散布および動物散布種子による更新によって形成されてきたと考えられる．

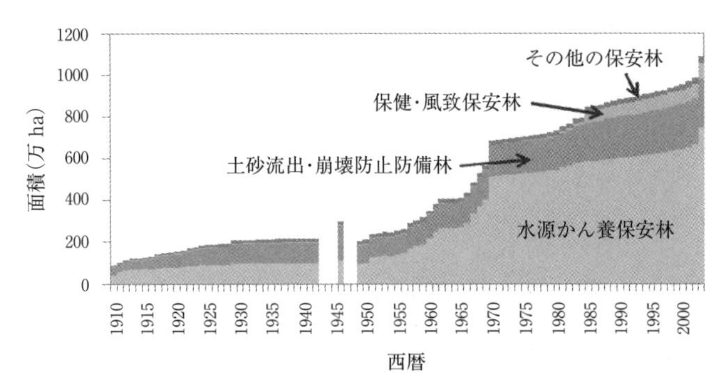

図 2.15　全国の保安林面積の推移

森林生態系サービスの発揮のためではなく，森林自体の価値の認識に基づく保護[59]が始まったことは，まだわずかな面積に止まっていたとはいえ，森林管理近代化の所産として記憶すべきことであろう．志賀重昂の『日本風景論』(1894) に見られるような自然景観の価値の発見や，南方熊楠による和歌山県神島の生態学的な視点からの保護活動（中沢編，2015）などを経て，大正4年には国有林に学術参考保護林制度が策定される．その皮きりとして長野県の上高地に約1万 ha の保護林が指定されるが，これは後の昭和6年に国立公園制度が制定されるにあたって，その母体となっていった．

以上のように，明治に入り森林管理や林業の近代化が始まったが，針葉樹人工林化が全面的に進んだわけではない．里山では萌芽更新管理による薪炭林利用が行われ，一方の奥山では，路網の未整備や高海抜あるいは多雪地帯での造林の難しさもあって，近世から引き継いだ天然林あるいは高齢な天然生林が広い面積を占めていた．その意味では，明治から第二次世界大戦までの森林管理や森林の状況は，本質的にはまだ近世の延長という面も強く，近代化による劇的な変化が起きるのは，むしろ第二次世界大戦後であった．

59）江戸時代にも，将軍家や諸侯の鷹刈に献上する猛禽類の繁殖地の保護を目的とした御巣鷹山や，水産資源としての魚類の保護を目的とした魚附き林といった保護林が各地に存在していた．しかし生態系としての森林の価値を保護するという考えは，まだ見られない．

2.5 近代後半　林業的管理の急進から森林管理への移行，そして混迷

2.5.1 戦後拡大造林の展開

第二次世界大戦から現在に至る一世紀に満たない期間に，日本列島の森林と森林管理は過去にない大きな変化を見せる．これは，それらの変化が近年の出来事であり，情報が多いので明確に認識される…ということから受ける印象の問題ではないと考える．この間の変化は，スケール，質，そして速さにおいて画期的であったのではないだろうか．変化の方向は，概ね20世紀末までと，その後21世紀にかけての間で大きく変わる．そのため，ここでは1990年頃を境に，二つの時代に分けて解説を試みる．

木材生産を目的とした林業としての森林管理は，ドイツ林学の伝統でもある保続思想[60)]を重視して進められてきた．しかし第二次世界大戦戦時下の過剰な伐採と再造林の遅れにより，国内の森林資源の保続性は大きく損なわれた(大日本山林会『日本林業発達史』編纂委員会編，1982)．加えて，敗戦により海外領土とその森林資源も失ったが，外貨の乏しい敗戦国の経済では輸入もままならず，戦後の復興にあたって木材は大いに不足した．このような局面を経て，林野庁は国内の木材生産力基盤の強化を図る計画を打ち出す．これがいわゆる戦後拡大造林であり，日本の林業・森林管理の歴史の中で最大のプロジェクトとなったものである．

戦後拡大造林は，森林の生産力[61)]の指標として成長量を重視し，科学技術の支援を得てそれを最大化させることを目的としている[62)]．明治末の特別経営時代の拡大造林は，原野と表現された近世以来の草山や柴山，放牧地の人工

60）保続も持続も，共に英語ではsustainingである．保続思想においては，基本的には木材資源としての森林の蓄積，成長量，収穫量が持続することを原則とした（木平，2003）．これに対して，1992年開催された地球サミット（UNCEDO）以降，森林管理の国際的基準となった持続的森林管理では，生態系としての森林の持続を目指している．

61）生態学的な「生産力」ではなく，木材生産力のこと．森林の有機物のうち，幹に配分される量に注目する．

林化を中心に，生産力の拡大を図った．それに対し戦後拡大造林は，国有林では主に奥地天然林[63]を，そして民有林では主に里山などの薪炭林[64]を針葉樹人工林化することで進められた．

このような拡大造林は，森林の姿も大きく変えていった．拡大造林政策では，天然林を大面積皆伐し一斉人工林化することが，森林経営，木材生産効率上最も望ましいという考えが主柱となった（魚住，1988）．戦後拡大造林は，国有林においては二つの資源計画，林力増強計画（昭和33年）と木材増産計画（昭和36年）からなり，日本海側のブナ林や内陸の亜高山帯林，太平洋側のモミ・ツガ林などの奥地天然林は，優先的に伐採の対象となった．そして山岳地帯の源流域には，皆伐跡地や若いスギやカラマツ[65]の人工林が広がるといった景観が，全国的に見られるようになった．この過程で国有林を中心に存在していた天然林は減少し，国内の天然林材の伐採もほぼ終焉を迎える（図2.16）．これは木曾ヒノキなどについても同様で，現在の伐採量は拡大造林期に比べるとごくわずかになっている[66]．

高標高地の奥地林を対象にした拡大造林では，厳しい気候による成長停滞や，ササ[67]による植栽木の被圧，雪圧による倒伏などにより林分の更新がうまく

62）戦後拡大造林の採った生産力至上主義には，森林経理学や造林学の立場から懐疑的な意見も多かった（たとえば北海道農業技術研究会林試班，1959）．樹種転換や育種，林地肥培，密植などの技術開発により，将来の成長量はかなり増加するはずだという予測に基づく資源管理は，それぞれの技術の実現可能性が明らかでない以上，危うさをはらむものであった（中村，1967）．一方，土壌調査による地力の推定や適正な植栽樹種の選定，植栽密度や保育方法の検討，林木育種の推進など，戦後拡大造林が森林管理技術発展の後押しをするという，大きな役割を果たしたことも確かである（渡邊，2000）．

63）当時，旧藩の「御山」などに由来する高齢な奥地天然林は老齢過熟林と呼ばれた．このような森林では，木々が成長する一方で老齢木が枯れていくので，林分の成長量は差し引き0であり，木材生産力には貢献しないので，国有林の経営においてはすみやかに駆逐改良すべきものであるとみなされた（林野庁，1970）．老齢過熟林という概念はドイツの拡大造林思想に起源し，そこでは生産力の有利さからナラなどの広葉樹林をトウヒ等の針葉樹人工林化する論拠とされていた（ラートカウ，2012）．

64）拡大造林政策が導入された当時は，市民生活におけるエネルギー革命が始まっていた．化石燃料への移行に伴い薪炭林は放棄され，低質広葉樹林などと呼ばれるようになる．

65）カラマツは高標高の寒冷地に適し，植栽が容易で若齢時の成長量が大きいという特性から，戦後拡大造林では多用された．ここに見られるのは，たとえば成長の止った（と考えられる）250年生のブナ天然林1 haよりも，年8 m^3 成長するカラマツ若齢林1 haが，森林経営上絶対的に選択されるべきであるという，戦後拡大造林の強固な成長量至上主義である．

66）国内で美林と讃えられてきた針葉樹天然生林は国有林を中心に存在するが，そのうち屋久杉では2001年に，秋田杉では2011年に，魚梁瀬杉では2016年に資源枯渇により伐採が終了した．

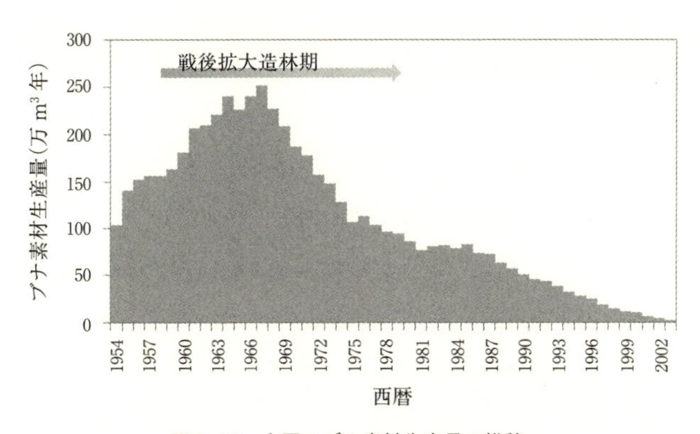

図 2.16　全国のブナ素材生産量の推移
ブナはほとんど造林されることがなかったため，伐採量は天然林あるいは天然生林からの生産を示すと考えられる．総務省統計局（1996）より描く．

いかず，いわゆる不成績造林地[68)]を広い面積で生み出した．また 1970 年代に入ると社会が自然保護という視点を持つようになり，国有林の拡大造林政策に伴う亜高山帯針葉樹や冷温帯のブナなどの天然林の伐採に批判を強めるようになった．それらの状況を受けて，天然林伐採の主たる事業者であった国有林は拡大造林政策の技術的修整を行い[69)]，高標高地を中心に，皆伐一斉造林に替わって，択伐や一部の立木を母樹として残す母樹保残法を導入して天然更新を目指す天然林施業を取り入れていった．

この変化は現在でも航空写真から読み取ることができる（図 2.17）．皆伐による拡大造林が行われた区域では，伐区の連続を避けるために伐り残された天然林の帯が網目状に広がり[70)]，その間を針葉樹人工林が埋めている．一方，

67)　森林の林床に広範かつ多量にササ類が分布することは，東アジア，特に日本列島の特徴である（内村，2005）．ササ類は基本的に熱帯から亜熱帯域の植生であるが，東アジアでは例外的に，中緯度で寒冷な季節を持つ暖温帯から寒温帯（亜高山帯）域にまで進入している．ササ類は林床に繁茂するため，樹木の実生による天然更新の主要な阻害要因となっている．

68)　不成績造林地とは，造林をしたものの成林が阻害されあるいは困難になっている林地のことである．北海道から本州日本海側には，多雪による不成績造林地がかなりの面積にわたって存在し，ササ原となっているところも多い．その実態は豪雪地帯林業技術開発協議会編（2000）に詳しい．

69)　1972 年に新たな施業方針が策定され，「国有林野における新しい森林施業」と呼ばれた．その基本的な技術方針は坂口（1975）などに見ることができる．国内における生態系に配慮した森林管理の先駆けであろう．

70)　伐り残された帯状の森林は，しばしば保護樹帯と呼ばれることもある．しかし実際には，その多くは，造林地保護を目的とした造林学で言うところの保護樹帯ではなく，大面積皆伐地の発生を避けるために，伐採面を分割する仕切りとして伐り残された保残帯である．

図 2. 17　天然林の伐採によって形成された造林地とそれを取り巻く網目状の保残帯
国土地理院地図・空中写真閲覧サービス　TO20017Y・C7・13　撮影 2001 年 09 月 23 日　一戸.

隣接するより標高の高い区域では，後年に導入された天然林施業により，択伐されて疎林化した天然林，あるいは天然更新のために伐り残された母樹が点在する皆伐跡地が広がっていることが多い[71]．戦後拡大造林政策は，このように修整と減速を行いながらも，国有林においては 1997 年の「国有林野事業の抜本的改革」[72]により原則停止されるまで継続する.

民有林においては，戦時伐採により終戦時には 100 万 ha を越える造林未済地が発生していたことと，山地崩壊や河川氾濫が続いたことから，公共事業として戦後復旧造林が進められた．その流れは 1950 年代後半以降は拡大造林に引き継がれ，前述のように里山域の旧薪炭林を主な対象として針葉樹の造林が進められた[73]．1960 年代になると，民生用のエネルギー源が薪や木炭などか

71)　この天然林施業の導入は，森林生態系の動態に配慮したものではあったが，現実には，より高標高の気象条件の厳しい区域に残る天然林を，さらに伐採し続ける免罪符とされたことは否めない．この時代の天然林施業跡地で更新が良好に完了したと言えるところは，40 年を経た現在でも少ない.

72)　経営破綻した国有林野事業再建のための方針書である．森林管理に関しては，管理経営を木材生産機能重視から公益的機能重視に転換し，公益林面積割合の拡大と木材生産林の面積割合の縮小を目指すこと．長伐期化，複層林化，針広混交林化を推進し，拡大造林を原則停止することをうたっている.

73)　民有林における拡大造林は，林野庁が直接の造林投資と実行を行う官行造林やパルプ産業などの民間からの投資を導入した分収造林の推進，さらには森林開発公団や各自治体の造林公社といった公共企業体の設置によって進められた．したがって，民有林であっても公共事業としての性格が強かった．そのような性格は，その後も補助金・森林組合・制度融資の 3 点セットに支えられた森林整備事業として，現在の民有林行政に引き継がれている（山本，2014）

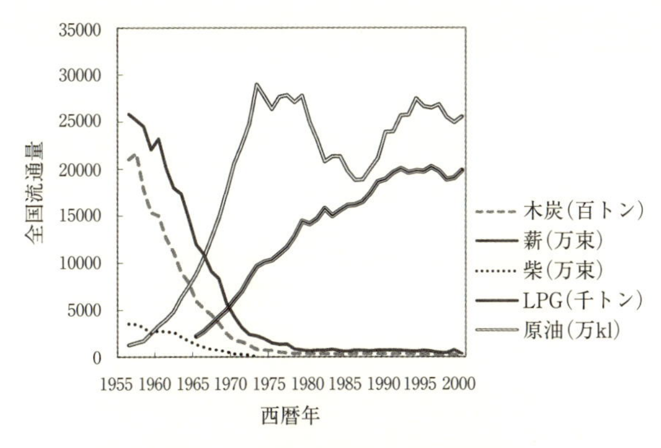

図 2.18　木質燃料流通量の衰退過程
農林統計および資源・エネルギー統計より描く.

ら電力や石油，プロパンガスなどの水力あるいは化石燃料由来のものに移行する（図 2.18）．役割を終えた里山の薪炭林は，民有林における拡大造林の主対象地となっていく．本州以南では，初期の造林樹種は成長の良いスギが中心で，立地によりカラマツやアカマツ，ヒノキも選択された．後にヒノキの材価が高騰するに伴い，ヒノキの造林が増えていく[74]（図 2.19）．拡大造林の最盛期である 1956 年から 1976 年の 20 年間に，民有林の針葉樹人工林面積は 443 万 ha から 708 万 ha へと増加した．それ以前の戦後復旧造林事業による約 150 万 ha の造林地と合わせると倍増を上回り，民有林が多い集落周辺の景観は，戦後 30 年間で一気に針葉樹林化したことがわかる[75]．しかしその後は，民有林においても新たな拡大造林面積は大きく減少していく．

民有林における薪炭林やアカマツ林などについての拡大造林の実行は，国有林における天然林に対するそれほどに徹底されたわけではない．地域や所有者により受け入れの程度も様々であった[76]．その結果，戦後拡大造林の対象で

74）アカマツが 1980 年代以降マツノザイセンチュウ病により集団枯損を起こし，その跡地の造林に生育立地が重なるヒノキが使用されたことも，ヒノキの造林面積の増加の理由となっている．

75）現在，全国に広く見られる針葉樹人工林が覆った丘陵や山岳の風景は，歴史的には比較的新しく，多くは戦後の拡大造林により出現したものである．広大な針葉樹人工林が短期間に造成され，その後ほぼ確実に成林していったことは，世界的にも珍しい事例であろう．

76）薪炭利用終了後も，パルプ用材生産のために利用し続けられた広葉樹林も多い．西日本では広島県などに見られるように，マツタケ生産のために里山のアカマツ林を温存し，拡大造林を積極的に選択しない地域もあった．

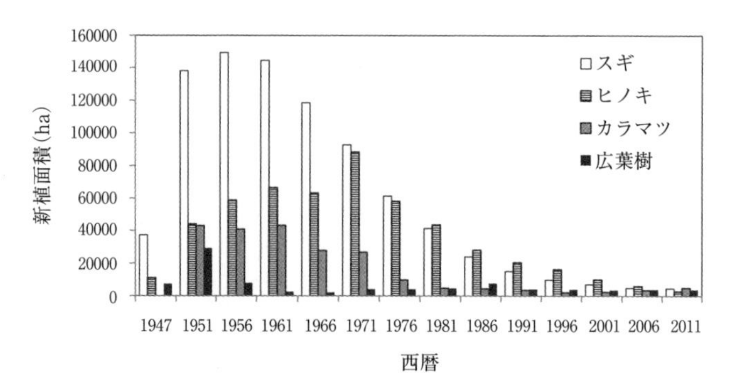

図2.19　全国の民有林における樹種別造林面積の推移
民有林新植面積には森林開発公団施工分を含む．各年の林業統計要覧，森林・林業統計要覧2016（林野庁，2016）より描く．

ありながら実施を免れたと思われる80年生以下の比較的若い天然生林は，平成24年の林野統計によれば，北海道を除いても約700万ha残存している．

戦後拡大造林が国内の森林に与えた影響は大きい．簡単にまとめると，針葉樹人工林の大幅な拡大と，その引き換えとしての天然林および天然生林の縮小と断片化を，全国的に発生させた．現在，国内のどこに行っても山地景観の中心を占める，スギやヒノキ，カラマツの人工林はまさにその成果であり，一方で奥山にわずかに残るだけとなったブナやモミ・ツガなどの天然林の分断された姿は，その傷跡ということもできよう．

拡大造林の影響を，森林の単純化（尾崎，2015）と表現することも可能だろう．まず構成種が単純化した．林冠層が複数の樹種から構成されることが多い天然林や天然生林は，この間に単一の植栽樹種の純林を基本とする針葉樹人工林に転換される．種構成の単純化は，地形との関係においても発生した．天然林や天然生林で見られるような，尾根筋や渓畔域などの地形に対応した樹種の細かな入れ替わりも，人工林化においては失われていった[77]．さらに造成された人工林は，樹齢や林齢が単純であった．拡大造林で造成された人工林は，通常同齢一斉林である，さらに拡大造林は1960年代から1970年代に集中し

77）地位や土壌型などによりアカマツ，ヒノキ，スギといった植栽樹種を選択することは，戦後拡大造林においても行われてきたが，選択肢に広葉樹などは含まれず，天然林，天然生林に比較すれば単純な構成となった．

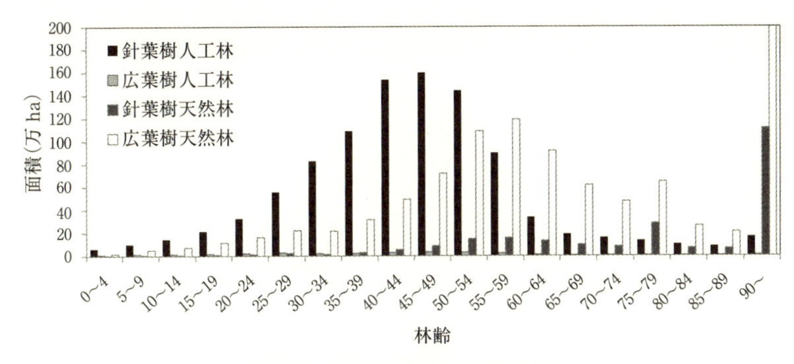

図 2.20　全国の林齢別の森林面積
森林・林業統計要覧 2016（林野庁，2016）より描く．

て進められたため，全国的にこの時代に更新した林齢の近い林分からなる人工林が卓越する（図 2.20）[78]．かくして，構成種や林齢の単純化の結果，林分スケールでも流域スケールでも，森林の構造が単純化していった．

ちなみに，拡大造林を農耕論から見れば，それは森林景観の栽培化ということになるだろう[79]．栽培化という視点からの人工林の特徴は，人による森林群落の更新過程と目的樹種個体群の遺伝的特性の管理が徹底されることにある．つまり，戦後拡大造林の本質とは，森林の樹種が広葉樹からスギやヒノキに替わったという表面的なことではなく，森林の仕組みや構造，そして人の関わり方を，全国スケールで一気に変えたということであろう．

2.5.2　森林資源利用の衰退

1990 年代を境に，国内の林業活動は新たな変化を迎える．まず，前述のように国有林を中心とした拡大造林が終了する．また，伝統的な木造住宅の建築が減少すると共に，ヒノキやスギなどのいわゆる国産の建築用優良材の特権的な地位は失われる．そして，戦後いち早く輸入が完全自由化されていた木材は，輸入材の価格に合わせる形で価格の下落が始まる．これらの状況の変化により，国内の木材生産量そして皆伐面積は大きく減少していった（図 2.21）．

78）　2017 年時点では 50 年生から 60 年生前後の林齢である．
79）　農耕論的には，天然林の利用は採取段階であり，里山のナラ類の薪炭林などは，人が萌芽更新という形で繁殖・更新に関与しつつ，資源的に好ましい森林に導いて行ったという点で半栽培段階（宮内，2009）とみることができるだろう．

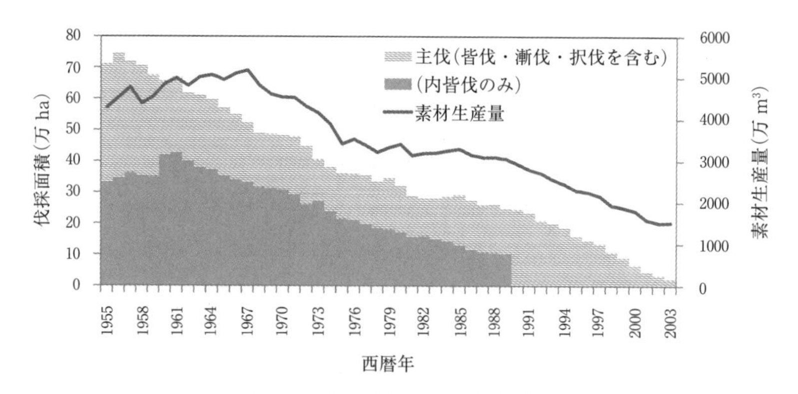

図 2.21　伐採面積と木材生産量の推移
1989 年以降は皆伐面積のデータが得られなかった．素材とは丸太など未製材の木材を意味する．総務省統計局（1996）より描く．

1960 年代から 70 年代の戦後拡大造林の最盛期に造成された針葉樹人工林は，1990 年代には間伐を必要とする林齢に一斉に差し掛かる．そのような状況の中で間伐は，森林を整備し林木の成長を促すという従来の木材生産上の目的のみならず，無間伐林分の強い林冠閉鎖が林地保全や生物多様性などに問題を起こすことを避け，さらには炭素固定促進により地球温暖化に貢献するなどの目的を加えて，政策的に強力に進められるようになる．

2000 年代後半になると，これらの針葉樹人工林はそろそろ標準的な伐期に近づき始める．しかし，木材価格が大きく低下した中で，皆伐した場合に必要な再造林費は森林所有者とって大きな負担となっている[80)]．そのために 2010 年代後半の現在では，更新費の発生を避ける意味でも最終的な皆伐を先送りして，当面は間伐によって木材生産を続けるという方法が全国で広く採られている．しかしながら，間伐作業は皆伐に比べて生産性が落ちるため，その効率化が必要となる．そこで伐採から集運材の生産性を改善するために車両系の高性能林業機械[81)]の導入が政策的に進められ，また，それらの車両系機械の走行

80)　たとえば 2014 年の立木 1 m³ の全国平均の価格は，ヒノキで 7500 円，スギで 3000 円ほどとされている（日本不動産研究所研究部，2014）．ここで立木材積から材木として収穫できる歩留りを 2／3 とすれば，林分材積が 450 m³／ha のヒノキ林を立木で販売して得られる金額は 225 万円，600 m³／ha のスギ林で得られる金額は 120 万円である．一方，従来のような 3000 本／ha 植えで全面に下刈りをする造林方法をとると，植栽から 10 年間の造林費は 1 ha あたり 150 万円程度掛かるとされている（林野庁，2010）．

を可能にするために，各地で人工林に高密度路網が作設されていった.

戦後拡大造林政策の対象とならず，1960年代以降は薪炭林をして利用されることもなく放置され続けた里山林では，20世紀末に入ると林分の成長や遷移に伴う変化が顕在化する．まず西日本からマツ枯れが広がる．マツノザイセンチュウが感染したアカマツ成木の枯死率は極めて高く，標高の高い区域を除いて里山景観からマツ林が退場していった（全国森林病虫獣害防除協会編，1998)．アカマツが枯死した後，コナラの優占する林に移行した所も多く，かつてはアカマツ林が卓越していた東海地方以西の里山でも落葉広葉樹樹林が目立つようになった．旧薪炭林由来やマツ枯れ経由のナラ類の優占する落葉広葉樹林は，長年の放置により成長して高木林化していく．それを追うように，林内にはシイ類，カシ類といった常緑高木，あるいはヒサカキやソヨゴなどの常緑性の低木や小高木が更新し[82)]，照葉樹林へと移行し始める[83)]．また，マツ枯れ後の高木層を欠いた森林にモウソウチクなどが進入し竹林が拡大するという現象も，西日本を中心に広く発生した（小林・多田，2010)．さらに2000年以降は新たな変化が加わった．放置により高木林化したナラ林でナラ類の集団枯損が発生し，本州では2017年現在も終息していない[84)]．里山林で圧倒的に優占してきたナラ類の長期的な衰退が始まっているのかもしれない.

21世紀に入った現時点でのもう一つの大きな変化として，獣害を加えておきたい．前世紀より，野鼠や野兎による植栽木の食害は全国的な問題となっていたし（森，1897)，1980年代にはニホンカモシカによる造林地の食害も発生

---

81)　戦後の昭和時代には，皆伐により伐採した木材は架線を利用する集材機で吊り上げて林道の脇まで集材し，そこからトラック等に積み替えるというのが一般的であった．2000年代以降は，間伐した木材は，林内に張り巡らされた作業路を利用して乗り入れた建設用重機に類似した高性能林業機械で集材し，フォワーダーなどの林内作業車で搬出し，林道でトラックに積み替えるという方式が普及している．これを架線による集材に対して，車両系の集材と呼ぶ.

82)　一般的に落葉広葉樹に比べて常緑広葉樹は耐陰性が高く，落葉広葉樹林林内でも更新できる樹種が多い．一方，ナラ類などの落葉広葉樹は耐陰性が低いため，自らが優占し林冠を形成する林内では更新が難しい.

83)　常緑樹林化は林床に達する光を大きく減衰させるため，林床の草本類などの成長や繁殖を阻害する．このことが里山環境で多くの植物種の絶滅や衰退を招いていると考えられている.

84)　ナラ類の集団枯損の一因は，放置されたナラ類が大径化したことにより，ナラの辺材部を利用して繁殖し，ナラ枯れ菌を媒介するカシノナガキクイムシの繁殖効率が高まったためと考えられている（黒田編，2008)．被害はミズナラで特に激しい．コナラでは感染しても生残する個体も少なくないが，発生前の一斉林的な林冠が崩れるため，将来においてはマツ枯れ後のように，モウソウチクの進入やクズなどの繁茂を招く可能性がある.

した．しかし，2000年ごろから急激に拡大し始めたニホンジカによる食害は，造林地の植栽木に限らず，森林植生全体により甚大な影響を与えた（小山，2011など）．人工林，天然林を問わず下層植生は食害され，針葉樹や一部の広葉樹は剝皮により成木も枯死した．ニホンジカによる被害は現在も拡大中であり，植物個体群の減少や絶滅，天然林や人工林の更新阻害を各地で引き起こしている．長期的には，森林の種構成や構造も変化させていくことが予想される（湯本・松田，2006；横田，2011）．

2.5.3　生態系としての森林管理の摸索

この時代には，上記のように人による森林の改変や，人の影響による変化が進む一方で，森林を生態系としてとらえる考え方も普及し始め，近代的な保全方策が整備されるようになった．従来の森林保護では，国立公園など森林景観あるいは学術上の価値の高い森林群落が中心的な対象であったが，現在では，たとえば国有林の生態系保全地域のように，数千ha以上の規模で一流域の森林生態系を丸ごと保全する仕組みも生まれている[85)]．このような区域が一部とは言え残されたことは，未来の日本列島の森林の姿に何らかの影響を与える可能性があるだろう．

20世紀末には，木材生産林のための森林管理においても，生態系としての森林の仕組みや動態を反映させていこうという動きが，社会の支持を得て強まっていった．1992年にブラジルのリオデジャネイロで開かれた環境と開発に関する国際連合会議（UNCED）において森林原則声明が採択され，森林の生態系としての持続は森林経営において最も重要視されるべき原則であることが確認された．そしてそれを受けて，国内の林業基本法は森林・林業基本法に替わり，森林管理によって様々な生態系サービスが持続的に発揮されるべきという原則がそこに明記される[86)]．生態系に配慮した人工林の管理方法としては，

85）さらに，木曽の温帯性針葉樹林や九州綾の照葉樹林などにおいては，伐採により天然林が断片化してしまった流域を，数百年という長期間をかけて復元することを目指すという取り組みも始まっている．

86）しかし同時に，それは容易に実現できるものではないという事実にも直面することになる．なぜなら，各生態系サービスの持続的発揮を担保する管理技術や，各生態系サービス間の相乗や背反といった関係性が，未解明だからである．

複層林や針広混交林，渓流沿いの保護樹帯の設置などが打ち出された．

近代後半の列島内の森林の変化を要約すれば，以下のようになるだろう．針葉樹人工林に代表される生産林の拡大により，地域間の樹木の種構成の違いや地形に応じた生育樹種の変化が消失し，群集や景観スケールでの単純化が進んだ．伐採という強い人為撹乱が短期間に全国スケールで一斉に生起した後，一転して利用や管理の消失という脱人為撹乱の時代が始まった．その結果，森林の成長や遷移が進み生物量は増加した[87]．しかし，森林生態系は極相という安定に向かわず，病虫害や獣害などによる不安定化が目立つようになった．その中で，常に変化し続ける森林を対象とせざるを得ない森林管理は，新しい事態に対して恒常的な観察を続け，その結果の科学的検討に基づいて予測を行い，より良いと思われる選択を行うという対応を迫られている．

2.6　日本列島における森林と人との関係の歴史的変化を特徴づけるもの

2.6.1　育成林業と里山

農耕や都市文明の発展が天然林を駆逐し，二次林化を引き起こし，さらには非森林化していく…本章で描写してきたような歴史的過程は世界中に普遍的に見られることであり，日本列島が特別だったわけではない．それでは，日本列島における森林と人との関係の歴史的変化のなかに，何か特徴的なことはあったのだろうか？

日本の社会に醸成されてきた固有の文化が，自然，そして森林と人との共生を生み出して来たのではないか，という見方は広く流布している（たとえば，寺田，1935 など）．縄文文化や山形地方の草木塔[88]で代表されるような，アニ

87）経済の発展とともに森林資源は減少するが，その後，森林の開発規制，管理や造林が進み，一方で薪炭林などのエネルギー利用のための伐採が減少することで，森林資源は再び増加に向かうというU字型仮説（永田ほか，1994）が提唱されている．しかし，2017 年時点での国内の現状を見ると，林業コストの過重感から，更新の確実性や将来の管理目標を欠いた，持続性に問題が残る木材生産も増えている．今後，日本列島の森林資源がどのような推移を辿るかには不透明さが残る．

88）山形県の置賜地方に見られる自然界の万物に対する供養塔．18〜19 世紀に多く建立され，「山川草木悉皆成仏」という名号が刻まれる．しかし，地理的，時代的な広がりは限られている．

ミズムや仏教の影響を受けて醸成されてきた自然観に，共生の背景を求める見方である．そこでは，里山景観や集落ごとに残る社叢などが共生の例として引き合いにされることも多い．それらはしかし，すでにみてきたように，必ずしも共生的な関係の結果ばかりではなかったと考えられる．農耕が中心で牧畜に頼らない生業形態が，森林と共生的であったという見解もある[89]．それはある程度の根拠を持つと思われるものの，そのような水田農耕が近世には広大な里山域を非森林化したことも事実である．実際の歴史を通してみれば，日本列島における森林と人の歴史には，多くの破壊とともにいくらかの共存もあったというべきだろう．

もちろん，早くから産業化した地域でありながら，世界的にも高い森林率を保っていることは，日本列島における森林と人の関わりが特別であった結果ではないのか，という指摘は当然あってよい．これについてタットマン（1998）は，17世紀の森林資源濫用の後に整備された森林管理制度の果たした役割も小さくないが，湿潤温暖な環境と復元力に優れた自然に助けられたことも大きいと考えるべきだろうと総括している．日本の社会が醸成してきた文化の共生的な側面や近世の森林管理政策を，世界の他の地域における森林と人類との関係史と比較したときに，何が特徴的で実際にどの程度の役割を果たしてきたのかを論じるためには，今後より具体的な検証が必要であろう．

なお，環境の役割に関しては，気候の湿潤温暖さに加えて，山地が列島の大半を占めていることも，近年まで森林が温存されてきた基本的な原因として挙げておかねばならない．日本列島の山地の多くは比較的新しい造山運動により形成されたものであり，今でも隆起が続いている．そのため地形が若く急斜面と深い谷を持つが，これに多雨による斜面の不安定さや多雪などの条件が加わって，山地の耕地，牧野への転換は大きく制限されてきたことが考えられる．

共生的文化の問題をさて置くとすれば，日本列島の森林の，人との関係による歴史的な変化を特徴づけるものは他に何かあるだろうか？　本章は先に述べたように試論に止まるものであり，日本列島の森林の人との関係による歴史的変化を偏りなく述べることに成功しているわけではない．それをことわったう

89）しかしながら，イラン北部やトルコ北部などに局所的に存在する湿潤地帯には，牧畜文化圏にありながらオリエントブナが優占する豊かな森林が残されていることに驚かされるのである．

えで，本章で触れたことの中から，日本列島における森林の人との関係による歴史的な変化を特徴づけるものとして，以下の二つを挙げたい．

1. 近世に針葉樹による育成林業が生まれ，全国に広がったこと．
2. 農業が山地のバイオマスに依存して生産力を維持する形で発達し，里山を成立させたこと．

針葉樹による育成林業は，商業的な木材生産を目指して針葉樹人工林を造成するものであるが，先に述べたように世界史の中で近世以前には稀にしか発生しなかった産業であり，ヨーロッパと日本，中国の三地域で認められるにすぎない．近世に確立した育成林業は，明治以降広く普及し，現在では針葉樹人工林が森林の約半分，国土の三割近くを覆うに至り，日本列島の景観を大きく特徴づけている．

日本列島で近世に育成林業が成立した主要な要因として，前述のように，国内にスギやヒノキという，市場の評価が高く造林が容易な樹種があったことを指摘したい．両種は材質，加工性共に優れているため，早くも古墳時代から宗教，儀礼，権力者のための建築用材として高い評価を与えられてきた．この伝統的な価値観は，和風建築を見れば明らかなように，現代まで連続している[90]．その結果，高緯度のタイガ地帯に位置する北欧などと異なり，はるかに低緯度で亜熱帯にも近く常緑広葉樹が優占する日本列島西南部にも，針葉樹材を重用する白木の文化が形成された．そして，それらのスギやヒノキの天然林資源の枯渇が，日本列島で世界に先駆ける針葉樹の育成林業の成立を促す力になったと考えられる．

一方で，ヒノキに対する偏愛ともいうべき志向は，国内の資源を消耗させたばかりか近代になると海外の森林資源に及び，北米西海岸の森林を脅かし，ついには台湾の天然林に大きな打撃を与えるに至る．このことは，一つの国の木材文化が，国際的な規模で森林生態系に影響を与えた例として，記憶されるべきことであろう．

次に里山についてであるが，近世には，本州以南の山裾一帯は肥料生産のために草山・柴山化し里山景観が成立したこと[91]，草山・柴山の管理システム

90）針葉樹材による木造軸組み構造は東アジアに広く見られる．日本列島以外では，チョウセンゴヨウマツやコウヨウザンなどの樹種が利用される．

として発達した入会地が，村落共有林など，現在の様々な森林所有形態の母体になったこと，そして草山・柴山は，その後薪炭林あるいは針葉樹人工林へと移行しつつ現在の森林景観の骨格となっていったことなどを先に述べた．人為撹乱により森林が草地化すること自体は，世界中で広く見られる経過である．しかし，温暖多雨で森林が容易に再生する地域であること，放牧や飼料採取といった畜産の影響よりも稲作などのための緑肥採取による撹乱が主体となった草山・柴山化であったこと，放恣な火入れなどによる退行遷移の結果としてばかりではなく，利用のために管理された草地も多かったこと……などが日本列島に特徴的であったと考えたい．

この草山・柴山化は，前述のように後年のコナラの圧倒的な優占を誘導し，潜在的には常緑広葉樹林が成立すると考えられる関東以西の里山にも，落葉樹が卓越する里山の森林景観を形成していく力となったと推定される[92]．これらのコナラを主体とした落葉広葉樹林は，比較的明るい環境を好む草本や低木の植物群を包容してきたが，薪炭林管理の停止に伴い里山林が常緑広葉樹林化し，林内の光環境が暗くなるとともに，多くの種が減少しあるいは絶滅を起こしていったことは，しばしば議論されてきたとおりである（守山，1988；野田ほか，2011 など）．

2.6.2　変化を支えた樹木種の多様性

では，この二つの変化が日本列島に特徴的であるとした場合，それはたまたま起きたことなのだろうか．あるいは，そこには日本列島に固有な何らかの条件が関わっているのであろうか．本章の最後に，このことに関しての筆者の仮説を述べておきたい．

育成林業の成立と発達は，スギやヒノキといった材質が優良で，しかも造林が容易な針葉樹種を得て初めて可能になったものである．そして，そのような

91）スプレイグ（2015）は，農地に養分を循環させる方法として，移動耕作あるいは休閑地を組み込む農法と，農地の外からの養分を移入する農法があるという Brookfield（2000）の整理を引用しつつ，近代以前の日本の水田や常畑耕作は後者を採用し，養分の移入先である「野良」と供給元である「山」とに土地利用を分けることで里山景観を形成していったと説明している．

92）コナラあるいはコナラの相同種が農地に近接する二次林で優占するのは，特に朝鮮半島南部と日本列島の本州以南に特徴的である．この二地域は共に，農業生産力の維持を草山や柴山から生産される緑肥に頼っていたことは興味深い．

針葉樹が低緯度に位置する日本列島に複数種存在していたことは，この地域に古・新第三紀に遡る古い温帯性針葉樹群が多数温存されてきたことの恩恵であろう．また里山についても，西南日本などで見られた常緑広葉樹林と落葉広葉樹林の間の歴史的な入れ替わりには，周北極要素を主体とする夏緑林と熱帯山地につながる照葉樹林が直接し続けてきたという，東アジアに固有な植生史と，それによって形成されてきた樹木種の多様性の影響が読み取れるのではないだろうか．

つまり，日本列島の森林と人との歴史的関係を特徴づける変化には，この地域が地史的な時代，特に古・新第三紀から北半球の他の温帯域よりも濃厚に引き継いできた樹木種の種多様性が大きく影を落としていると考えたい．スギやヒノキの人工林と，落葉性のコナラや常緑性のアラカシあるいはシラカシ，そしてシイ類などの二次林が入り混じるといった森林景観は，関東以西では退屈なほど当たり前のものである．しかしそれは，日本列島における数千年にわたる森林と人との関わりの道程の末に辿り着いた姿であり，さらには，東アジアの木本種が持つ有史以前の数千万年におよぶ長い歴史をもしっかりと背負った，極めて独特なものなのではないだろうか．

おわりに

目前の森林は，まず植生の空間的なパターンや構造として認識される．次に生態学や生理学では，それらの空間的パターンや構造が形成され維持される仕組みや過程を考える．しかし，その仕組みや過程も時間と共に変化し，また入れ替わる．そして，そのような過去の歴史の結果としてしか存在しえない森林の現在もある．そこでは，説明変数に歴史を入れることで，目前の森林を，よりたしかに理解することができるようになるだろう．

環境史として森林をとらえる試みは，まだ多くはない．しかし今後は，様々な分野の情報を以前より容易に参照できる現代の研究環境を背景に，議論が進展していくだろう．本章がそのためのささやかな踏み台となれば幸いである．

最後に，本章の作成にあたってに貴重な助言を頂いた山本伸幸氏，および編者の皆様に深く感謝申し上げる．

引用文献

Aiba, S. (2016) Vegetation zonation and conifer dominance along latitudinal and altitudinal gradients in humid regions of the western Pacific. *in: Structure and Function of Mountain Ecosystems in Japan* (ed. Kudo, G.) pp. 89–114, Springer Japan.

Aiba, S., Akutsu, K. & Onoda, Y. (2013) Canopy structure of tropical and sub-tropical rain forests in relation to conifer dominance analysed with a portable LIDAR system. *Ann. Bot.*, **112**, 1899–1909.

Brookfield, H. (2001) *Exploring Agrodiversity.* pp. 348, Columbia University Press.

千葉徳爾（1973）はげ山の文化，pp. 233，学生社.

千葉徳爾（1975）ものと人間の文化史 14　狩猟伝承，pp. 327，法政大学出版局.

千葉徳爾（1991）はげ山の研究 増補改訂版，pp. 349，そしえて.

千葉徳爾（1995）オオカミはなぜ消えたか―日本人と獣の話，pp. 279，新人物往来社.

大日本山林会『日本林業発達史』編纂委員会 編（1982）日本林業発達史―農業恐慌・戦時統制期の過程―，pp. 609，大日本山林会.

Farjon, A. (2008) *A Natural History of Conifers.* pp. 304, Timber Press.

藤森隆郎（2006）森林生態学　持続可能な管理の基礎，pp. 484，全国林業改良普及協会.

藤森隆郎（2010）間伐と目標林型を考える，pp. 200，全国林業改良普及協会.

藤田佳久（1995）日本・育成林地域形成論，pp. 576，古今書院.

古島敏雄（1955）．日本林野制度の研究―共同体的林野所有を中心に，pp. 274，東京大学出版会.

豪雪地帯林業技術開発協議会 編（2000）雪国の森林づくりスギ造林の現状と広葉樹の活用，pp. 189，日本林業調査会.

萩野久一郎（1936）神宮備林施業誌第一報（一）．御料林，**98**，31–43.

萩野敏雄（1999）林学と原稿の個人史：台湾・国有林・林政・その他，pp. 472，スキルプリネット.

箱崎真隆・吉田明弘・木村勝彦（2009）福島県鬼沼における木材化石と花粉化石からみた完新世後期の時空間的な植生分布とサワラ・アスナロ湿地林．植生史研究，**17**，3–12.

原 正利（1997）照葉樹林の樹木相とその由来．照葉樹林の生態学（千葉県立中央博物館 編）pp. 60–65，千葉県立中央博物館.

原田文夫（1997）木曾林業史．木曾ひのき（平田利夫 編），pp. 127–237，林土連研究社.

ハーゼル，K. 著，山縣光晶 訳（1996）森が語るドイツの歴史，pp. 282，築地書館.

長谷川孝三（1967）造林・保護技術と林業の技術革新．造林技術の実行と成果（造林技術編纂会 編），pp. 207–230，日本林業調査会.

橋詰隼人（1983）クヌギ，コナラの幼齢木の着花習性．広葉樹研究，**2**，49–54.

橋詰隼人（1987）クヌギ，コナラ二次林における種子生産．広葉樹研究，**4**，19–27.

畠山 剛（2003）炭焼きの二十世紀書置きとしての歴史から未来へ，pp. 285，彩流社.

速水 融・宮本又郎 編（1988）日本経済史 1　経済社会の成立 17–18 世紀，pp. 324，岩波書店.

北海道農業技術研究会林試班（1959）林業政策と科学技術の問題点―特に拡大造林計画と関連して私達の反省と意見―．林業技術，**206**，1–6.

本多静六（1908）本多造林学各論 第 2 編 濶葉林木編の 1，pp. 461，三浦書店.

堀田 満（1974）植物の分布と分化，pp. 400，三省堂.

堀田 満（2006）屋久島の植物相とその成立．世界遺産屋久島　亜熱帯の自然と生態系日本列島における森林の成立過程と植生帯のとらえ方（大澤雅彦・田川日出夫・山極寿一 編），pp. 37–56，朝倉書店.
北条 浩（1978）近世における林野入会の諸形態，pp. 506，御茶の水書房.
井上章一（2008）日本に古代はあったのか，pp. 307，角川学芸出版.
岩崎直人（1939）秋田県能代川上地方に於ける杉林の成立並更新に関する研究. pp. 605，興林會.
泉 英二（1992）吉野林業の展開過程. 愛媛大学農学部紀要，**36**，305–463.
菊沢喜八郎（2005）葉の寿命の生態学―個葉から生態系へ―，pp. 211，共立出版.
北村昌美（1981）森林と文化―シュヴァルツヴァルトの四季，pp. 227，東洋経済新報社.
北村四郎（1957）植物の分布. 原色日本植物図鑑（上），pp. 246–264，保育社.
木沢直子（2001）古代における木材利用―ヒノキをめぐる考察―. 元興寺文化財研究所研究報告増沢文武氏退職記念 2001，181–194.
小林 剛・多田壮宏（2010）モウソウチクは里山林の炭素吸収・貯蔵および有機物分解にどのような影響をもたらしうるか？ 森林科学，**58**，6–10.
小林 茂・堤 研二（2001）土地利用の変化と伝統的環境利用. 太宰府市史 環境資料編（太宰府市史編集委員会 編）pp. 291–380，太宰府市.
木平勇吉（2003）森林計画学，pp. 228，朝倉書店.
米家泰作（2014）焼畑による山地植生の利用と開発―17～18 世紀の紀伊山地を例として―. 自然と人間の環境史（宮本真二・野中健一 編），pp. 213–236，海青社.
小杉 康・谷口康浩ほか 編（2009）大地と森の中で 縄文時代の古生態系，pp. 219，同成社.
小山泰弘（2011）木材資源利用から見た森林環境の変化とシカ. 日本列島の三万五千年―人と自然の環境史 5 山と森の環境史（池谷和信・白水 智 編），pp. 311–328，文一総合出版.
倉田益二郎（1949）菌害回避更新論 . 日本林學會誌，**31**，32–34.
黒田慶子 編（2008）ナラ枯れと里山の健康（林業改良普及双書 157），pp. 166，全国林業改良普及協会.
Kutzbach, J., Gallimore, R. *et al.* (1998) Climate and biome simulations for the past 21,000 years. *Quat. Sci. Rev.*, **17**, 473–506.
Lee, S. C. (1962) Taiwan Red- and Yellow-cypress and their concervation. *Taiwania*, **8**, 1–13.
Li, C.-F., Chytrȳ, M. (2013) Classification of Taiwan forest vegetation. *Appl. Veg. Sci.*, **16**, 698–719.
前田保夫（1980）縄文の海と森，pp. 238，蒼樹書房.
前澤 健（2002）飯田下伊那山論関係年表. http://www.clio.ne.jp/home/maezawa/deta/sanron.htm.
松原輝夫（2015）近世信州伊那郡大河原村の自然環境と人間，pp. 94，国土交通省中部地方整備局天竜川上流工事事務所.
松本四郎（2013）城下町，pp. 310，吉川弘文館.
松波秀実（1919）明治林業史要，pp. 411，大日本山林会.
松波秀実（1924）明治林業史要 後輯，pp. 265，大日本山林会.
Menzies, N. K. (1994) *Forest and Land Management in Imperial China*. pp. 175, Macmillan.
南方熊楠 著，中沢新一 編（2015）森の思想，pp. 535，河出書房.
宮本常一（1964）山に生きる人々，pp. 234，未來社.
宮本常一（2003）宮本常一著作集 第 43 巻 自然と日本人（田村善次郎 編），pp. 298，未來社.

宮内泰介（2009）半栽培の環境社会学―これからの人と自然，pp. 257，昭和堂.
水本邦彦（2003）草山の語る近世（日本史リブレット），pp. 99，山川出版社.
水野章二（2009）中世の人と自然の関係史，pp. 344，吉川弘文館.
水野章二（2011）古代・中世における山野利用の展開. 日本列島の三万五千年―人と自然の環境史 3　里と林の環境史（大住克博・湯本貴和 編），pp. 37–62，文一総合出版.
水野章二（2015）里山の成立：中世の環境と資源，pp. 216，吉川弘文館.
盛本昌広（2012）草と木が語る日本の中世，pp. 312，岩波書店.
森庄一郎（1897）吉野林業全書，pp. 441，森庄一郎・伊藤庄一郎.
森本仙介（2011）奈良県吉野地方における林業と木地屋. 日本列島の三万五千年―人と自然の環境史 3　里と林の環境史（大住克博・湯本貴和 編），pp. 129–150，文一総合出版.
守山 弘（1988）自然を守るとはどういうことか，pp. 260，農山漁村文化協会.
藻谷浩介・NHK 広島取材（2013）里山資本主義日本経済は「安心の原理」で動く，pp. 308，角川書店.
村田 源（1977）植物地理的に見た日本のフロラと植生帯. *Acta Phytotaxon. Geobot.*, **28**，65–83.
永田 信・岡 泰裕・井上 真（1994）森林資源の利用と再生―経済の論理と自然の論理，pp. 234，農山漁村文化協会.
中村賢太郎（1967）我が国の造林と技術の変遷. 造林技術の実行と成果（造林技術編纂会 編）pp. 161–206，日本林業調査会.
The Nelson Institute Center for Sustainability and the Global Environment, University of Wisconsin-Madison（2017）Potential Vegetation. Atlas of the Biosphere. https://nelson.wisc.edu/sage/data-and-models/atlas/maps.php?datasetid=25&includerelatedlinks=1&dataset=25
日本学士院 編（1959）明治前日本林業技術発達史，pp. 753，日本学術振興会.
日本不動産研究所研究部（2014）田畑価格及び賃借料調（平成 26 年 3 月末現在），山林素地及び山元立木価格調（平成 26 年 3 月末現在），一般財団法人日本不動産研究所.
日本林業技術協会 編（1972）林業技術史：1（地方林業編 第 1 巻），pp. 727，日本林業技術協会.
西川善介（2007）日本林業経済史論 1. 専修大学社会科学年報第 41，175–190.
西川善介（2008）日本林業経済史論 2. 専修大学社会科学年報第 42，3–28.
西川善介（2009）日本林業経済史論 3. 専修大学社会科学年報第 43，3–71.
野田公夫・守山 弘・高橋佳孝（2011）里山・遊休農地を生かす：新しい共同＝コモンズ形成の場，pp. 322，農山漁村文化協会.
小椋純一（1996）植生からよむ日本人のくらし―明治期を中心に，pp. 246，雄山閣出版.
小椋純一（2006）日本の草地面積の変遷. 精華大学紀要，**30**，159–172.
小椋純一（2012）森と草原の歴史―日本の植生景観はどのように移り変わってきたのか. pp. 360，古今書院.
奥 敬一・村上由美子（2011）民家の材料からみた里山利用. 日本列島の三万五千年―人と自然の環境史 3　里と林の環境史（大住克博・湯本貴和 編），pp. 187–208，文一総合出版.
大金永治（1981）択伐理論小史. 日本の択伐（大金永治 編）pp. 267–283，日本林業調査会.
小野正敏・萩原三雄・五味文彦 編（2015）考古学と中世史研究　木材の中世：利用と調達，pp. 220，高志書院.

大沢雅彦（1983）東アジアの比較植生帯論．現代生態学の断面（現代生態学の断面編集委員会 編），pp. 206–213，共立出版．
大住克博（2005）人為撹乱と二次的植生景観―草原と白樺林―．森の生態史北上山地の景観とその成り立ち（大住克博・杉田久志・池田重人 編），pp. 54–72，古今書院．
大住克博（2011）森林資源の持続と枯渇．日本列島の三万五千年―人と自然の環境史3　里と林の環境史（大住克博・湯本貴和 編），pp. 249–275，文一総合出版．
太田猛彦（2012）森林飽和―国土の変貌を考える，pp. 260，NHK 出版．
尾崎研一（2015）林業の特性と生物の多様性．シリーズ現代の生態学3　人間活動と生態系（森田健太郎・池田浩明 編），pp. 127–148 共立出版．
ラートカウ，J. 著，山縣光晶訳（2013）木材と文明，pp. 349，築地書館．
林業発達史調査会 編（1960）日本林業発達史（上巻）明治以降の展開過程，pp. 779，林野庁．
林野庁（1970）国有林野経営規程の解説，pp. 477，地球出版．
林野庁（2009）森林・林業白書 平成 21 年版 低炭素社会を創る森林，pp. 254，日本林業協会．
林野庁（2016）森林・林業統計要覧 2016，pp. 260，日本林業協会．
坂口勝美 監修（1975）これからの森林施業：森林の公益的機能と木材生産の調和を求めて，pp. 444，全国林業改良普及協会．
佐久間大輔・伊東宏樹（2011）里山の商品生産と自然．日本列島の三万五千年―人と自然の環境史3　里と林の環境史（大住克博・湯本貴和 編），pp. 101–1128，文一総合出版．
佐々木尚子・高原 光（2011）花粉分析と微粒炭分析からみた近畿地方のさまざまな里山の歴史．日本列島の三万五千年―人と自然の環境史3　里と林の環境史（大住克博・湯本貴和編），pp. 19–35，文一総合出版．
佐々木高明（1972）日本の焼畑―その地域的比較研究―．pp. 457，古今書院．
佐藤仁志（2000）三瓶埋没林調査報告書（平成 10～11 年度概報）．島根県環境生活部景観自然課，22–30.
戦後日本の食料農業農村編集委員会編（2014）別編戦後林業史．戦後改革・経済復興期〈2〉戦後日本の食料・農業・農村，pp. 159–306，農林統計協会．
斯波義信（1989）宋代商業史研究，pp. 522，風間書房．
四手井綱英 編（1963）アカマツ林の造成：基礎と実際，pp. 326，地球出版．
志賀重昂（1894）日本風景論，pp. 219，政教社．
清水善和（2014）日本列島における森林の成立過程と植生帯のとらえ方―東アジアの視点から．地域学研究，27，19–75.
白水 智（2011）近世山村の変貌と森林保全を巡る葛藤―秋山の自然はなぜ守られたか―．日本列島の三万五千年―人と自然の環境史5　山と森の環境史（池谷和信・白水 智 編），pp. 77–92，文一総合出版．
総務省統計局（1996）日本の長期統計系列．http://www.stat.go.jp/data/chouki/index.htm
Su, H.-J. (1984) Studies on the climate and vegetation types of the natural forests in Taiwan (II): altitudinal vegetation zones in relation to temperature gradient. *Quart. J. Chin. For.*, 17, 57–73.
須藤 護（2010）木の文化の形成―日本の山野利用と木器の文化，pp. 379，未來社．
須賀 丈・丑丸敦史・岡本 透（2012）草地と日本人―日本列島草原 1 万年の旅，pp. 244，築地書館．

杉本 寿（1967）木地師制度研究序説，pp. 637，ミネルヴァ書房.
スプレイグ，D.（2015）人間活動の歴史．シリーズ現代の生態学3　人間活動と生態系（森田健太郎・池田浩明 編），pp. 1–21，共立出版.
田端英雄（1997）エコロジーガイド　里山の自然，pp. 199，保育社.
只木良也（2010）新版 森と人間の文化史，pp. 256，日本放送出版協会.
台湾総督府殖産局 編（1929）台湾林業史，pp. 116＋150，台湾総督府殖産局.
高原 光（1994）近畿地方および中國地方東部における最終氷期以降の植生変遷．京都府立大学演習林報告，38，89–112.
高原 光（1998）スギ林の変遷．図説日本列島植生史（安田喜憲・三好教夫 編），pp. 207–220，朝倉書店.
高原 光（2011）日本列島とその周辺域における最終氷期以降の植生史．日本列島の三万五千年―人と自然の環境史6　環境史をとらえる技法（湯本貴和 編），pp. 15–43，文一総合出版
高原 光（2013）花粉分析による植生変動の復元．シリーズ現の生態学2　地球環境変動の生態学（日本生態学会現代生態学講座編集員会 編），pp. 171–192，共立出版.
武井弘一（2015）江戸日本の転換点―水田の激増は何をもたらしたか，pp. 272，NHK出版.
武内和彦・鷲谷いづみ・恒川篤史 編（2001）里山の環境学，pp. 272，東京大学出版会.
田村説三（1994）まぐさ場（秣場）の植生とまぐさ場起源の二次林．埼玉県立自然史博物館研究報告，12，73–82.
田中淳夫（2014）森と日本人の1500年，pp. 239，平凡社.
田中勝美（1983）クヌギの造林，pp. 257，黒田印刷出版.
谷 彌兵衞（2008）近世吉野林業史，pp. 524，思文閣出版.
タットマン，C. 著，熊崎 実 訳（1998）日本人はどのように森をつくってきたのか，pp. 211，築地書館.
帝室林野局 編（1923）ヒノキ分布考，pp. 298，林野会.
寺田寅彦（1935）日本人の自然観，東洋思潮.
所 三男（1980）近世林業史の研究，pp. 783，吉川弘文館.
遠山富太郎（1976）杉のきた道日本人の暮らしを支えて，pp. 215，中央公論社.
筒井迪夫（1955）奈良時代における山作所の管理と労働組織，東京大学農学部演習林報告，48，1–41.
内村悦三（2005）タケ・ササ図鑑　種類・特徴・用途，pp. 219，創森社.
梅原 猛（2015）森の思想が人類を救う，pp. 225，PHP研究所.
魚住侑司（1988）森林施業の歴史的変遷に関する研究：国有林野山崎事業区の分析．鳥取大学農学部演習林研究報告，18，1–115.
渡邊定元（2000）生産力増強計画と林業技術―拡大造林を支えた林業技術の展開過程を中心として．林業技術，696，13–18.
山田昌久（1993）日本列島における木質遺物出土遺跡文献集成―用材から見た人間・植物関係史．植生史研究，特別第1号，1–242.
山本博一（2005）建築物文化財の修理用資材の供給能力と流通．木造建造物文化財の修理用資材確保に関する研究．平成14年度～平成16年度科学研究補助金（基盤研究（A）（1））研究成果報

告書（山本博一 編），26–29.
山本伸幸（2014）森林資源の助長．戦後改革・経済復興期〈2〉戦後日本の食料・農業・農村（戦後日本の食料農業農村編集委員会 編）pp. 195–202，農林統計協会.
山本伸幸（2016）森林管理と法制度・政策．森林管理制度論（志賀和人 編）pp. 229–268，日本林業調査会.
山中二男（1979）日本の森林植生，pp. 223，築地書館.
内倭文夫・柳沢聡雄（1973）育林．林業技術史第 3 巻　造林編　森林立地編　保護・食用菌編 3　1（日本林業技術協会編）pp. 135–416，日本林業技術協会.
柳田国男（1967）明治大正史〈世相篇〉，pp. 351，平凡社.
安田喜憲（1997）森を守る文明・支配する文明，pp. 246，PHP 研究所.
横田岳人（2011）ニホンジカが森林生態系に与える負の影響―吉野熊野国立公園大台ヶ原の事例から―．森林科学，**61**，4–10.
吉川昌伸（2011）クリ花粉の散布と三内丸山遺跡周辺における縄文時代のクリ林の分布状況．植生史研究，**18**，65–76.
吉川昌伸・鈴木 茂ほか（2006）三内丸山遺跡の植生史と人の生業．植生史研究特別，49–82.
湯本貴和・松田裕之 編（2006）世界遺産をシカが喰う　シカと森の生態学，pp. 212，文一総合出版.
全国森林病虫獣害防除協会 編（1998）松くい虫（マツ材線虫病）―沿革と最近の研究―，pp. 274，全国森林病虫獣害防除協会.

第2部

森林の構造・機能と生態系サービスの変化

第3章 森林の変化と樹木

清和研二

はじめに

今，我々が見ているほとんどの森林は本来の天然の姿ではない．長い間の人間の生活や林業活動を色濃く反映した“ヒトの匂いが染み付いた森”である．

本章では，日本の森の姿の変貌を概観する．まず，手付かずの森林を見てみよう．しかし，原始の森は明治の開拓時代の古い写真を覗くしかないようである．戦時中の伐採に加え，戦後は奥地の天然林まで伐採し尽くされたからだ．しかし，わずかに残された原生的な天然林の姿を記録した研究例がいくつかある．そこから日本の森の本来の姿を想像してみたい．天然林はどのように成立し，撹乱を受け，どのように更新し遷移するのか，そしてどのようなメカニズムで多様な樹種が共存していくのかを見てみたい．

戦後，日本全土で天然林のすべての樹木が伐採される「皆伐」が行われ，その跡地にスギ，ヒノキ，カラマツなどの針葉樹が植栽された．いわゆる「拡大造林」は日本の森林を劇的に変えた．その際，森林面積は大きく変化しなかったが，広葉樹から針葉樹への樹種転換が起きた．それだけではない．皆伐されなかった天然林も大径で幹がまっすぐな優良木を抜き切りする「択伐」が行われた．このような森林生態系の単純化や人為的な強度の撹乱は本来の生物多様性に富む天然林が持つ様々な機能，いわゆる生態系サービスも激変させたと考えられる．もし人為が生態系サービスの低下を引き起こしているとすれば，今後どのような構造の森林を作り林業や森林管理をしていくべきなのか，それについても考えてみたい．本章では比較的近年に森林の姿を大きく変えた北海道・東北の冷温帯林を主な対象とした．

3.1　森林のすがた

3.1.1　手つかずの森：開拓前の原生林

今，日本には人手の入っていない，まとまった面積の原生林は多分ないだろう．一見老熟した森はいくらでもあるが中身をよく見ると抜き切りされているのがほとんどである．胸高直径（以降直径と略す）1 m を超えるような巨木が数多く見られ原生林の様相を示している奥地の森でさえ伐採の痕跡を残している．北海道ではまだ巨木の切り株が見られることがあるが，たとえ根株が残っていなくとも形質の悪い木，たとえば根元あたりから太い枝が出ていたり，二股だったり，大きな洞（うろ）があったりする木が多い．おそらく，太くて幹が真っ直ぐなものは抜き切りされ運び出されたのであろう．東北の森には太いケヤキはほとんど見られない．高く売れるので少しぐらい奥地でも抜き切りされ無理してでも運び出したのだろう．やはり原生林の姿は開拓時代の写真でしかうかがい知れないようだ．

北海道の開拓時代の写真が北海道大学の北方資料室に残っている．それを見ると樹種は判然としないが直径 1 m をはるかに超える広葉樹の大原生林や，それらを伐採している姿が写っている（図 3.1）．驚くべきは太さもそうだが幹が真っすぐで長く，そしてそれらが高密度で成立していることである．林立する形質の良い巨木を次々と伐採し，そこに火をつけ開墾していったのである．今は街になり田畑になった平坦な扇状地にもつい 100 年ほど前には巨木が立ち並んでいたのである．

3.1.2　今も残る老熟林

戦時伐採や戦後の拡大造林は日本に残された奥地林を根こそぎにし，長い間守られてきた奥地の老熟林は極めて短期間に消滅した．しかし，社寺林や急傾斜で人が入りにくい場所，それに保護林への指定や自然保護団体の運動などに

図 3.1　北海道開拓時の森林風景（北海道大学北方資料室蔵）
A）北見の手付かずの原生林．通直で大径のミズナラやシラカンバなどの落葉広葉樹が高密度で生育している（大正初期の北見国紋別郡床丹原野）．B）原生林の伐採現場．直径 1 m を超える大径木を鋸と斧で三人掛りで伐採している．C）測量隊の伐採風景．測量士がのっている伐倒木も伐採中の木も直径 1 m は優に超えている（B，C は明治 44 年，1911 年撮影，場所不明）．D）開墾地．平坦な扇状地に立ち並ぶ伐根．黒く焦げているのは火入れをして燃やした跡（明治末から大正初期撮影，場所不明）．

よって守られた森も日本各地に残っている．残念ながら，それらは広葉樹二次林や針葉樹人工林の大海に浮かぶ小さな島のように小面積で，そしてわずかである．それら貴重な老熟林のいくつかには永久調査地が作られ，日本各地の固有の天然林の構造や動態について貴重なデータが蓄積されている．また，北大の館脇操らは日本各地を歩き原生的な森林の姿を記載して回った．そのほとんどが伐採の痕跡を残してはいるものの，とても豊かな老熟林が日本の至る所についい最近まで存在していたことを示している（図 3.2〜図 3.6）．ここでは，いくつかの調査事例を挙げ巨木の森の姿を覗いてみることにしよう．

A. 北海道の落葉広葉樹林

北大雨竜演習林には巨大なミズナラが優占する老熟林がある（図 3.2A）．ミズナラは高さ 24〜30 m に達し，上層を優占している．最大の胸高直径（以降，直径と略す）は 130 cm 以上で最大樹齢は 505 年である（図 3.3A）．上層

図3.2　原生的な姿を残す日本の天然林（I）
A）北海道大学雨竜演習林のミズナラ林（図3.3A参照，佐野淳之氏撮影）．B）宮城県栗駒国定公園内のブナ林．C）茨城県小川学術参考林の落葉広葉樹林（図3.10参照，正木隆氏撮影）．D）宮崎県綾の常緑広葉樹林（図3.10参照，飯田佳子氏撮影）．

から中下層にかけて最大樹齢295年のハリギリ，195年のホオノキ，168年のベニイタヤ，100年を超えるコシアブラ・トドマツなどが混交している．ミズナラの齢構造は100年ごとの周期性を示し樹高も複数の層構造を示す．これは，風倒による林冠の破壊やササの一斉枯死，それに種子の豊作がタイミング良く同調したため，極めて稀な一斉更新が成功したと考えられている（Sano, 1997）．直径の分布は逆J字型を示し次世代が絶えず更新している．

札幌市近郊の野幌森林公園には原始の息吹を伝える巨木の森が残っている(図3.3B上)．館脇操の群落調査および林分構成調査（付表）によると，この森林公園における主な樹種の最大直径はミズナラ146 cm，シナノキ140 cm，カツラ136 cm，ハリギリ124 cm，ハルニレ120 cm，イタヤカエデ114 cm，ヤマグワ114 cm，クリ110 cm，ウダイカンバ108 cm，ヤチダモ104 cm，ホ

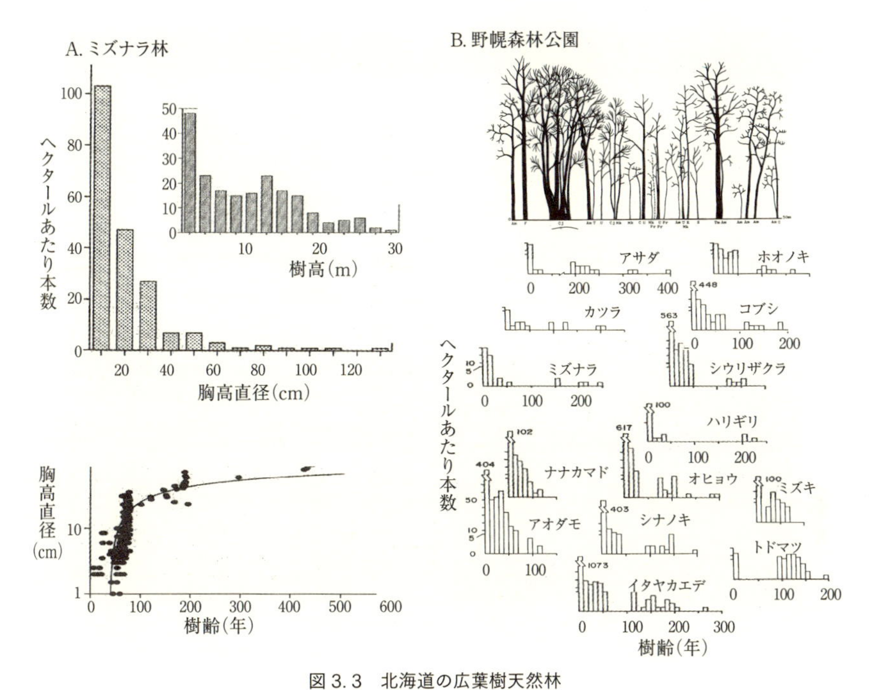

図 3.3　北海道の広葉樹天然林

A）北大雨竜地方演習林の老熟したミズナラ林（Sano, 1997; 図 3.2A 参照）．胸高直径と樹高の頻度分布（上）．樹高と樹齢との関係（下）．B）北海道野幌森林公園の老熟林．帯状区の林相（上；館脇・五十嵐, 1973）．上層の樹高は 31 m ほどと高く，胸高直径 30–90 cm の幹が複数株立ちするカツラや 90 cm のモイワボダイジュなどがみられる．樹齢分布（下；Ishikawa & Ito, 1989）．帯状区とは別の場所である．

オノキ 100 cm，アサダ 100 cm，オヒョウ 98 cm，シラカンバ 92 cm，エゾヤマザクラ 88 cm，ハンノキ 76 cm，ツリバナ 50 cm となっている（館脇・五十嵐, 1973）．さらに，この森林内に 0.64 ha のプロットを作り，各個体の年輪を成長錐で穴を開けコアを採取し調べたところ，アサダは最大 400 年生のものが見られ，イタヤカエデは 300 年近く，ホオノキ，カツラ，コブシ，ミズナラ，ハリギリ，オヒョウはいずれも最大 200 年生ほどであった（図 3.3B 下）．野幌森林公園には今ではほとんど見られないような高齢で大径の樹木がみられる．しかし，手付かずと言われた野幌の森でも館脇はいたるところに択伐の痕跡をみている．北海道の原始の森にはさらに太い巨木たちが群れをなしていたことだろう．

図 3.4　原生的な姿を残す日本の天然林（II）
A）岩手県カヌマ沢渓畔林の大カツラ（正木隆氏撮影）．B）宮城県自生山スギ天然林．ブナなどと混交している．C）東京大学北海道演習林の落葉広葉樹林．平地林に直径 1 m ほどのハルニレやミズナラなどの大径木が見られる．

B．東北のブナ林，関東の落葉広葉樹林，九州の常緑広葉樹林

宮城県の多雪地帯（積雪深 1〜2 m）にある栗駒国定公園にはブナの天然林がある．ブナの優占度は胸高断面積合計（BA：basal area）で 78% である．ブナの直径は最大 113 cm で実生まで連続的に逆−J 字型分布を見せる（図 3.2B; Hara *et al.*, 1991）．最大直径 132 cm のミズナラが数は少ないが混じる．他には最大直径 40〜50 cm のホオノキ，シナノキ，イタヤカエデなどが混在する．茨城県小川学術参考林は落葉広葉樹の二次林である．伐採の痕跡があるものの，直径 112 cm のコナラを筆頭に，直径 1 m ほどのブナ，ミズナラ，イヌブナ，90 cm ほどのミズメなど大径木が見られる（図 3.2C; Masaki *et al.*, 1992）．宮崎県綾の常緑広葉樹林には最大直径 118 cm のイスノキが優占し，他にも直径 134 cm のアカガシ，132 cm のウラジロガシ，123 cm のツブラジイ，120 cm のタブノキなどの巨木が残る貴重な常緑広葉樹林である（図 3.2D; Tanouchi & Yamamoto, 1995）．

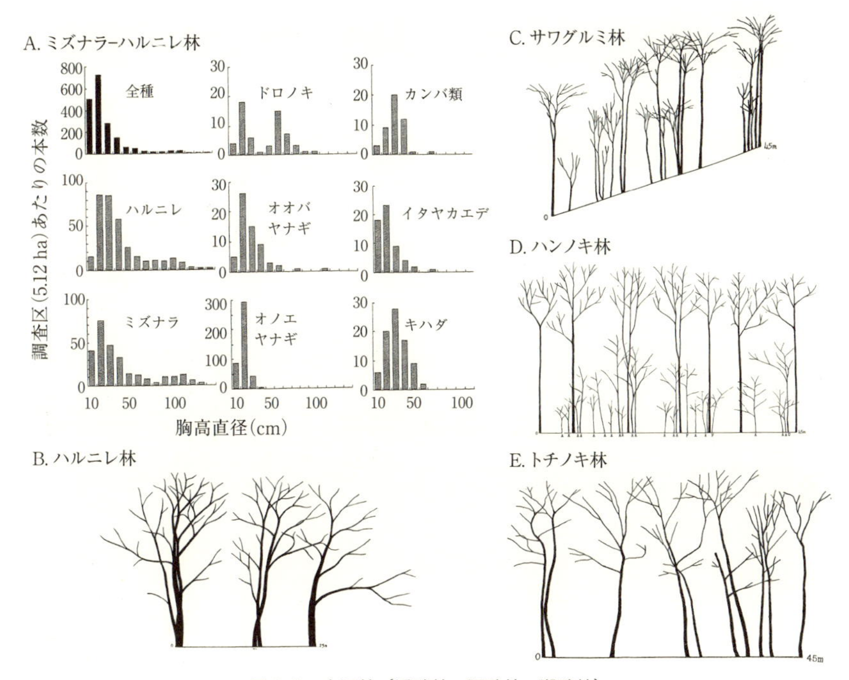

図 3.5　水辺林（渓畔林，河畔林，湖畔林）

A）栃木県千手ヶ原渓畔林の主要樹種の胸高直径の頻度分布（Sakai *et al.*, 1999）. B）北大手塩演習林のハルニレ林．渓流沿いの沖積土壌に成立し，直径 64～122 cm，樹高 28～30 m の大径木が林立する．同じく直径 120 cm ほどのオヒョウが混じる．大洪水の後に一斉に成立したものと考えられる（館脇・五十嵐，1971）．C）北海道渡島半島横津岳の黒石沢源流沿のサワグルミ林（館脇ほか，1961）．上層林冠（樹高 22～26 m）をサワグルミが占め，直径は 12～68 cm と幅があるが一斉に更新したものだろう．中下層（樹高 7～17 m）には，オヒョウが更新している．D）北海道網走湖畔のハンノキ林（館脇ほか，1967）．樹高 37～29 m，直径は 32～64 cm に達している．その下には樹高 4～7 m のイタヤカエデが多くヤチダモ，ハルニレもわずかに更新し 2 段林を形成している．E）青森県蔦温泉近くの沢筋の平坦地に成立するトチノキ・カツラ・サワグルミ林（館脇ほか，1961）．過去にサワグルミは択伐されたが，樹高 30 m，直径 158 cm のトチノキ，122 cm のカツラ，66 cm のサワグルミといった太い木が並ぶ．

C. 水辺林

山地の渓流沿いには「渓畔林」と呼ばれる水辺林がある．なだらかな沖積平野を流れる幾分広くなった河川沿いの林は「河畔林」と呼ばれ区別される（図 3.4A；図 3.5）．水辺林の構造は水流による撹乱の大きさや頻度が大きく影響する．栃木県千手ヶ原渓畔林の水辺近くの比高の低い所では頻繁に撹乱が起き，寿命・繁殖齢の低いヤナギやドロノキなどが分布しそれらのサイズも小さい

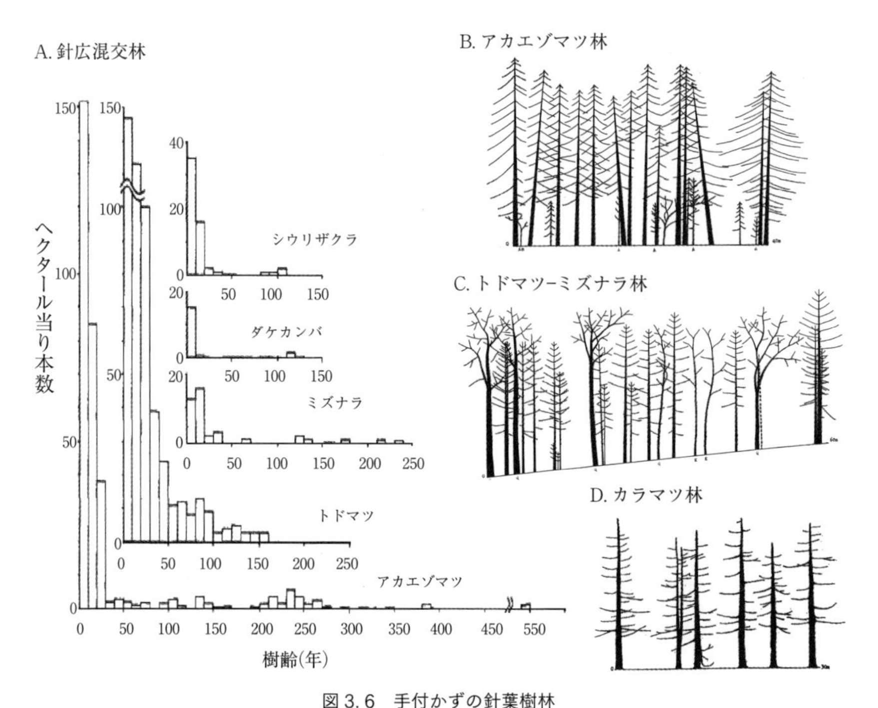

図 3.6　手付かずの針葉樹林

A）北大中川演習林の針広混交林（Suzuki *et al.*, 1987）．B）北大中川演習林のアカエゾマツの純林（館脇・五十嵐，1971）．C）トドマツ−ミズナラ混交林（館脇・五十嵐，1971）．D）尾瀬ヶ原のカラマツ天然林（館脇ほか，1965）．

(図 3.5A)．一方，稀にしか撹乱の起きない比高の高い広い段丘では大サイズのミズナラやハルニレなど寿命の長い樹種が見られる．水面からの高さに応じて樹種が棲み分けている．

さらに水辺林の樹木は固有の繁殖戦略をもつことによってそれぞれ最適なハビタットを選択している．ヤナギ類は綿毛に包まれた種子をもち，風で散布されると乾燥した土の上は通り過ぎ，湿った土壌や砂に到達して初めて綿毛から種子が離れ接地する．水面に落下した場合は，水流に乗って移動し，岸辺の湿った砂地や鉱質土壌に触れると綿毛から種子が離れ接地する．接地後すぐに吸水・発芽し岸辺の湿った所で更新する（Seiwa *et al.*, 2008）．サワグルミの種子もまた数キロにわたって川を流れ下る．雪解け水で段丘に打ち上げられ，そこで発芽し渓流沿いに分布するようになる（図 3.5C；五十嵐ほか，2008）．

ハルニレは非休眠種子を初夏に散布し，梅雨時の大洪水でできた平坦地で発芽し一斉林を作る（図 3. 5B ; Seiwa, 1997）．一方，暗い林内に散布されると一旦休眠し翌春早く発芽し他の広葉樹と単木的に混じる（図 3. 4C）．

岩手県カヌマ沢の渓畔林には大きなカツラがある（図 3. 4A）．樹冠投影面積はほぼ 900 m^2 に達する．最初の幹と思われる痕跡の周りに二重の幹の円環を作っており，単幹の齢を 300 年超とすると樹齢は 800 年は超えるのではないかと，調査した大住克博氏は推定している．

D. 針葉樹天然林

北大中川地方演習林の蛇紋岩地帯には手付かずのアカエゾマツの純林があった（図 3. 6B）．樹高，直径の最大値はそれぞれ 33 m，94 cm に達する巨木林である．しかし一帯は 1967 年に伐採が開始された．その際調べられた樹齢は 221～460 年であった．下層 4～11 m および林床にはトドマツとエゾヤマザクラ，イタヤカエデの稚樹が見られた．北大中川地方演習林ではアカエゾマツはトドマツやミズナラなどの広葉樹と混交する（図 3. 6A）．この針広混交林の齢構造を調べた研究によると，最高齢 550 年生のアカエゾマツ，250 年生のトドマツに混じり，250 年生のミズナラ，100 年を超えるダケカンバ，シウリザクラなどが混交していた．

トドマツやスギといった人工林の代表的な樹種も天然林では広葉樹と混交する．北大手塩地方演習林の緩い丘陵の平坦地にトドマツとミズナラの混交林が見られる（図 3. 6C）．ミズナラは樹高 22～29 m，直径 58～112 cm，トドマツは林床の稚樹から最大 26 m，直径 72 cm まで連続的に更新している．中層にハリギリが見られ，灌木層には稈高 1.3 m のクマイザサが繁茂し，その間にエゾマツ，イタヤカエデ，ミズナラ，コシアブラなどの稚樹が更新している．宮城県北部の自生山のスギ天然林ではスギとブナが単木的に混交している（図 3. 4B ; 清和，未発表）．互いに最大直径は 100 cm ほどで，両者とも逆 J 字型分布し，両者とも稚樹から亜高木まで連続的に見られる．スギは伏状更新である．中下層にはカスミザクラ，ミズメ，イタヤカエデなどが見られる．

カラマツ天然林は東北南部，関東，中部地方の亜高山帯から高山帯に分布する．主に撹乱跡地に一斉林を作る．尾瀬ヶ原の河川沿いの山裾に生育している老熟林は樹高 27 m，直径は 60～86 cm ある（図 3. 6D）．林床にはヤヒコザサの変種のオゼザサが密生し，ブナ，トチノキ，ミズキ，アオダモがわずかに見られる．

3.1.3　天然林の撹乱と再生

A．ギャップ形成

老熟林の林床は暗い．しかし様々な自然撹乱を受け林冠に明るい隙間（ギャップ）ができ，林床は明るくなる．ギャップができる要因は色々あるが，要因ごとにギャップの面積（サイズ）も異なる．木材腐朽菌や木喰い虫などによって老木が立ち枯れたり（立ち枯れ），強風で立木の幹が折れたり（幹折れ），根がひっくり返ったり（根返り）して，一本から数本の立木が被害を受け小さいギャップができる（図3.7右）．一方，強い台風や地滑り，山火事などで広い面積の樹木が被害を受けると大きなギャップができる．一般に小面積のギャップが多く，大きなギャップは少ない（図3.7左）．

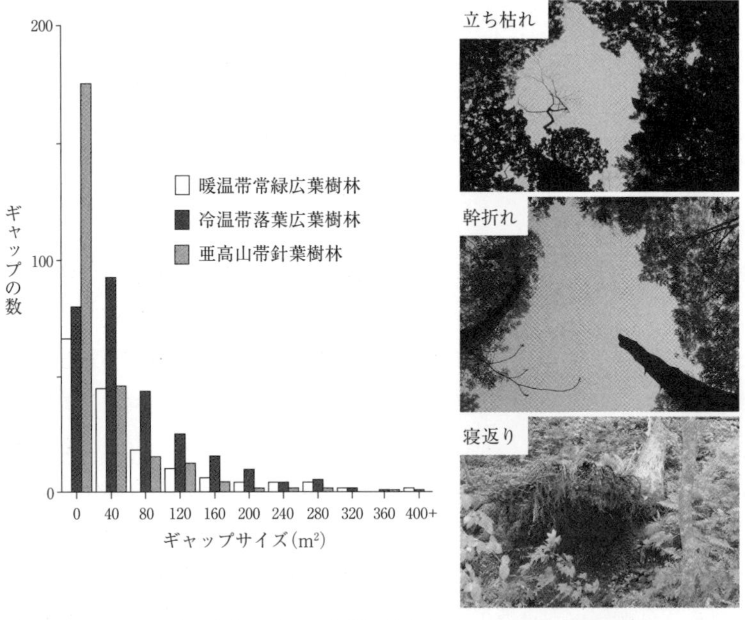

図3.7　日本の森林のギャップ面積（左）とギャップの形成要因（右）
左；Yamamoto（2000），右；宮城県一檜山保護林より．

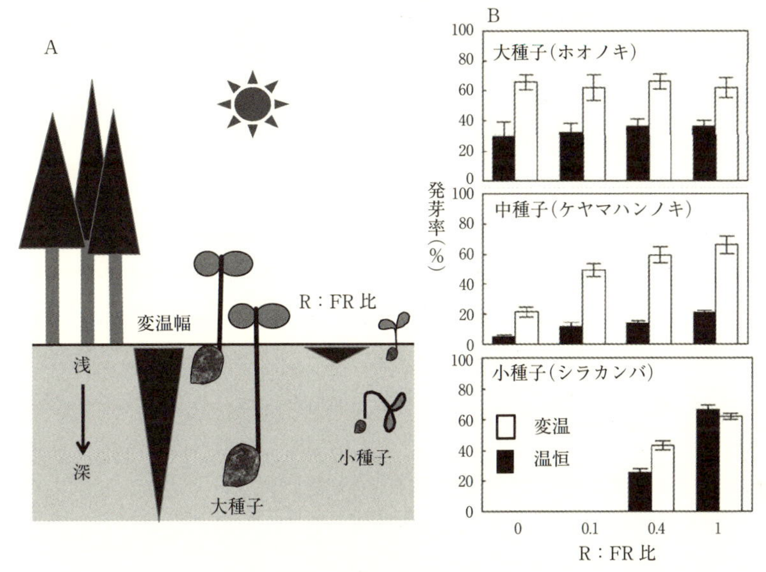

図 3.8　種子発芽を促す環境シグナル

大サイズ種子は日中の温度較差（変温），小サイズ種子は赤色光：遠赤色光比（R：FR 比）により強く応答する．Xia *et al.* (2016) を改変．

B．ギャップの修復：種子発芽を促す

ギャップができると，すでに暗い林床で待機していた稚樹（前生稚樹）の成長が促進される．同時に遷移初期種と呼ばれる明るい場所に適応した種（パイオニア種とも呼ばれる）の種子が発芽してくる．種子は埋土種子として暗い林内で休眠しているが（水井，1990），環境が好転したことを知らせるシグナルに応答して発芽する．主なシグナルは赤色光：遠赤色光比（R：FR 比）と日中の温度較差（変温）の上昇である（吉岡・清和，2009）．どちらのシグナルに応答するかは種によって決まっており，種によるちがいは，その種子の大きさと関連するようだ（図 3.8）．R：FR 比は地表面で最大で，地下の土中の浅いところで急激に減少しゼロに近づく．一方，変温は地表面下，数センチほどの深いところまで届く．したがって大種子をもつホオノキは深いところでも発芽できるように変温に応答して発芽する．一方，小種子をもつシラカンバは変温に応答して深いところで発芽すると地上に出現できないので R：FR 比にだけ応答して発芽する．中間的なサイズのケヤマハンノキは変温にも R：FR 比

にも応答する．すなわちR：FR比の低いリターの下からも変温に応答し発芽できる．シラカンバとケヤマハンノキはR：FR比が高いほど発芽率も高い．より大きなギャップで発芽し，確実に成長できるようにしているのだろう．

C．生活場所と葉のフェノロジー

遷移初期種は稀にしか形成されない大きなギャップに到達できるように軽い小さな種子をもち，風や水を上手く使って種子を散布する．たとえ，ギャップに到達できなくとも，条件が揃わなければ長期休眠し，ギャップができて初めて発芽する．一方，暗い藪を好むげっ歯類などに依存した種子散布をする樹種は種子が大きく暗い林内でも発芽し定着する．このような発芽時の環境応答性や種子散布などの生活史特性の違いは樹木の生活場所（ハビタット）の違いを生み出す．したがって樹木はそれぞれの生活場所の環境に応じた最適な資源獲得戦略を持つようになる．それを端的に示すのが葉のフェノロジー（葉のふるまいの季節性）である（菊沢，1986a）．

山火事跡や洪水跡地，地滑りなどの大きなギャップで一斉林をつくるカンバ類やハンノキ類，ヤナギ類など遷移初期種は葉を長い間展開し続ける（図3. 9A）．生育場所の明るい光環境を有効に利用する戦略である．特にハンノキ類は新しく葉を出しながら古い葉を次々と落葉する．遷移初期種の個葉の光合成速度は高いがすぐに低下するので，光合成速度の高い葉を常に明るいところに展開し，古い葉は落とした方が高い光合成速度を長い間維持できる．このような葉のフェノロジーは「順次開葉・順次落葉型」と呼ばれる．一方，暗い林床で発芽し，混み合った林内で生育するブナやミズナラ，イタヤカエデなどの遷移後期種樹種は短期間で葉を一斉に展開し，一斉に落葉する．「一斉開葉・一斉落葉型」と呼ばれる．周囲の個体との光を巡る競争に打ち勝ち，いち早く葉を展開し有利な体制を整えるためだと考えられる（Kikuzawa，1983）．ギャップなどで更新する種は遷移初期種や後期種の中間的な葉のフェノロジーを示す．このような生活場所と葉のフェノロジーの関係は実生でも同様である．面白いことに種子のサイズ（種子重）も大きく関わってくる．トチノキやミズナラなど遷移後期種は大種子をもつもが多くその大量の貯蔵養分で大きな葉を一斉に開き，伸長期間も極めて短い．一方，カンバ類やハンノキ類，ヤナギ類などは種子が小さいので発芽直後はとても小さいが，長い間葉を展開し続け秋に

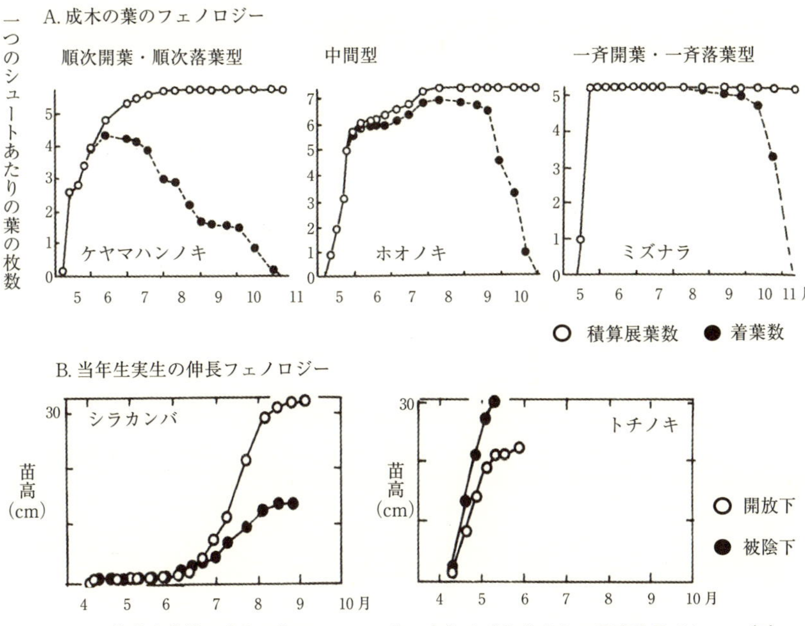

図 3.9　落葉広葉樹の成木の葉のフェノロジー（A）と当年生実生の苗高伸長パターン（B）
A; Kikuzawa (1983), B; Seiwa & Kikuzawa (1991) より.

は何万倍も重い大種子と同等の伸長量を獲得する（図 3.9B）．このように樹木はそれぞれのハビタットに適した葉のフェノロジーを持つが，それは，種子サイズ，種子散布様式，そして発芽シグナルといった他の生活史特性と密接な連関を見せている．

3.1.4　種の多様性

A.　老熟林の種多様性

一つの森林における樹木の種数は調査地の面積と共に増していく．森林総合研究所が日本各地の老熟林に設定した5箇所の大規模調査地の種数–面積曲線をみるといずれの地域でも種数は飽和しておらず，宮崎県綾の常緑広葉樹林が最も多い（図 3.10）．岩手のカヌマ渓畔林の上部と栃木の千手ヶ原渓畔林の落葉広葉樹林が最も少ない．茨城の小川学術参考林，カヌマ沢試験地の河畔域が中間である．さらに調査面積を増やせば種数はさらに増加すると思われるが，

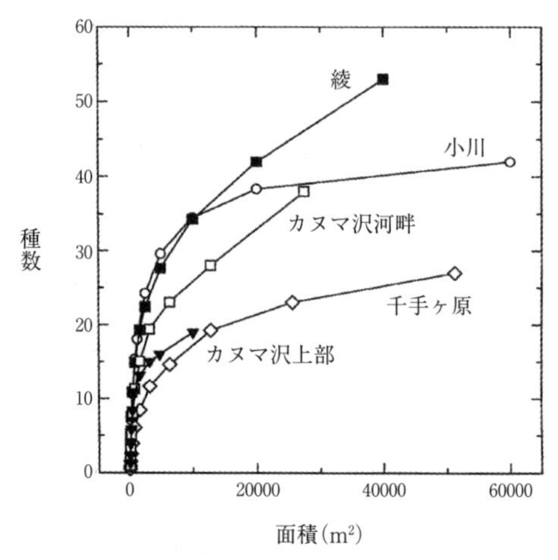

図 3.10　老齢林の種数-面積曲線
胸高直径 5 cm 以上の樹木を対象とした．Masaki (1999) より．

河畔林を除くと九州から東北にかけて種数は少なくなる傾向が見られる．いずれの地域でも老熟林には多くの樹種が共存しているが，どのようにして多くの樹種が共存できるのか，その仕組みを見ていきたい．

B．地形がつくる種多様性

日本の森林は急峻な山地に多い．地形は複雑であり，地形の変化に伴い土壌の水分や栄養分（窒素濃度など）が異なり，それに応じて環境要求性の異なる樹木種が分布する．このようなニッチ分化は種の多様性を保証する大きな要因の一つである．宮城県の老熟林で調べたところ尾根や凸型の地形では土壌は乾燥し窒素濃度が低く，そこには全 60 種の樹木のうちミズナラ，クリ，アカシデ，アオダモなど 14 種が偏って分布した（図 3.11）．一方，斜面下部から谷にかけて特に凹地形では土壌は肥沃で水分量も多く，そこにはブナ，トチノキ，ウワミズザクラなど 8 種が偏って分布していた．つまり，土壌の水分や栄養分は地形・微地形に沿って変化しており，その勾配に対応して 60 種中 22 種の樹木の生育場所が分かれていたのである．このように天然林では地形の変化に応じて多様な樹種が棲み分け（ニッチ分化）している．

C．中規模撹乱仮説

山火事，地滑り，大洪水などの大面積の自然撹乱，さらには皆伐や強度の択

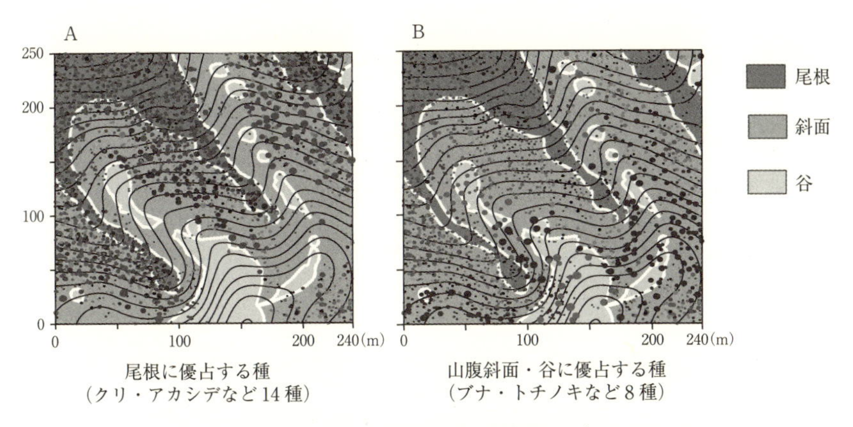

図3.11　地形に伴う樹木種の生育場所の違い
宮城県の一檜山天然林の240 m×250 mの方形区．寺原ほか（2004）から作図．→口絵2

伐のような大規模な人為撹乱の後にはカンバ類，ハンノキ類，ヤナギ類などの遷移初期種と呼ばれる明るい場所に適応した種が優占することは，本州中部地方以北，特に東北，北海道の落葉広葉樹林では広く知られている（図3.12B）．一方，一本の木が立ち枯れするような小規模撹乱では遷移後期種が優占するようになり種多様性は減る．しかし，中規模の撹乱では最も多様性が増す（図3.12A）．

D．Janzen-Connell仮説とその適用範囲

熱帯林の種多様性を創出するメカニズムとして知られるJanzen-Connell（J-C）仮説は，種特異的な病原菌や植食者による親木からの距離依存的死亡率の減少（または密度依存的死亡率の上昇）が樹種の置き替わりを促し種多様性を増加させるというものである（図3.13A）．放牧地跡に成立した50年生ほどの若い二次林でもJ-Cメカニズムがすでに働き始めている．落葉広葉樹8種についてそれぞれ親木の下と遠くに種子を播き，実生の生残を調べてみると，光や土壌条件は同じであるにもかかわらず親木の下の芽生えの死亡率が親木から離れたところよりも高い，といった傾向が7種で見られた（図3.13B）．さらに，親木の下では同種の実生は死んでも他種の実生は生き延びた（Bayandala *et al.*, 2016b）．これは，主な死亡要因である立ち枯れ病や葉の病気が種特異性を発達させて同じ種の実生をより強く攻撃するからである（Konno *et al.*,

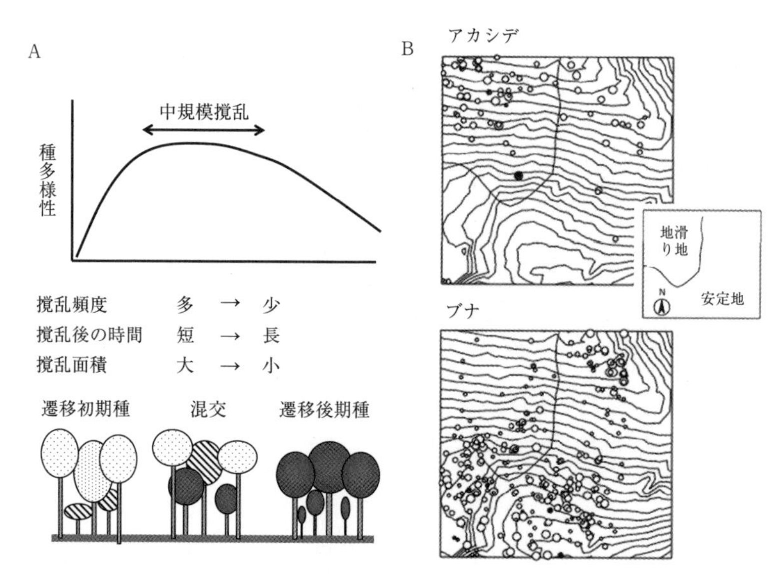

図3.12　中規模撹乱仮説

A）中規模撹乱仮説（Connell, 1978）とは中間的な規模および間隔の撹乱で種多様性は最大となるというもの．撹乱の後には新しい空間が生じ新しい種の定着が起きるが，撹乱頻度の高い場合はその空間で成熟できる種は限られ，種多様性は低くなる．撹乱の間隔が長くなるとその期間を通じて成熟できる種数が増えるため多様性は増大する．しかし，撹乱が長く起きず環境が安定すると限られた資源を効率よく利用する種が他を排除し多様性は減少する．B）大規模撹乱である地滑り跡地には遷移初期種であるアカシデが多く分布し（上），遷移後期種のブナは安定地した斜面に多い（下；宮城県一檜山天然林の100 m×100 mの方形区，Seiwa *et al.*, 2013）．

2011, Bayandala *et al.*, 2016a）．このため親木の下では同種の実生は定着成長できず，他種の実生が育つことによって同一種の広がりが抑えられ，種多様性は増していくのである．さらに，樹木が老齢になるほど病原菌の作用が強くなることが知られており，若い林より年老いた林ではより強く置きかわりが起きるだろう．

しかしJ-C効果はすべての樹種で同じように強く働くわけではない．図3.13Bをよく見るとウワミズザクラ・ミズキ・アオダモ・ホオノキの実生は親木の下でほぼ100％死ぬが，クリ・ブナの実生はJ-C効果はみられるものの親木の下で生き残るものも出てくる．コナラに至っては親木の下の方が遠くよりも生き残りやすい．コナラではJ-C効果とは全く逆の効果が働いている可能性がある．それは親木の下に種特異的に存在している外生菌根菌の作用であ

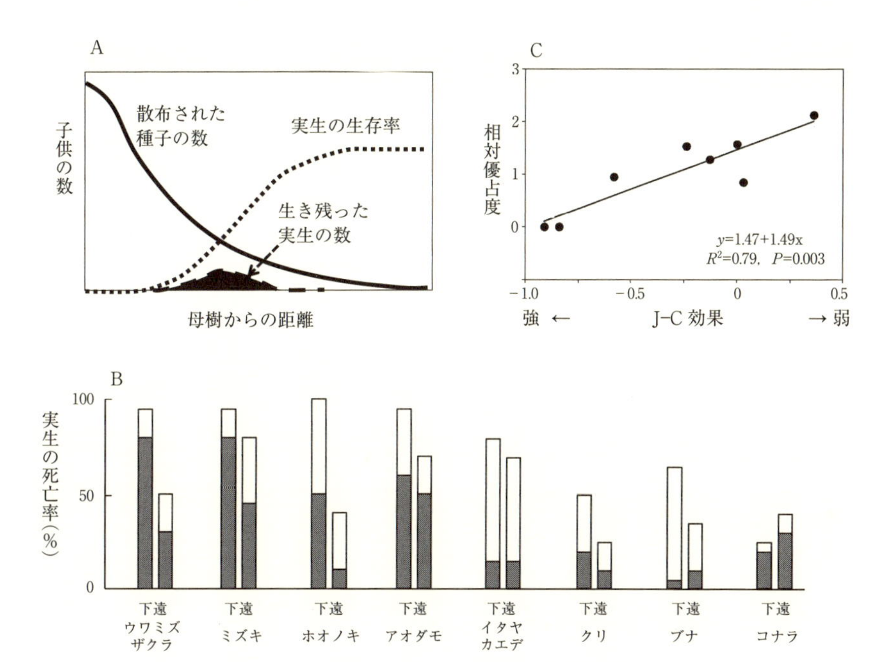

図 3. 13　Janzen-Connell 仮説とその適用範囲

A）Janzen-Connell 仮説（Janzen, 1970）．母樹からの距離に伴い散布種子数は減るが，逆に実生生存率は親木から離れるにつれ上昇する．これは親木に近い所では種特異的な天敵（病原菌，植食者）が種子や実生を攻撃するからである．したがって生き残る実生数の数は親から少し離れたところで最大となり，結果的に親と子は離れて分布する．親と子の間に他種が侵入し，樹種は混じり合うようになり種多様性が高まる．B）落葉広葉樹 8 種の播種試験（Yamazaki *et al.*, 2009）．親木の下（下）と親木から 25 m 以上離れたところ（遠）での当年生実生の生存率．濃色部分は病気による死亡率．C）北米の落葉広葉樹 8 種における Janzen-Connell 効果の強さと相対優占度との関係（McCarthy-Neumann & Ibanez, 2013）．

る．実生の根が外生菌根菌に感染することにより，根の入り込めない細かい土壌の隙間に菌糸が入り込み養分を吸収し，実生の成長を促す．実際，北米のコナラ属の樹木では親木の下の方が遠く離れた芽生えよりも，外生菌根菌への感染率が高く実生も大きくなることが知られている（Dickie *et al.*, 2002）．

樹種によって J-C 効果の強さは異なる．J-C 効果は一つの森林群集の中でも特に優占度の低い種で強く働き，逆に優占度の高い種では効果が弱くなる傾向が知られている（図 3. 13C）．J-C 効果が強く働く種では親木は互いに離れて分布するようになり一つの森林群集で優占できない．一方，優占種となるブナやミズナラ・コナラなどでは親木近傍の種特異的な菌根菌が同種実生を助け同種が集団を作るようになると推測される.

また，明るいギャップでは病原菌より菌根菌の効果がより強く作用し，J-C効果が弱くなる傾向が知られている（Bayandala *et al.*, 2016a）．しかし，冷温帯林の非優占種では葉の病気が強いJ-C効果を持続させ，けっして群れることはできないようだ（Bayandala *et al.*, 2017b）．さらに，土壌が肥沃なほどJ-C効果が強く働くといった報告もある（LaManna *et al.*, 2016）．J-C効果の強さは病原菌と菌根菌の相対的重要性から決定されると考えられるが，実際の森林では土壌の栄養塩や水分，それに光量など様々な環境要因が変化しており，ヘテロな環境下でJ-C効果がどう変化するのか，といった今後の研究が待たれる.

3.2　拡大造林は日本の森の姿をどう変えたか

3.2.1　天然林の伐採と針葉樹の植栽

第二次世界大戦中の戦時物資の調達や戦後復興のために大規模な森林伐採が行われた．さらに昭和30年代（1950年代半ば）以降の里山の薪炭林や奥地の天然林の伐採が進んだ．その跡地にスギ・ヒノキ・カラマツ・アカマツ・トドマツなどの針葉樹を植栽する「拡大造林」が進められた．昭和20年代半ば（1950年代）から昭和40年代半ば（1970年代）にかけては毎年30万ha以上の植林が行われ，ピーク時には年間40万haを超える植林が実施された．その結果，日本の森林の5分の2，約1000万haが針葉樹人工林になった．このような拡大造林が急激に進行した理由としては薪炭から石油・ガスへ燃料転換が起き薪炭林が放置されるようになってきたことと高度経済成長の下で建築用材の需要が増加し，成長の早い針葉樹への転換が促進されたためである．さらに最も大きな理由は，当時は戦時伐採を経ても残された太い広葉樹がまだ日本各地の奥地林に大量に残っていたためである．その伐採材積はこれもまた膨大である．林業技術（1995）に載った資料によれば，昭和20年代半ば（1950年代）から昭和40年代半ば（1970年代）にかけては，毎年8000万立m^{3}も伐採されていた（図3.14A）．ブナだけでも毎年200万m^{3}を超えていた（図

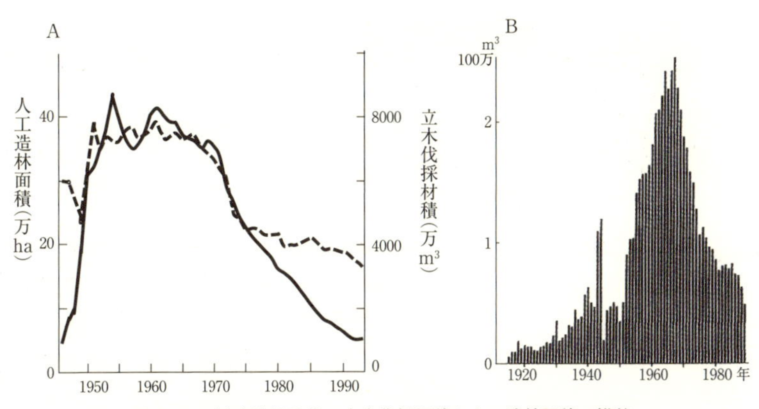

図 3.14　拡大造林時代の立木伐採面積と人工造林面積の推移
A）日本全国の立木伐採面積（…）と人工造林面積（—）．林業技術（1995）より作図，清和（2013a）より転載．B）ブナの伐採量の推移．寺沢・小山編（2008）より転載．

3.14B）．とてつもない量である．これを「略奪林業」と呼ぶ林政学者もいた．林業といってもなにも手をかけずに先人の遺産を「奪うだけ」だからだ．

「略奪林業」そのものとも言える伐採現場を見たことがある．拡大造林も最盛期が過ぎた 1984 年 2 月，北海道滝川市国領の国有林に出かけた．そこで瞬く間に原生的な針広混交林が疎林，無立木地に変わり果てていく姿を目の当たりにした（図 3.15）．このような伐採現場は拡大造林の時代には北海道中至る所にあった．その当時の旭川や帯広に立つ木材市場に行くと巨大なミズナラ，ヤチダモ，キハダなどが大量に並んでいた．

3.2.2　天然林の若齢化，単純化，疎林化

種多様性に富む奥地の老熟林は皆伐や択伐などによって老齢大径木が失われ，新しく更新した若木に置き換わった．つまり，一気に若齢・小径化した（図 3.16）．皆伐後にササがいち早く侵入し無立木化した北海道では，ブルドーザーの排土板でササを根こそぎ除去する掻き起しが行われ，シラカンバやダケカンバなどの一斉林が成立した（図 3.16A）．急傾斜の大面積皆伐跡の崩壊地にはケヤマハンノキが一斉に更新していた．ブナを主体とした天然林も皆伐後には萌芽再生により小径木が密生した単純なブナ二次林となった（図 3.16C）．このように大規模な皆伐や強度な択伐といった大規模撹乱は種多様性を大きく

図 3.15　拡大造林時代末期の針広混交林の伐採現場
（北海道滝川市国領の国有林，1984 年 2 月）

A）大径のエゾマツやミズナラが立ち並ぶ伐採前の天然林．B）ミズナラ巨木の伐根．雪が舞い見通しが悪い中，深い雪穴を掘り受け口を作り伐倒する．木が傾いて軋みながら地面に倒れこむと雪が高く舞い上がり，中から杣夫が這い上がってきた．冬山での伐倒作業は非常に危険である．C）伐倒されたミズナラの幹の上を移動し枝葉をチェンソーで切り払う．D）長い丸太を 5〜6 本ワイヤーで束ねて土場まで運ぶ全幹集材．大型のブルドーザーは丸太の重みで引っ張られ斜面を滑り落ちることもあった．E）土場での玉切り作業．直径 1 m 近いミズナラを最適な長さに切っている．F）玉切りした丸太を樹種別に重機で積むはい積み作業．G）推定樹齢 200–500 年ほどのミズナラの丸太の山．この後，木材専用トラックに積み込まれ運ばれていく．H）作業が進むにつれ山腹下部から上部にかけて森は伽藍洞になった．

減少させた．さらに，まっすぐで完満な幹を選んで行った択伐は，遺伝的に優良な形質をもつ個体を優先して伐採したため，形質不良木が疎林化して残った（図 3.16B）．

奥地林だけでなく里山の民有林の林相も大きく変化した．そのまま放置された林分もあるが，多くは薪炭林から針葉樹人工林に転換された．拡大造林もほぼ終了した 1985 年頃の民有林（広葉樹林）賦存量調査によると林齢は 30 年生が最も多かった（図 3.17A，図 3.16D）．30 年生前後の林は拡大造林時の不

図 3.16　伐採後の天然林の姿―若齢化，単純化，疎林化―
A）皆伐後に成立したシラカンバ林（北海道芦別市の道有林，真坂一彦氏撮影）．B）択伐により疎林化したブナ林（函館市の道有林，寺沢和彦氏撮影）．C）皆伐後に更新したブナ二次林（秋田湯沢市の民有林）．D）薪炭林放棄後に萌芽し成長したシナノキ（宮城県大崎市の東北大フィールドセンター演習林）．E）トドマツ人工林に残るミズナラの伐根．直径は 1.3 m ほど（北海道室蘭の国有林）．

成績造林地に広葉樹が侵入した例が多い．植えられた針葉樹の苗木が春から夏にかけての霜害，冬の寒さと乾燥（寒乾害）などで枯れ，そのあとに広葉樹（特にカンバ類）の種子が飛来し発芽成長し，同時に土に埋もれていたハリギリ，キハダなどの種子が発芽成長した林分や，ミズナラなどの切り株から萌芽成長した林分などが見られる．80 年生の林は明治時代末期の開拓時に火入れが行われ，その際飛び火によって山火事が生じた後に再生した森林であると思われる（菊沢，1983）．当時の代表的な林分の構造を見てみよう．山火事跡の根株から萌芽再生したミズナラを主とした二次林では，林冠層はすでに 20 m を超えているが最大直径は 50 cm ほどしかない（図 3.17B, C）．上層はミズナラ・アサダ・エゾヤマザクラ・ウダイカンバが占め，中下層にはハクウンボク・サワシバ・イタヤカエデなどが多い（図 3.17C）．最大樹齢は 200 年を超

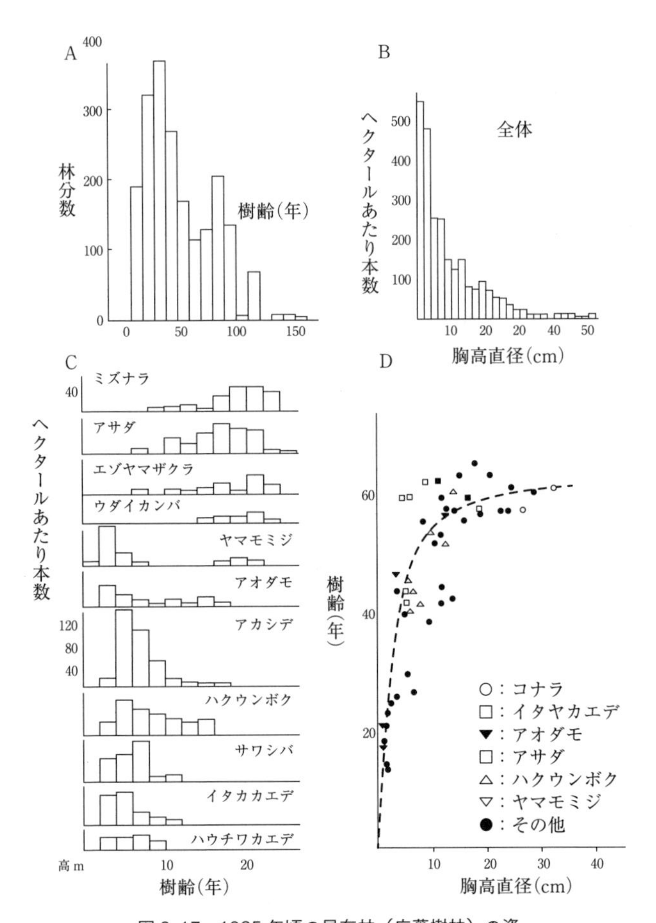

図 3.17　1985 年頃の民有林（広葉樹林）の姿
A）民有林の林齢分布（菊沢，1986b）．B）山火事跡に再生した若齢林の直径の頻度分布．
C）樹高の頻度分．D）直径と樹齢の関係．（B，C，D；菊沢，1983）．

えるヤマモミジが残っているものの60年前後および20年前後に集中しており（図3.17D），伐採のたびに新しく更新を繰り返した林分だと考えられる（菊沢，1983）．伐採されずに残ったと考えられる北大雨竜演習林の巨大なミズナラ老熟林（本章3.1.2項参照，図3.2A，図3.3）と，何回かの伐採を受けたこの林分を比較すると，拡大造林の大伐採時代を経てミズナラ林の構造は大きく変化したことがわかる．特に伐採と再生に伴う若齢化，小径化が著しい．

3.2.3 手入れ不足の針葉樹人工林

A. かたよった齢級配置

拡大造林は日本の山地の隅々にまで及び，膨大な面積の植林地ではスギやヒノキなどの針葉樹が成長し人工林の蓄積量（幹の体積）は飛躍的に増大した．しかし，昭和 39（1964）年の輸入全面自由化以降，急激に外国産材が輸入され国産材の出荷量は激減した．輸入材は安価で量が揃うのに比べ国産材は造林費や伐出賃金などの経費が高騰し割高だったためである．安い外材価格に誘導されるように国産材価格も長期間低迷し続け，日本の森林資源は使われず木材自給率は平成 12 年には 18% に低下した．平成 27 年には 33.3% に回復しているものの昭和 30 年の自給率 9 割以上には遠く及ばない．したがって新しく針葉樹を植える「新植面積」が減り，また高齢級の伐採も進まず齢級配置は大量植栽された時代をピークにした凸型の分布の正規分布型のまま推移し続けている（図 3. 18A）．さらに問題なのは間伐などの手入れ不足で過密化し，様々な被害を見せていることである（図 3. 18B, C, D）．

B. 水源涵養機能の低下

ヒノキ人工林の過密化は水源涵養機能の低下をもたらしている（恩田, 2008）．過密な針葉樹人工林の林床には下層植生が見られず雨滴が直接土壌を叩く．雨滴の運動エネルギーが土壌の団粒構造を消失させ，表面土壌が隙間なく充填され撥水性が増加する．土壌の水浸透能が低下し雨水は下方に浸透しないで地表面を流れ，河川に流下し，豪雨の直後には洪水が起きやすくなる．しかし，間伐をして下層植生が繁茂すると雨滴を遮断し土壌の団粒構造は保護される．このように針葉樹人工林における洪水緩和機能は下層植生の繁茂が前提となるので間伐を絶えず繰り返さないと維持できない．逆に言えば，経済的理由などで人間の営為（間伐）が途絶えると下層植生はすぐに消滅し，水源涵養機能は大きく低下する．

このような水源涵養機能は，単純林の過密化を解消するだけでなく生物多様性の回復によってさらに向上するといった指摘が近年なされている（Naeem *et al.*, 2009; Bargett & Wardle, 2010）．つまり，多様な種から構成される生態系では地下部の土壌構造が発達し，水浸透を容易にしていると考えられる

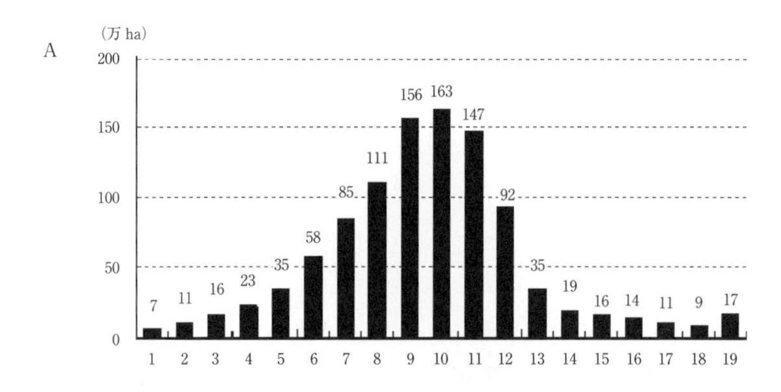

図 3.18　手入れ不足の針葉樹人工林

A）かたよった齢級配置（平成 24 年の森林資源の現況，林野庁）．齢級とは林齢を 5 年単位で数えたもので，苗木を植栽した年を 1 年生として 1～5 年生を 1 齢級という．10 齢級以上が 51% に達する．B）間伐遅れのカラマツ人工林で発生した風倒（苫小牧の民有林）．その後，ヤツバキクイムシ（体長 3～5 mm の木材穿孔性の甲虫）が生立木を集中攻撃し風倒木は次々と枯死した．C）豪雨で崩壊した混み合ったスギ人工林．スギが植栽された部分が崩壊している（宮城県大崎市）．D）水源涵養機能の低下した混み合ったヒノキ人工林．雨滴が土壌を硬くし撥水性が増し雨水は地表流となって降雨直後に河川に流入する（三重県林業研究所実験林）．

(Mills & Fey, 2009)．たとえば，樹種の多様性が増すと土壌中の細根の密度が増加し（Brassard *et al.*, 2013）ミミズも増え，土壌表層（A 層）の団粒構造を増加させ土壌空隙が増える．それによって雨水が浸透しやすくなると推察される．また，草地群集では種多様性の増加による細根密度の増加は無機化した土壌栄養塩の吸収効率を上げると推測されており（Tilman, 1996；Naeem *et al.*, 2009)，林地でも同様の傾向が見られている（清和・林，2015)．栄養塩の吸収は地上部の生産力を上げ，同時に地下水汚染の防止，つまり水質浄化につな

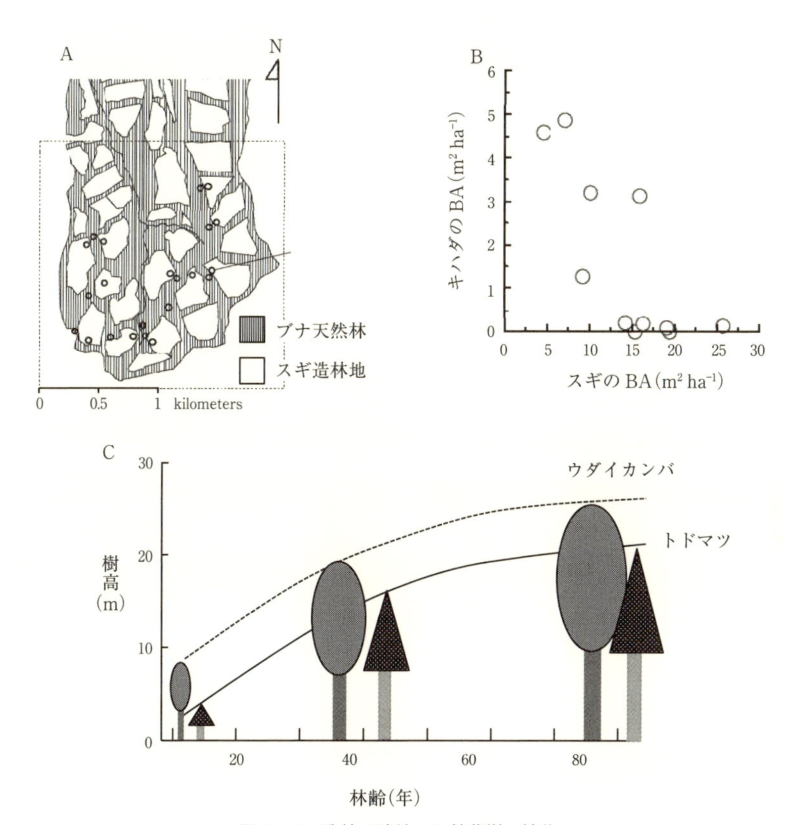

図 3.19　造林不適地への針葉樹の植栽

A）青森県白神山地近くの高標高のブナ林にパッチ状（白抜き）に作られたスギ植林地．B）スギの胸高断面積合計（BA）と侵入したキハダの BA との関係．スギの BA が低い所ではキハダの BA が勝る（A，B；Masaki *et al.*, 2004）．C）高標高に植えたトドマツと天然更新したウダイカンバの成長過程．阿部（1990）より作図．トドマツはいつまで経ってもウダイカンバを超えることはできない．

がる．まだ森林における実証例は少ないが草本群集での実験例から以上の予測は森林でも成り立つと推測されている（Hooper *et al.*, 2005；Scherer-Lorenzen *et al.*, 2005）．しかし，種多様性の回復と生態系サービスとの関連については特に日本の森林では知見が極めて少ない．今後，スギ，ヒノキ林など様々な人工林においても種多様性の回復が地下構造の変化を通じて生態系サービスの向上にどのようにつながるかといった研究が期待される．

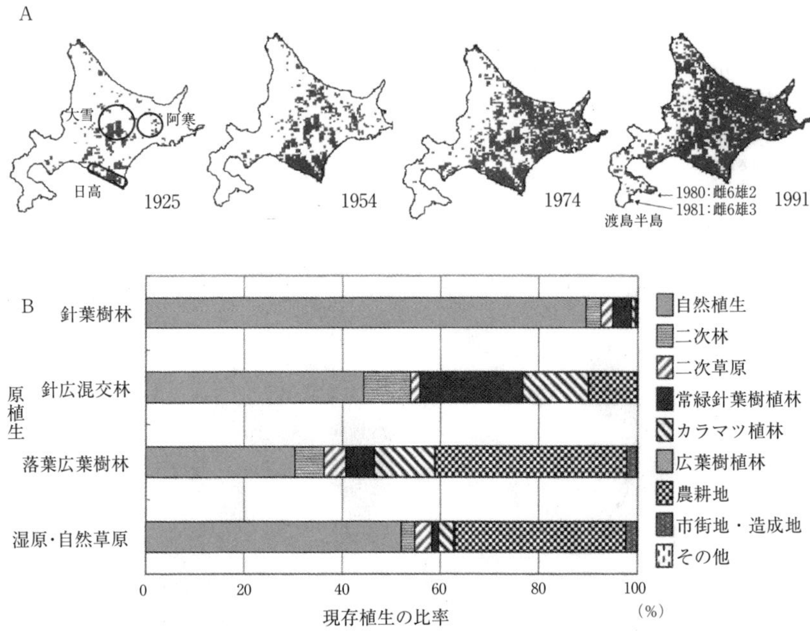

図3.20　エゾシカの分布拡大（A）と土地利用の急激な変化（B）（梶 ほか，2006）

C. 針葉樹の植林

針葉樹の植林は高標高の多雪地帯，山地上部の尾根筋などにも行われた．その結果，植栽木は成長せず広葉樹の方が良く成長したり，ササが繁茂し「不成績造林地」となった場所が多く出現した（図3.19）．

3.2.4　シカとクマの増加

北海道ではエゾシカの分布が急激に拡大した（図3.20A）．一度は絶滅しかけたものの様々な人為が増加を助長した．今では食害により次世代の更新がままならない森林も出てきている．エゾシカの増大を許した原因の一つは天敵であるオオカミの根絶である．家畜を襲うので毒殺して絶滅させたが，天敵のいない草食動物の個体群の増加には歯止めがかからなくなった．それに追い討ちをかけたのが土地利用の急激な変化である（図3.20B）．戦後の天然林伐採によって一時的に草地が広がり餌が増えた．その後トドマツやカラマツなどが植

図3.21　大台ケ原のトウヒ林が衰退したプロセス
柴田叡弌氏の撮影写真・講義資料から作成.

栽され，植栽後の数年は草本が繁茂し，さらに林冠閉鎖までにも膨大な量の餌がエゾシカに供給された．また，森林伐採後に造成された大面積の畑地や草地もまたエゾシカの増殖を促したと考えられる．原植生の森林と草地的環境の比率は当初94:4だったが現存植生では47:25となっており草地的環境が大幅に拡大したことが大きな原因だと指摘されている（梶ほか，2006）．

大台ケ原のトウヒ林がニホンジカ個体群の急激な増加によって大きく衰退したプロセスはよく知られている（図3.21；柴田・日野，2009）．ニホンジカがトウヒの樹皮を剝ぐと枯死する．常緑針葉樹のトウヒ林は昼も暗く林床植生に乏しかったが，トウヒが枯れると林床は明るくなりミヤコザサが繁茂しはじめた．ササは地下茎が発達し一つの個体が広い面積を優占する．したがって，特定の範囲の地上部が食害されても他の部分からの養分の転流により生き延びることができる（Saitoh ほか，2002）．ササはニホンジカにとって良質な餌であるばかりか採食耐性のある餌でもあり食いつくされることはない．したがって，ニホンジカ個体群はどんどん個体数を増加させていった．それにより剝皮が増えトウヒはますます衰退していった．まさに負のスパイラルである．

針葉樹人工林の間伐や皆伐もまた下層植生を繁茂させ，シカに隠れ場と餌を提供することによってその増殖の一因となることが指摘されている．一方で，

図 3.22　クマと木の実

A）木の実の不作年に町に出て射殺されたツキノワグマ（柴田叡弌氏撮影）．B）クリの実を食べたクマの糞．堅果の果皮は食べずにうまく刳り抜いて子葉だけを食べている（東北大フィールドセンター）．C）クリの木に作られたクマ棚．果実を食べるために枝を折って敷き詰めている．太いクリには凶作年が少ない（宮城県一檜山保護林）．

水源涵養機能の回復には定期的な間伐による下層植生の繁茂が必要である．したがって皆伐を伴う人工林の施業体系では，伐採の度に水源涵養機能は回復するがシカの増殖も大きく促すといったジレンマに陥る．そこで筆者は次のように提案したい．いっそのこと，針葉樹人工林は広葉樹を導入し安定した針広混交林を作り，択伐や小面積の群状皆伐によって大きく撹乱しない施業方法を採用し，シカの個体数の変動を極力抑えながら水源涵養機能も維持するといったことも一つの方法ではないか．今後，多様な施業方法を試みて最適な施業を模索する必要があろう．

クマによる被害も年々増加している（図 3.22）．農作物・果樹だけでなく，人に対する危害も増えている．その主な要因は山里の集落が疲弊してきたことである．人口減少・高齢化によって里山に活気がなくなり，耕作放棄地の増加で隠れ場所が増え移動が容易になった．さらに，プロの猟師の減少による狩猟圧の低下など人間社会の変化が一つの大きな要因だと考えられている．それ以上に大きいのは森林自体の変化である．低標高域でも徹底的に行われた拡大造

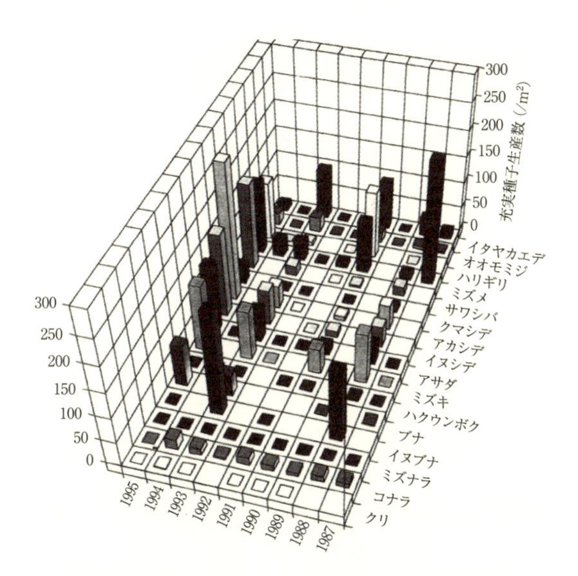

図 3.23　茨城県小川学術参考林における 9 年間の種子生産の年変動パターン（Shibata *et al.*, 2002）

林による針葉樹林化によって里山周辺に豊富にあったクマの餌を奪い去った．奥地林でも大径木の伐採によって小径化した樹木は種子生産量も少なく豊凶の程度も大きい．したがって里山周辺のクマは恒常的な餌不足に見舞われていると考えられる．たまたま豊作年でクマの子供が増えたとしても次の年には不作であればクマは否応なく里や街の近くに出没するようになる．本来，拡大造林前の天然林には多くの樹種が共存していた．一つの森で，すべての樹種が豊凶を同調させることはなく，ある種が不作でも他のいくつかの種は豊作を示す(図 3.23)．それぞれの樹種は種ごとに固有の種子の結実パターン（豊凶性）をもち，どんな年でもなにかしらの樹種が果実を実らせるのが天然林である．樹木も大径化していけば果実の量も増える．拡大造林は野生鳥獣の住処だけでなく採餌場所も奪い，ひいては鳥獣害を誘発したと考えられる．

拡大造林以来，針葉樹人工林化は木材生産の効率化・合理化を主な目的として整備されてきた．しかし森林は本来，木材生産以外にも同時に多くの機能を有することを忘れてはならない．それぞれの機能に特化した土地利用区分が志向されているが，本来は一つの森での多面的な機能の発揮が必要だと考えられる．

3.2.5　消えた川辺林

今から50年以上前，1960年代前半の東北の沖積平野には自然のままの河川が数多く残っていた．田園風景の中にはヤナギが茂る河畔林が見られ，曲がりくねった小川には魚影が色濃く写っていた．アブラハヤ・ナマズ・ヤマベ・サクラマスそれにサケまで遡上してきた．もちろん川を遡り山地に入っても渓流沿いには手つかずの渓畔林が残されていた．

しかし，日本の原風景ともいうべき自然河川のある風景は川辺の林とともに消えていった（図3.24）．高度経済成長の頃，平野部の河畔林はほぼ全滅した．蛇行した河川はコンクリートで底も側面も固められまっすぐな水路になった．ちょうど同じ頃，上流の山地では拡大造林によって天然林が皆伐されていた．傾斜地での大面積伐採は河川へ大量の土砂流入を引き起こし下流への土砂災害や洪水の危険性を招いた．高度経済成長時代に大量に作られた砂防ダムや治山ダムは丸裸にされた山林で誘発された災害を防止するためだったと指摘する人

図3.24　壊された水辺林

A）林道工事で壊される埼玉県の渓畔林（崎尾均氏撮影）．B）両側面・底面の三面をコンクリートで固め河畔林が消えた小河川．近くに人家はほとんどない北海道道北の酪農地帯．C）魚道のない宮城県の治山ダム．

もいる．山地を網の目のように流れる渓流沿いにはしばしば林道が造られ，それにともない渓畔林は消失し大量の土砂の発生は砂防ダムなどの建設をさらに促した．

川辺林の機能が明らかになってきたのは，多くの河畔林や渓畔林など川辺林が失われた後になってからである．河畔林は土砂流出防止・洪水調節・水質浄化機能などをもつことがよく知られている．

さらに，河畔林は森林生態系・河川生態系，そして沿岸域の海洋生態系の間の物質循環を促す働きをもつことがわかってきた（柳井，2012）．川辺林のハンノキやヤナギなどは窒素濃度の高い葉を魚類の餌となる水生昆虫に供給し，河川生態系の物質生産を高くしている．さらに日本では山地と海が直接河川でつながっているところが多く，そういったところでは広葉樹の葉が海に流され河口域の海底で落葉だまりとして堆積する．イタヤカエデやケヤマハンノキなどの落葉はヨコエビに食べられ，ヨコエビはカレイに捕食される．こういった海近傍の森林植物が食物連鎖を通じて沿岸の生物生産へ幾分寄与している．一方，サケが遡上する河川では遡上しない河川に比べ，河畔域の草本・樹木ならびに水生昆虫などで海由来の栄養塩の増加が見られ，サケの遡上が渓流および渓流近傍の森林の物質生産を高めていることが安定同位体を使った調査で明らかになっている（図3.25）．このように，水辺林と一体化した自然河川は陸上生態系と沿岸生態系といった互いに深く依存して成立している生態系間を円滑に繋ぐ重要な役割を持っている．

3.3　これからの森林管理：生物多様性の復元による林業の振興

3.3.1　針葉樹人工林に広葉樹を混交する：目標林型は天然林

拡大造林は広大な針葉樹人工林を作ったが，その多くを放置し様々な生態系サービスの低下を招いた．これまで見てきたように，生態系サービスの回復には単純林の過密化を解消するだけではなく生物多様性の回復が必要であると考えられる．しかし，どのような林型への誘導が最適なのか，また，可能なのか

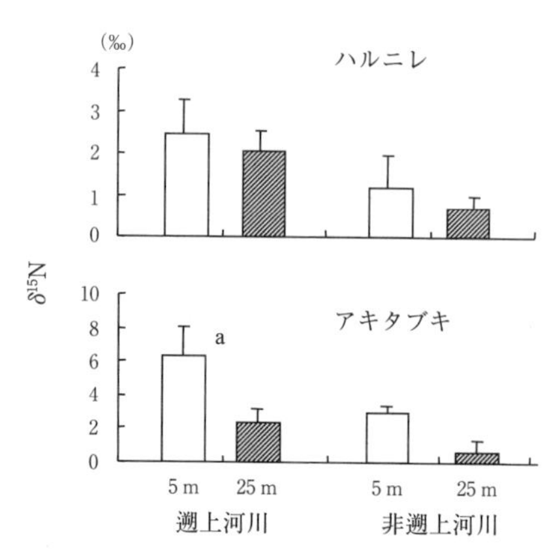

図3.25　サケの遡上が物質生産に及ぼす影響
A）サケが遡上する河川と遡上しない河川におけるハルニレとフキの窒素同位体比の比較（柳井ほか，2006）．河川から5 m，25 m離れた地点いずれにおいても遡上する河川の値が高い．
B）シロザケの遡上が見られる北海道網走モコト川（柳井清治氏撮影）．

については知見が少ない．ここでは，スギ人工林を例に，本来のスギ天然林の姿である広葉樹との混交林への復元について，これまでの実践例をふまえて検討したい．

一般にスギ・ヒノキ・カラマツなどの人工林で種多様性を復元するには林内に光を入れ，稚樹の成長を促すための間伐（抜き切り）が有効である（図3.26A）．すでに林床に広葉樹の稚樹（前生稚樹）が多数存在するほど間伐後の種多様性の回復は容易だ．前生稚樹が多い場合は弱度間伐（3分の1の本数・材積の立木の抜き切り）でも有効だが，前生稚樹が少ない場合は強度間伐（3分の2程度の抜き切り）を行って，間伐後に発生する後生稚樹に期待する必要がある（Seiwa *et al.*, 2012）．このような間伐強度に関わらず種多様性の回復は見られるが，その後の広葉樹の成長は強度間伐の方が格段に良い．したがって，林冠レベルで広葉樹との混交を目標とする場合は強度間伐が有効だ（清和，2013）．

しかしながら，強度間伐をすればどのような針葉樹人工林でも混交林になるとは限らない．近くに広葉樹林がないと広葉樹の種子が飛んで来ない．さらに，前歴も人工林や牧草地だと埋土種子も少ない．特に九州・四国・近畿などでは

図 3.26　針葉樹人工林に侵入した広葉樹

A）広葉樹の混交を目指して間伐強度を変えたスギ人工林．無間伐，弱度間伐（本数・材積間伐率 33%），強度間伐（67%）を 2 度繰り返した間伐後 13 年目の 33 年生の試験地（東北大フィールドセンター，2016 年撮影）．無間伐区ではほとんど見られない下層植生が弱度間伐区では見られる．強度間伐区ではミズキなどの高木性樹木が林冠を目指して成長している．B）伊勢神宮宮域林のヒノキ人工林（三重県伊勢市）．C）速水林業のヒノキ人工林（三重県尾鷲市）．B，C いずれも間伐時に広葉樹は残すので常緑広葉樹が中下層で混交している．

人工林率が高く人工林が大面積で広がっている（図 3.27）．人工林の歴史も長く広葉樹の混交は容易ではない．一方，北海道や東北・中部・北陸などは森林面積が広い割には人工林率が低く，広葉樹天然林に囲まれた小面積の人工林が多い．その上，戦後に初めて造林された林分が多いので混交林化が成功する確率は高いと期待される．

このような人工林への混交林化には先駆的な実践例がある．一つは三重の伊勢神宮宮域林（図 3.26B），もう一つは尾鷲の速水林業である（図 3.26C）．両者とも保育管理の過程で侵入した広葉樹は伐らないことを信条としてヒノキの生産を行っている．ただ，天然林の域にはまだ達してはいない．やはり，ス

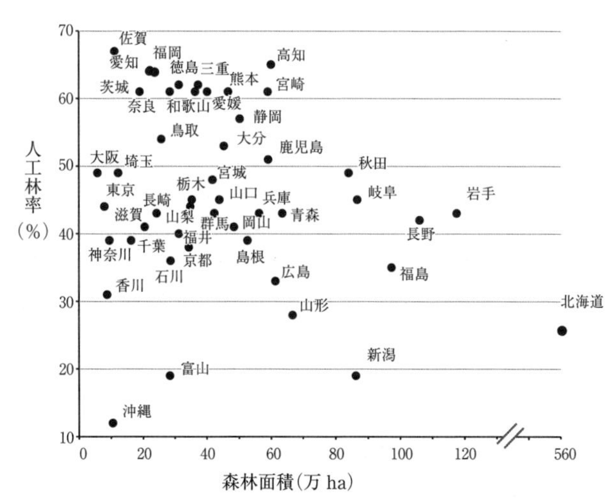

図 3.27　都道府県別の森林面積と人工林率
林野庁ホームページ（2012）から作成（初出：清和，2013a）.

ギで言えば林冠レベルでブナと混交する自生山のような林型が目標となるだろう（図 3.4C）．スギ・ヒノキなどは建築用材としては世界に冠たる材質を誇るが，将来の人口減，空き家の増大などを勘案すれば現在ある資源量で十分である．生態系サービスの価値をも考慮しながら針葉樹の混交林化を推し進め持続的な環境と調和した木材生産を進めるべきだろう．

3.3.2　多様な広葉樹の高度利用による地域再生

エネルギー革命以前の里山では，生活全般細部にまで木材が利用されていた．樹木の材質を知り尽くした多様な，そして細やかな利用形態があったが，エネルギー革命以降，樹木の利用は一気に下火になりプラスチックなどに変わっていった．一方，奥地林で戦前戦後にかけて大量に伐採された広葉樹大径材は海外に輸出され国内では浪費的な利用が続けられた．その結果，広葉樹を持続的に利用する国内の木材産業を育成しないまま日本の奥地林は消えていった．その代わりに生み出された全国一律の人工林施業からは膨大な針葉樹材が生産されるようになった．しかし，一律に大量生産された材はやはり一律に大量消費されるといった経過を辿っている．合板やパルプ，燃料材，最近では発電用といった浪費的な用途が多い．数十年，数百年年輪を重ねた樹木を利用するには合理的な利用法とは言えない．本節では樹木利用の形態が森林施業のあり方と密接に関連してきた歴史を振り返り，持続的な木材生産を可能にする健全な森づくりと，そこから産出される木材利用の新しい利用形態を考えてみたい．

A. 略奪林業時代の木材利用

北海道の開拓当初はハリギリ・カツラ・シナノキなどの軟らかい材質の木が家具や下駄に大量に使われた．今は高級材とされているミズナラよりも明治時代はハリギリの方が広く使われた．日清戦争後，朝鮮半島から旧満州に鉄道をひくためクリやヤチダモとともにミズナラも枕木として輸出されるようになり，その後はミズナラのインチ材（寸法がインチ単位で輸出された）が主役となった．インチ材は小樽港から大量に欧州に輸出され第二次世界大戦後も続き戦後復興に役立った．ヨーロッパでは机やテーブル・ダイニングボード・ベットなどの家具やウイスキーの樽となった．昭和初・中期に大儲けした木材商の回顧録には「当時の雑木の用途としては大きくは造船・車両から細かくはペン軸・妻楊枝の類にいたるまでずいぶん広範囲に使われてきたが量的にはマッチの軸木・下駄・家具それに枕木であったと思う」と記されている．

その後，昭和40年ごろから広葉樹を薄くスライスして作る突板（つきいた）による国内需要の掘り起こしが始まった．突板を合板の表面に張り合わせたものを「銘木合板」といい，美しい天然木に見せながら一枚板の無垢材に比べると廉価で反りがない．特定の人しか手に入らない広葉樹大径材の美しい木目が大衆的な値段で手に入るということで喜ばれた．大量の大径の広葉樹が薄く数ミリの突き板にされ家具や店舗用の陳列棚・普通の家屋の壁や床，車両・船舶・航空機などの内装材としても使われている．

しかし，いかに大径材から作られていても薄く剝いた材はそんなに長持ちはしない．作られた時が最高で，しだいに色あせていく．せいぜい10，20年で廃棄物になって大気中に消えていったものがほとんどだろう．開拓以来の略奪林業により広葉樹の大径木は大量に伐り尽くされたが今の日本の建築物・家具・建具などの木の製品にはその痕跡はほとんど残っていない．

B. 里山の広葉樹利用

里山における樹木の利用はそれぞれの時代の生活様式に即したものであった．

高度経済成長以前の里山は生活の糧として利用された．家屋を作るための大径の建築用材や農器具・家財道具・台所道具などを作るための用途に応じた小径材を含む原材料の備蓄庫であった．栗や栃の実を採るための食糧庫でもあった．山際に繁茂するクズは家畜の飼料になり落ち葉は堆肥になった．なによりも炭を焼き薪やきのこのホダ木を作り，現金に換える山であった．伐採・萌芽再生の繰り返しによって樹木は遷移することも大径化することもなく萌芽しやすい樹種が優占する若くて単純で細い林分であった．

しかし，高度経済成長期に入ると燃料革命も急激に進み薪炭林が放棄され里山の生活様式も木材利用から離れていった．里山の二次林は長い間放置され，少しだけ大径化してきている．そんな時に起きたのがカシノナガキクイムシによる大径のナラ枯れ被害であった．平成22年には枯死のピークが見られ32.5万 m^3 ものミズナラなどが枯れた．その後減少傾向にあるものの平成27年にも8.3万 m^3 が枯れている．しかし，次々と立ち枯れする大径材を前にその用途が定まらず広葉樹材の流通・木材利用の未熟さを露呈した．どんな時でも広葉樹材を利用し続けてきたのはパルプ業界であった．近年では木質バイオマス業界が盛んになり始め，薪やペレット燃料さらには発電まで視野に入れ東北各地で里山の二次林が皆伐されている．地球温暖化防止を追い風にした再生可能エネルギーを売り物にしているが大面積の禿山が急速に増えつつあり，森林の生態系サービスは著しく低下している（図3. 28A, B）．個人所有の二次林を直接買い付け極めて安い値段で買い取り，地域経済への恩恵もない．

それどころでない致命的な打撃を与えたのが2011年3月11日の東京電力福島第一原発の爆発事故である．原発から放出された放射性物質は太平洋側を中心に北関東から東北の森を汚した．タケノコやきのこ生産・椎茸原木生産などは深刻な被害を被った（図3. 28C, D, E）．しかし，東電・国はほとんどの森林の除染を行わず山間地の大きな収入源を絶った．自力で除染に立ち上がった人たちもいるが生活の目処が立たずに若い世代を中心に多くの住民が里山を後にした．まさに山林棄民というべきであろう．放射性物質の汚染は広葉樹の材部分には及んでいない．無垢材の高度利用を進めて山間地の再生を図るべきだろう．

図 3.28　里山における近年の広葉樹利用

A）パルプチップ工場の土場に積まれた太い広葉樹丸太．B） 民有林の皆伐跡地．最近は木質燃料や発電用に伐採されている（A，B いずれも 2016 年の山形県置賜地方）．C）東京電力福島第一原発から放出された放射性物質に汚染された椎茸原木林（福島県田村市）．D）コナラの学校机用の天板．汚染コナラのホダ木生産からの転換（宮城県登米森林組合）．E）除染作業で放射性物質濃度が低減した孟宗竹林と放射性物質濃度調査風景（宮城県丸森町民有林）．

C．多様性を生かす

北日本は人工林率が低く天然林面積が広い（図 3.27）．スギを主とした人工林もほとんどが拡大造林以降の新植地であり周辺に広葉樹林も残り混交林化しやすい．里山や奥地の広葉樹も少しずつであるが太くなり，広葉樹資源が充実しつつある．このような地域では広葉樹産業の育成・高度化が地域再生の切り札となり得る（図 3.29）．その実現には森林管理者や林業者だけでなく木材を加工利用する林産業者，そして消費者が共通の理念，それも科学的客観性に裏打ちされた理念をもつことが重要だろう．

一つはその地域固有の森林生態系を保全しながら施業することである．天然林の構造（種組成・サイズ・種多様性など）はそれぞれの地域の地史的背景はもちろん，温量・降水量（降雪量）などの気象条件や地形・土壌などの無機的環境，さらには樹木同士や種子・花粉散布者や菌類・植食者などとの生物間

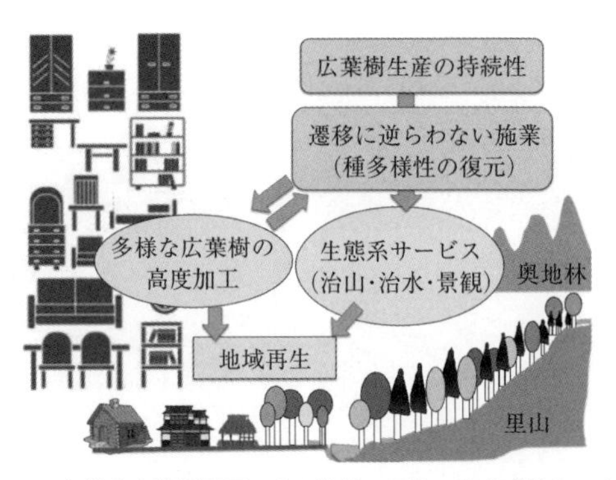

図 3.29　多様な広葉樹利用による地域の再生：森を成熟させながら木材で地域が潤う仕組みを探る

の相互作用を通じて，その地域固有の極相に遷移する．したがって森林は地域単位で管理すべきであり，持続的な木材生産には遷移に逆らわない施業が望ましい．これまでの里山の施業は遷移をある段階で止めることで成り立っていた．しかし，薪炭林としての役目は終わりつつあるので，これからは施業を通じて地域固有の森林の林相に復元していくのが望ましいと考えられる．遷移に沿った目標林型を地域ごとに設定し，当面はその林型へ誘導する際に木材生産をするのである．たとえば，針葉樹人工林の針広混交林化の過程で生産される広葉樹の小中径材も活用するようにする．このように，これからの森林施業は地域固有の森林の林相に近づけながら成熟した森林を目指す方向が良いと考えられる．それが，おそらく地域の森林固有の種多様性の回復または維持にもつながるだろう．もし，そうであれば，地域の人々は洪水や渇水・土砂崩れなどの災害を免れ，綺麗な水を飲むことができる．さらに住んでいる所から見える山林がスギ・ヒノキ一辺倒の青黒いものから，四季折々の色合いの変化を楽しめるような風景に変わるのである．生物多様性の復元は単に木材生産の持続性のためだけでなく住みやすい環境を創るためでもある．

二つ目はなるべく多くの樹種を無垢材で使うことである．特定の銘木の偏重をやめ，地域の生態系で生産される多様な樹種を無垢材加工で活かすことである．これまでは十把一絡げでパルプチップや燃料材で安く買い叩かれていたものをなるべく付加価値のつく無垢材で加工する．地域の森林の多様性を丸ごと利用する木材産業を育成する必要があるだろう．特定の樹種だけを求めるので

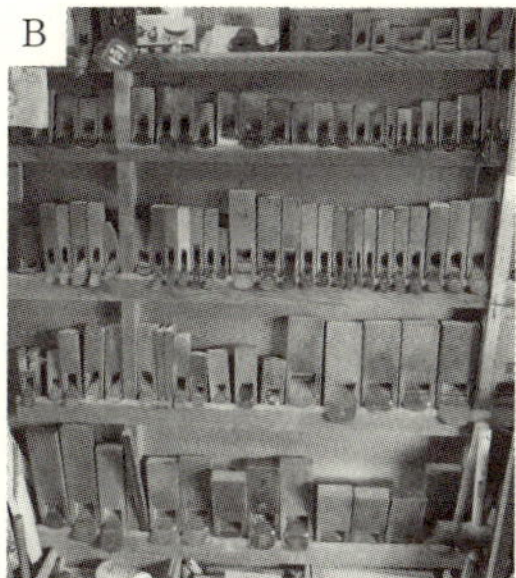

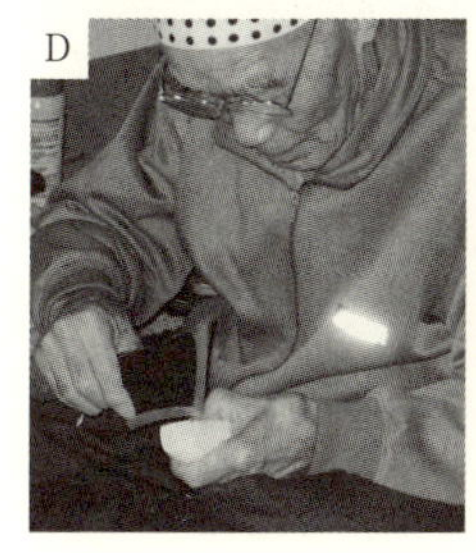
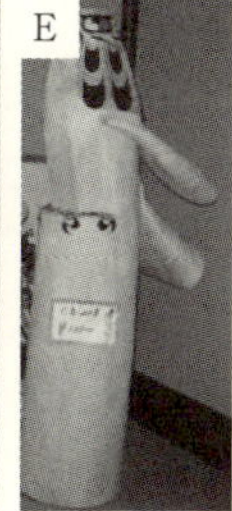

図 3.30　伝統的な広葉樹利用
A）米沢の家具職人，中村幸男氏の作業風景．B，C）中村氏の使う大小の鉋．刃から手作りする．D，E）コシアブラの民芸品，笹野一刀彫（山形県米沢市）．後継者はほとんどいない．F）ミズメ・ケヤキ・トチノキなどで作られた臼（山形市切畑地区）．最盛期は地区全体で 60 人従事し年間 1000 個以上生産したが，2009 年には 4 人で 50〜60 個だけ．G）白炭の製造．伐採・搬出から炭焼きまで一人で行う（山形市）．

なければ供給量も確保できる．また，日本各地には木の性質を熟知し高度な加工を施す職人が残っている（図 3.30）．このような職人の手にかかった作品はこれまでは手に入りにくい，重い，値段が高いなどの問題があった．しかし，その基本技術を若い人たちに引き継ぎ，さらに新しいデザインの無垢材の家具・建具・道具・おもちゃなどを作っていけばよい．それも多様な樹種を上手く使いこなせる技術の開発が必要だ（図 3.31）．さらに末端の小売段階でも，原材料名や生産者名だけでなく生産した森林の管理状況も表示するような仕組みができ，それが消費者の購買意欲に反映されるようになるようにする必要があるだろう．また，無垢材の家具・建具は合板や突き板などで作られたものより格段に長持ちする．したがって，大気中の二酸化炭素を固定し，地球温暖化の抑制に繋がると考えられる．しかし，そのためには現代の生活様式を少し変えていく必要がある．すなわち重い無垢材の家具・建具を家に固定したものと

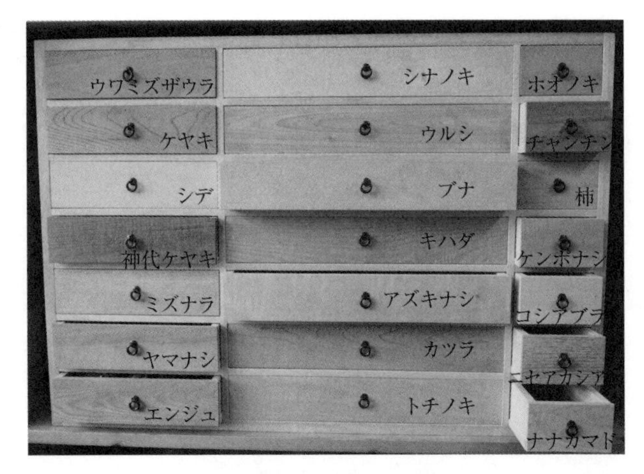

図 3.31　20 種の無垢材で作られた引き出し
長野県伊那市，有賀建具店有賀恵一氏作成．有賀氏はツルや低木も含め 100 種以上の樹木で家具・建具を作っている．

して，動かさずに済むような家屋にしていくことがまず前提となるだろう．

三つ目は，地域で生産された広葉樹材はその地域で高度加工することである．国産広葉樹を使った家具生産業は北海道旭川，岐阜県飛騨，福岡県大川，広島県府中，静岡などに偏在しており，大手の木材加工業は必ずしも国産材を使ってはいない．製材屋，家具屋，建具屋のほとんどは自分が曳いて組み立てている木材がどこの森でどのように伐られた樹なのかを知らないだろう．森の姿や切られた後の変化を意識しないで木を加工している．だから木材加工業も特定の樹種にこだわり，大量に求めるようになる．遠くの森林ならば皆伐しようが，大径材だけ抜き切りしようがあまり心は痛まない．これでは，いつまでたっても地域の森林，ひいては世界の森林は良くならないだろう．しかし，地元の木材業者が地元の材を使えば地元の森林を大事にし持続的な林業をせざるをえないであろう．木材のような重いものを長距離輸送するコストも減り，地域で生産された木材は地元の林産業で高度加工するといった循環を作ることが重要である．地元の山から生産できる多様な樹種を高度加工し，地元の森林も持続的に管理することが持続的な地域振興につながるのである．そうすればそれぞれの地域で木材の文化が花開き，街での炭素固定にもなるだろう．長期的視野に立った生態系保全型林業・林産業が持続的な地域再生につながると考えられる．

おわりに

人間の営為によって森の形は大きく変わった．それにしても，人間は森を伐り尽くし，形を変え，苛め抜いてきたものだと思う．それでも，人間の手を離れると本来の天然林の姿，生物多様性に富む森に遷移していき，我々に大きな恩恵を与えてくれる．森の樹々がのびのびと生きて行けるような森こそが，人間の生存環境や木材生産の持続性を保証していくであろう．我々も，そろそろ気づいても良いのかもしれない．最後に，本章の枠組みから個々の文脈に至るまで，丁寧に査読していただいた菊沢喜八郎先生に心から感謝いたします．

参考文献

菊沢喜八郎（1999）森林の生態，pp. 198，共立出版．

菊沢喜八郎（1995）植物の繁殖生態学，pp. 283，蒼樹書房．

菊沢喜八郎（1986）北の国の雑木林―ツリー・ウォッチング入門，pp. 220，蒼樹書房．

小池孝良 編著（2004）樹木生理生態学，pp. 264，朝倉書店．

正木 隆・相場慎一郎 編著（2011）森林生態学，pp. 293，共立出版．

中静 透（2004）森のスケッチ，pp. 236 東海大学出版会．

日本樹木誌編集委員会（2009）日本樹木誌 I，pp. 762，日本林業調査会．

清和研二（2015）樹は語る，pp. 266，築地書館．

清和研二（2017）樹と暮らす，pp. 209，築地書館．

引用文献

阿部信行（1990）ウダイカンバが侵入したトドマツ人工林の取扱い方法，光珠内季報，**79**，15–19．

Bargett, R. D., Wardle, D. A.（2010）*Aboveground-Belowground Linkages*. pp. 320, Oxford Univ. Press.

Bayandara, Fukasawa, Y. *et al.*（2016a）Roles of pathogens on replacement of tree seedlings in heterogeneous light environments in a temperate forest: a reciprocal seed sowing experiment. *J. Ecol.*, **104**, 765–772.

Bayandala, Masaka, K. *et al.*（2017b）Leaf diseases facilitate the Janzen—Connell mechanism regardless of light conditions: a 3-year field study. *Oecologia,* **83**, 191–199.

Brassard, B. W., Chen, H. Y. H. *et al.*（2013）Tree species diversity increases fine root productivity through increased soil volume filling. *J. Ecol.*, **101**, 210–219.

Connell, J. H.（1978）Diversity in tropical rain forests and coral reefs. *Science*, **199**, 1302–1310.

Dickie, I. A., Koide, R. T. *et al.*（2002）Influence of established trees on mycorrhizas, nutrition, and growth of *Quercus rubra* seedlings. *Ecol. Monogr.*, **72**, 505–521.

Hara, M., Takehara, T. *et al.* (1991) Structure of a Japanese beech forest at Mt. Kurikoma, north-eastern Japan. *Saito Ho-on Kai Mus. Res. Bull.*, **59**, 43–55.

Hooper, D. U., Chapin, F. S. *et al.* (2005) Effects of biodiversity on ecosystem functioning: a consensus of current knowledge. *Ecol. Monogr.*, **75**, 3–35.

五十嵐知宏，上野直人ほか（2008）水散布によるサワグルミ種子の移動パターンと漂着場所特性．東北大フィールドセンター報告，**24**，1–6.

Ishikawa, Y. & Ito, K. (1989) The regeneration process in a mixed forest in central Hokkaido, Japan. *Vegetatio*, **79**, 75–84.

Janzen, D. H. (1970) Herbivores and the number of tree species in tropical forests. *Am. Nat.*, **104**, 501–528.

梶 光一，宮木雅美 ほか（2006）エゾジカの保全と管理．pp. 247，北海道大学出版会．

Kikuzawa K (1983) Leaf survival of woody plants in deciduous broad-leaved forests. 1. Tall trees. *Can. J. Bot.*, **61**, 2133–2139.

菊沢喜八郎（1983）北海道の広葉樹林，pp. 152，北海道造林振興協会．

菊沢喜八郎（1986a）北の国の雑木林：ツリーウオッチング．蒼樹書房．

菊沢喜八郎（1986b）広葉樹の有用材生産技術　第19回林業技術シンポジウム，全国林業試験研究機関協議会，3–16.

Konno, M., Iwamoto, S. *et al.* (2011) Specialisation of a fungal pathogen on host tree species in a cross inoculation experiment. *J. Ecol.*, **99**, 1394–1401.

LaManna, J. A., Walton. M. L. *et al.* (2016) Negative density dependence is stronger in resource-rich environments and diversifies communities when stronger for common but not rare species. *Ecol. Lett.*, **19**, 657–667.

Masaki, T., Suzuki, W. *et al.* (1992) Community structure of a species-rich temperate forest, Ogawa Forest Reserve, central Japan. *Vegetatio*, **98**, 97–111.

Masaki, T. (1999) Structure, dynamics and disturbance regime of temperate broad-leaved forests. *J. Veg. Sci.*, **10**, 805–814.

Masaki, T., Ota, T. *et al.* (2004) Structure and dynamics of tree populations within unsuccessful conifer plantations near the Shirakami Mountains, a snowy region of Japan. *For. Ecol. Mana.*, **194**, 389–401.

McCarthy-Neumann, S., Ibanez, I. (2013) Plant-soil feedback links negative distance dependence and light gradient partitioning during seedling establishment. *Ecology*, **94**, 780–786.

Mills, A., Fey, M. *et al.* (2009) Soil infiltrability as a driver of plant cover and species richness in the semi-arid Karoo, South Africa. *Plant. Soil*, **320**, 321–332.

水井憲雄（1990）落葉広葉樹の種子繁殖に関する生態学的研究，北海道林業試験場研究報，**30**，1–61.

Naeem, S., Bunker, W. E. *et al.* (2009) *Biodiversity, Ecosystem functioning, & human wellbeing. An ecological and economic perspective.* pp. 368, Oxford Univ. Press.

恩田裕一 編（2008）人工林荒廃と水土砂流出の実態，pp. 245，岩波書店．

林業技術編集部（1995）戦後50年の林業生産活動「統計に見る日本の林業」林業技術，**634**，40–41.

Saitoh, T, Seiwa, K. *et al.* (2002) Importance of physiological integration of dwarf bamboo to persistence in forest understory: a field experiment. *J. Ecol.*, **90**, 78–85.

Sakai, T., Tanaka, H. *et al.* (1999) Riparian disturbance and community structure of a Quercus-Ulmus forest in central Japan. *Plant Ecol.*, **140**, 99–109.

Sano J. (1997) Age and size distribution in a long-term forest dynamics. *For. Ecol. Manage.*, **92**, 39–44.

Scherer-Lorenzen, M., Körner, Ch. *et al.* (2005) Forest diversity and function. Temperate and boreal systems. *Ecological Studyies*, **176**. Springer.

Seiwa, K. (1997) Variable regeneration behavior of Ulmus davidiana var. japonica in response to disturbance regime for risk spreading. *Seed Sci. Res.*, **7**, 195–207.

清和研二（2013a）多種共存の森，pp. 280，築地書館.

清和研二（2013b）スギ人工林における種多様性回復の階梯——境界効果と間伐効果の組み合わせから効果的な施業方法を考える．日本生態学会誌，**63**，251–260.

清和研二・林 誠二（2015）スギ人工林の針広混交林化とコンポスト利用—炭素固定の促進と環境負荷の低減．コンポスト科学：環境の時代の研究最前線（中井 裕ほか 編），117–126，東北大出版会.

Seiwa, K. & Kikuzawa, K. (1991) Phenology of tree seedlings in relation to seed size. *Can. J. Bot.*, **69**, 532–538.

Seiwa, K., Tozawa, M. *et al.* (2008) Roles of cottony hairs in directed seed dispersal in riparian willows. *Plant Ecol.*, **198**, 27–35.

Seiwa, K., Eto, Y. *et al.* (2012) Roles of thinning intensity in hardwood recruitment and diversity in a conifer, *Criptomeria japonica* plantation: A five-year demographic study. *For. Ecol. Manag.*, **269**, 177–187.

Seiwa, K., Miwa, Y. *et al.* (2013) Landslide-facilitated species diversity in a beech-dominant forest. *Ecol. Res.*, **28**, 29–41.

柴田叡弌・日野輝明 編著（2009）大台ケ原の自然誌—森の中のシカをめぐる生物間相互作用，pp. 300，東海大学出版会.

Shibata. M., Tanaka, H. *et al.* (2002) Synchronized annual seed production by 16 principal tree species in a temperate deceduous forest, Japan. *Ecology*, **83**, 1727–1742.

Suzuki E, Ota K. *et al.* (1987) Regeneration process of coniferous forests in northern Hokkaido. I. *Abies sachalinensis* forest and *Picea glehnii* forest. *Ecol. Res.*, **2**, 61–75.

Tanouchi, H., Yamamoto, S. (1995) Structure and regeneration of canopy species in an old-growth evergreen broad-leaved forest in Aya district, southwestern Japan. *Vegetatio*, **117**, 51–60.

館脇 操・辻井達一・遠山三樹夫（1961）ブナ帯北部の渓畔林．北海道大学農学部植物学教室，pp. 98.

館脇 操・伊藤浩司・遠山三樹夫（1965）カラマツ林の群落学的研究．北海道大学演習林研究報告，**24**，1–176.

館脇 操・遠山三樹夫・五十嵐恒夫（1967）網走湖畔鉄道防雪林の植生．北海道大学農学部邦文紀要，**6**（2）別冊，284–324.

館脇 操・五十嵐恒夫（1971）北大手塩・中川演習林の森林植生．北海道大学演習林研究報告，**28**

(1) 別冊，1-192.

舘脇 操・五十嵐恒夫（1973）北海道石狩国野幌森林の植物学的研究．北札幌営林局，pp. 355.

寺原幹生，山崎実希ほか（2004）冷温帯落葉広葉樹林における地形と樹木種の分布パターンとの関係．東北大フィールドセンター報告，**20**，23-28.

寺沢和彦・小山浩正 編（2008）ブナ林の応用生態学，pp. 310，文一総合出版.

Tilman, D. (1996) Productivity and sustainability influenced by biodiversity in grassland ecosystems. *Nature,* **379**, 718-720.

Yamazaki, M., Iwamoto, S. *et al.* (2009) Distance- and density-dependent seedling mortality caused by several fungal diseases for eight tree species co-occurring in a temperate forest. *Plant Ecol.,* **201**, 181-196.

Yamamoto, S. (2000) Forest gap dynamics and tree regeneration. *J. For. Res.*, **5**, 223-229.

柳井清治，河内香織ほか（2006）北海道東部河川におけるシロザケの死骸が森林生態系に及ぼす影響．応用生態工学会誌，**9**，167-178.

柳井清治（2012）森林域と河口・沿岸生態系とのつながり．河川生態学（川那部浩哉・水野信彦・中村太士 編），pp. 368，講談社.

吉岡俊人・清和研二 編（2009）発芽生物学，pp. 436，文一総合出版.

Xia, Q., Ando, M. *et al.* (2016) Interaction of seed size with light quality and temperature regimes as germination cues in 10 temperate pioneer tree species. *Funct. Ecol.*, **30**, 866-874.

第4章 森林の変化と生物多様性

岡部貴美子・中静 透

はじめに

森林の生物多様性は，様々な原因で変化する．生物多様性の危機をもたらす直接要因として，国際的には，気候変動，富栄養化（汚染），土地利用の変化，外来種，乱獲があげられている（Secretariat of the Convention on Biological Diversity, 2006）．日本の場合にはやや異なった整理がされており，第1の危機（開発など人間活動による危機；オーバーユース），第2の危機（自然に対する働きかけの縮小による危機；アンダーユース），第3の危機（人間により持ち込まれたものによる危機；外来種，化学物質など），第4の危機（地球環境の変化による危機）となっている（環境省，2012）．また，変化を引き起こす要因の重要性は，生物の分類群ごとに異なっている．ここでは，比較的実態解明や研究が進んでおり，森林生態系の構成種としても重要な，維管束植物，きのこ類，昆虫，鳥，哺乳類について，その変化と要因を概観する．

4.1 植物の多様性の変化

4.1.1 日本の森林植生のなりたち

地球上には，約30万種の維管束植物があると言われ，日本には約7000種が存在し，そのうち2700種が固有種と言われている（表4.1）．島嶼であることなどが影響してその固有性は高く，ホットスポットの一つにもあげられている（加藤，2011）．日本の気候条件は亜熱帯から寒帯まで温度条件の幅はひろいものの，降水量は豊富で，特殊な立地を除いて森林が成立する気候条件にある．そのため，こうした固有植物にも森林性のものがたくさん含まれる．ただし，固有種が多いのは，小笠原や屋久島，奄美大島などの島嶼，南アルプス，夕張岳，アポイ岳などの山岳地域が多い（海老原，2011）．

日本の維管束植物のうち，2015 年時点で絶滅が確認されている種が 32 種，野生絶滅が 10 種あり，約 1800 種が絶滅危惧種（狭義）と分類されている（環境省，2014）．自然状態でも種は絶滅するが，とりわけ人間活動の影響によって絶滅危惧に陥っている種が 80% 以上と多い．先に述べたように生物多様性国家戦略 2012–2020（環境省，2012）では，絶滅危惧に陥る原因を四つに分類しているが，第 1 の危機に相当する開発・乱獲が 40%，第 2 の危機に相当する自然遷移（伝統的な農林水産業の方法の変化）が約 30% を占める．森林の伐採などは第 1 の危機に分類されるが，これは絶滅危惧の原因の約 1／5 を占める．年代別の絶滅種数をみると，1920 年代以降が多く，過去の 50 年の平均絶滅率は 8.6 種／10 年と推定されている（環境省生物多様性及び生態系サービスの総合評価に関する検討会，2016）．

植物の絶滅危惧の原因として，第 2 の危機に含まれるのが，いわゆる里山の植物の減少である．これらの植物は，どちらかというと森林性の植物というより，何らかの撹乱に依存したものが多い．現在の日本の気候は湿潤であり，自然状態では森林が成立する気候であるが，過去に何度か起こった氷期には，気温が現在より低かったため海水面も現在より低く，大陸と陸続きに近い状態になっていただけでなく，降水量も少なかったと推定され，この時期に草原性あるいは撹乱依存性の高い種が大陸から日本列島に入ってきたと言われている（須賀ほか，2011）．その後の温暖化に伴い，日本列島の気候は湿潤化し，草原性の環境はなくなってしまうのだが，人間活動が継続されることで，これらの植物が日本列島で生存できたと考えられている．その間に，こうした撹乱依存種は，人間がもたらす撹乱に適応する．たとえば，畑の雑草や水田の雑草などは，人間の農業に合わせて生物季節などを適応させたと言われている．また，二次林の林床植物なども，定期的な伐採や落ち葉掻きなどの森林管理に適応し

表 4.1　日本の絶滅および絶滅危惧生物（環境省，2015）

分類群		評価対象種数（a）	絶滅 EX	野生絶滅 EW	絶滅の恐れのある種（b）	絶滅危惧 I 類	IA 類 CR	IB 類 EN	絶滅危惧 II 類 UV	準絶滅危惧 NT	情報不足 DD	掲載種合計	絶滅の恐れのある種の割合（b/a）
動物	哺乳類	160	7	0	34	24	12	12	10	17	5	63	21%
	鳥類	約 700	14	1	97	54	23	31	43	21	17	150	14%
	爬虫類	98	0	0	36	13	4	9	23	17	3	56	37%
	両生類	66	0	0	22	11	1	10	11	20	1	43	33%
	汽水・淡水魚類	約 400	3	1	167	123	69	54	44	34	33	238	42%
	昆虫類	約 32,000	4	0	358	171	65	106	187	353	153	868	1%
	貝類	約 3,200	19	0	563	244			319	451	93	1126	16%
	その他無脊椎動物	約 5,300	0	1	61	20			41	42	42	146	1%
	動物小計		47	3	1338	660			678	955	347	2690	—
植物	維管束植物	約 7,000	32	10	1779	1038	519	519	741	297	37	2155	25%
	維管束植物以外	約 9,400	34	2	480	313			167	125	157	798	5%
	植物小計		66	12	2259	1351			908	422	194	2953	—
10 分類群合計			113	15	3597	2011			1586	1377	541	5643	—

た可能性がある．こうして，いわゆる里山の植物は，人間にとって身近な場所に生息域を持つことになったのである．

4.1.2　森林利用の変化と植物の多様性

いうまでもなく植物は森林の変化の影響を強く受ける．森林伐採は森林そのものを消失させるが，そのあと自然に再生した二次林と人間が植栽した人工林とでは異なるし，それぞれの管理方法，伐採の強度や頻度，過去の伐採回数などによって植物の多様性は異なる．また，他の土地利用への転換が進むと森林の断片化が生ずる．こうしたランドスケープレベルでの影響は，森林以外への転換の場合だけでなく，広葉樹林を針葉樹の人工林に転換した場合，広葉樹林に生息する種が人工林によって分断化される場合もある．以下，日本の森林変化が植物種の多様性に与えてきた影響を中心に述べる．なおこうした森林の変化による森林群集への影響は第3章に詳しいので，ここでは植物の多様性に与える影響について，その要因ごとに概観する．

A. 原生林の減少

原生的な森林は暖温帯では明治期以前までにかなり減少していたが，冷温帯（山地帯），亜寒帯（亜高山帯）も明治以降に急速に減少した（第2章参照）．原生的な森林に生育する種と二次林に生育する種は重なりを持ちながらも，両者に特有の種類が見られる（長池，2002）．原生的な森林でも大規模で稀な自然撹乱はあり（たとえば，斜面崩壊や大規模な洪水，山火事など），そうした撹乱に対して適応した種も存在するが（中静，2004），人間の生活空間の拡大に伴いこうした撹乱が抑制されつつある．典型的な例は渓畔林のような稀に起こる大規模な土石流や地滑りなどに適応した，カツラ，シオジなどの樹木がこれに相当するが，こうした樹木は自然林の伐採とともに，防災工事などによって生育域が減少した（崎尾・鈴木，2010，第3章も参照のこと）．

また，地形が安定した場所にある照葉樹林，ブナ林などの発達した森林では，撹乱は林冠木1～数本の倒木によってできる林冠ギャップなど，比較的穏やかな自然撹乱が多く，そうした環境では，大規模な撹乱に対して適応していない種が多くなる．第二次世界大戦後の復興期やその後の高度成長期に大量の自然林が伐採され，人工林に転換されたが，その際にはこうした植物の生息環境は著しく失われたと推測できる．ただし，この間に明らかに絶滅したと報告されている維管束植物は，どちらかというと特殊な生息地を持つ種であったり，乱獲されやすい種であったりというものが多く（環境省，2015），こうした大規模な伐採が原因という例は多くないようだ．有史以前にさかのぼることは難しいが，第1章で述べられているように，スギなどの温帯針葉樹の地域絶滅が各地で起こっていることを考えると，この間の原生林の減少は森林性植物にとっても影響は大きかったものと考えられる．また，今後の種の保全という面からは，人間活動による生息地の大幅な減少は絶滅リスクを大幅に上げている．

B．二次林の管理

二次林の由来は様々であるが，典型的には，少なくとも数百年程度の時間スケールで定期的な伐採を繰り返された薪炭林のような場合と，最近数十年間で伐採された自然林が自然に更新したり，人工林などへの転換に失敗したりしたケースとがある．前者は，いわゆる里山という生態系モザイクの中で，薪炭材採取を目的とした10〜40年周期での伐採のほか，堆肥や腐葉土作りを目的とした落葉掻きや下刈りなどの管理が長期にわたって行われた．一般に，樹木は高齢になると萌芽能力を失う一方，種子生産を開始する．種子生産を開始するサイズやそこまでに成長する時間は，種によって異なるため，伐採周期が短すぎたり，長すぎたりすることで，森林の種構成は左右される場合がある（紙谷，1987；Shibata *et al.*, 2014）．シイ類，ナラ類などの薪炭林構成種は，こうした生態的特徴と薪炭としての経済価値を重視した樹種選択の結果である（第2章参照）．

林床植物についてみると，薪炭林は定期的な伐採により開放的な環境が数十年に一度出現するほか，森林として成立した後も，低木の少ない比較的明るい林床が保たれる環境である．したがって，こうした環境に適した植物が増加し，これが長い歴史の中で人間にとっても身近な植物となっている．里山の植物と言われるものには，こうした植物もたくさん含まれる．ただし，近年では薪炭の需要が著しく減少したほか，落ち葉掻きなどの管理も行われなくなっており，森林の高齢化が進むと同時に林床にも低木やササ類が増加してくる（図4.1）．林齢の進んだ森林では，樹木種の割合が増加する一方，草本種の減少が起こる（五十嵐ら，2014）．また，落ち葉掻きや下刈りをしなくなると，出現する林

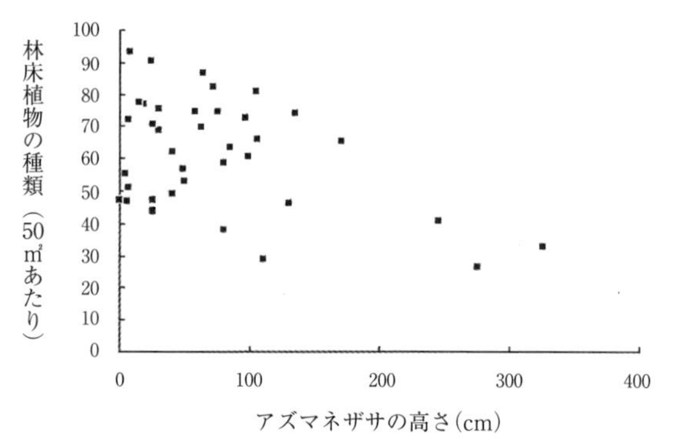

図 4.1　アズマネザサの高さと林床植物の多様性
関東地方の雑木林では，落ち葉掻きをやめるとアズマネザサが次第に繁茂してゆく．アズマネザサが繁茂すると林床植物の多様性が減少してゆく．Iida & Nakashizuka (1995) を一部改変．

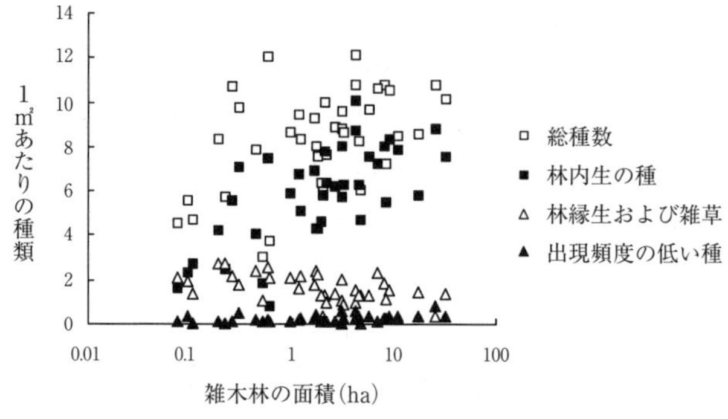

図 4.2　雑木林の面積と出現する種群
林の面積が広いほど，林内生の植物が多く，雑草や林縁生の植物が少ない．Iida & Nakashizuka (1995) を一部改変．

床植物の種数は著しく減少し，カタクリやキンランなど，かつて身近に見られていた植物も少なくなる（図 4.2; Iida & Nakashizuka, 1995).

一方，ブナ林などで 1970〜80 年代に更新を目的に行われた皆伐母樹保残法では，伐採時に 30〜40% の林冠木を種子供給用の母樹として残して他の樹木を伐採する方法がとられた．そうした森林では，林床が明るくなるため低木やササ類が繁茂し，もともとのブナ林とはかなり異なった環境になっていると予想されるが，実際に伐採後 10〜20 年を経た若い二次林には，もともとの森林に生息していた林床植物がかなり残っている（長池，2002)．ブナなど，もともとの林冠構成種の稚樹は多くないので，森林としての更新には問題が大きいものの，林床植物にとっては，ある程度保全効果はあったものと考えられる．伐採後，スギなどの人工林に転換しようとしたもののうまくゆかず，結果的に二次林様の森林となっている場所では，植林の際の地ごしらえなどの影響もあり，外見上はもとの森林との違いが顕著である．樹木に関していえば，もともと優占していた樹種の森林にすぐに戻ることは難しいが，その構成種の大半はこのような二次林様の森林にも出現している（正木ほか，2003）．草本種についてはデータが少なく，評価が難しい．

C．人工林の増加と管理

人工林の植物多様性は，その管理方法によって大きく異なる．植栽時には2000～4000 本／ha という密度で植栽されるため，うまく成長すると林冠が閉じた後に林床が著しく暗くなり，林床植物がほとんどない森林となる．そうした森林は，土砂流出などの問題点もあるが，定期的な間伐を行うと林床が明るくなり，林床植物も増加し土壌流出も起こりにくい．出現種数も多く，場合によっては原生的な森林よりも面積あたりの出現種数が多い場合もある（長池，2002）．ただし，こうした種の多くは，原生的な森林で出現する種とは異なっており，撹乱に適応した種と，二次林に出現する種が多い．高齢の人工林では，原生林に近い環境となっていることが考えられるものの，事例数が少ないうえ，過去に繰り返し伐採されたなどの履歴があるとその評価は難しい．

D．ランドスケープレベルの影響

森林が他の土地利用などで分断化され，一つひとつの森林のパッチが小さくなると，その中に生育できる種の数も減少する（Iida & Nakashizuka, 1995）．さらに，森林の周囲が農地など開放的な環境の場合，小さい面積の森林ほど林縁効果を受ける場所の割合が増える．そのため，森林面積が小さくなるにつれて，森林性の種の割合が減少し，路傍雑草など撹乱依存種の割合が高くなる（図 4.2）．したがって，面積の小さな森林の保全には注意を要する．

一方，分断化された森林を回廊（コリドー）のような形で連結することで，生物の保全効果を高めることができると考えられている（Damschen *et al.*, 2006）．実験的，あるいは理論的には確認され，動物種などではその効果が実際の野外で確認されている場合もあるが，植物の場合には，海岸のマツ林で種子散布パターンとコリドー効果との関係が認められた例があるものの（Takahashi & Kamitani, 2004），事例数が少なく今後の積み重ねが望まれる．

E. 気候変動の影響

19 世紀末からすでに世界の平均気温は約 0.8℃，日本の平均気温は 1.1℃ 上昇しており（気象庁，2014），気候変化は様々な形で顕在化している．これまで，森林植物に関しては気候変動によって実際に絶滅危惧に陥っているなど深刻な影響は報告されていないが，アカガシ（Nakao *et al.*, 2011）やオオシラビソ（Shimazaki *et al.*, 2011）などの樹木の分布が標高の高い方向へ変化している事実が報じられている．ただし，樹木は寿命が長く，分布の移動にも長時間を要するため，そのスピードは気候変化のスピードよりも遅いことが予測される．むしろ草原性の植物や撹乱依存性の高い種で，短命の種で変化が速いだろう．いずれにしても，100 年後に予想される気候変化は非常に大きいため，多くの種で現在の分布と生育に適した環境のずれは大きくなることが予想される（Ogawa *et al.*, 2010）．また，樹木そのものではなくても，花粉媒介をする昆虫や種子散布をする鳥類などとの移動速度の違いが，今後の森林群集に与える影響は大きいだろう．さらに，気候変動では台風が巨大化することも予想されており，風倒などの撹乱も大きくなることが予想される．その意味では，現在成立している森林の変化としては顕在化しにくいものの，その更新などの面で影響も深刻なものになると危惧されている．

4.2　きのこ類の多様性の変化

4.2.1　菌類ときのこ類

菌類の分類とインベントリはまだまだ発展途上で，2001 年当時までに記録された種は，7 万 5 千種程度である．日本産菌類の種数は 1 万 3 千種程度と算定されているが，それよりずっと多いとする意見もある（細谷，2006）．菌類は有機物の直接的な分解者として，生態系で重要な役割を担っている．私たちは，普通肉眼で確認される子実体を形成するものをきのこと呼び，形成しないものをカビと呼んでいる．いわゆるきのこを形成する菌類もあれば，菌糸すら形成しない酵母型の菌類もあるが，現在までに世界で150万種とも推計される菌類のうち，生物多様性に関しては，肉眼でわかる子実体を形成する菌類の知見が圧倒的に多い．そこで本章では，主に担子菌類と子嚢菌類からなり顕著な子実体を形成する菌類を，菌糸も含めてきのこ類と呼んで概説することとする．

きのこ類は，養分吸収などの生活史特性から木材腐朽菌，菌根菌，昆虫病原菌などに分けられるが，いずれのグループも自然生態系においては有機物の分解と物質循環にかかる重要な機能を担っている．木材腐朽菌は，分解菌の性質が強く樹木の種類に対して特異性を示す種が多い一方で，樹木の直径に対して選択的な種もあり，大径木でしか見られない種もあることが知られている．菌根菌は，生立木と共生して栄養を摂取するだけでなく，寄主植物が必要とする養分等を供給する種などもある．特にマツでは外生菌根菌との共生が普通であり，ニュージーランドのラジアータマツのように，菌根菌が持ち込まれて初めて植林が成功した例がよく知られる．ユーカリなどでも同様に菌根菌の重要性が認識されており，外来種植林によって意図的，あるいは非意図的に多くの有用菌根菌が本来の生息地外に分布拡大していると考えられるが，在来菌類の多様性への影響などはほとんど評価されていない．漢方薬として珍重されることもある冬虫夏草類は，生きた昆虫に寄生し最終的には昆虫を殺して子実体を形成するきのこで，比較的寄主特異性が高い．これらは，熱帯を中心に高い種の多様性がみられるとされるが，日本の広葉樹天然林における種の多様性も非常に高い．セミタケのように，主に地中の幼虫から子実体が発生するものもあり，植生の変化，枯死木を含むリター供給量，さらには土壌環境などとこれらに伴う昆虫等の種多様性や個体群密度変化が，冬虫夏草の多様性に影響を及ぼしていると考えられる．

4.2.2　社会・経済的変化と菌類の多様性

A.　世界的なトレンドの変化

菌類の多様性の世界的な変化傾向は，よくわかっていないと言わざるを得ない．熱帯～亜熱帯の湿潤林の林床のきのこ類は，土壌養分とリターの水分量の影響を強く受けることが明らかになっている（Lodge & Cantrell, 1995）．さらに森林内では，枯死木や有機物リターなどから供給される土壌栄養分に対して樹木ときのこ類による競合も予想されていることから，熱帯林の樹木の多様性ときのこ類の多様性の関係は，相当複雑であると推測される．またスウェーデンでの研究では，温帯～亜寒帯林の老齢広葉樹林が菌類にとって重要で，特にきのこにとっては，倒木がキーファクターであることが明らかとなった（Berg *et al.*, 1994）．つまりきのこ類の多様性に対しては，森林における樹木の多様性や林齢だけでなく，バイオマスや枯死木供給の変化も含めて評価する必要がある．これらのことから，過去100年の世界的な原生林の減少が，木材腐朽菌の多様性に深刻な影響を与えていることは確実といえる．きのこ類の寄主に対する選好性，たとえば落葉落枝の別や，枯死木の直径への選好性などから，森林率（被覆率）の増加だけでは，直ちに多様性の回復は望めないと推測される．

B. 日本で著しく減少したきのこ類

日本産菌類のうち絶滅の恐れがある種（絶滅危惧Ⅰ類およびⅡ類の合計）は62種となっており，やや減少した（表4.1）．日本における過去100年程度のきのこ類の多様性の変化は，概ね植生の変化に伴うと考えられる．1900年代のマツノザイセンチュウの侵入とそれに伴うマツ枯れ被害の拡大や海岸マツ林の開発，加えて燃料革命の進展による薪炭林としてマツ林利用の激減に伴って，マツに共生（寄生を含む）する菌の多様性が著しく変化したと考えられている．この間マツタケ，ニンギョウタケモドキ，ハツタケなど主にマツと共生する菌根菌の一部は，著しく減少したが（図4.3），一方でヌメリイグチなど，マツの菌根菌であっても寄主範囲が広いなどの理由で，特に減少が認められない種類もある．

マツに限らず特定の樹種と共生する菌類は，森林の樹種や林齢の変化の影響を受けやすいといえる．たとえば，スギやヒノキの人工林の増加は，広葉樹と共生する菌類の分布に影響を及ぼしたと考えられるものの，現在でも山野に普通にみられるコナラやカシの共生菌は，レッドデータ種としてほとんど認識されていない．しかし人による樹木の利用が変化したことで，大きく影響を受けたきのこもある．たとえばクワの腐朽菌として知られるメシマコブは，1930年頃，桑の作付面積が70万haにものぼり，養蚕業のピークを迎えていた時

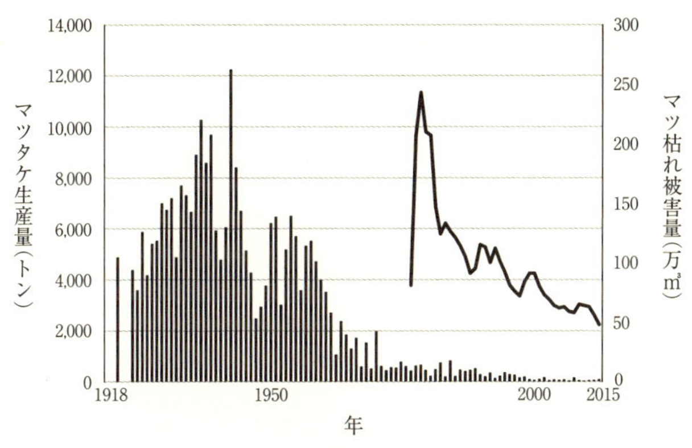

図 4.3　マツタケの生産量の推移とマツ枯れ被害

代には普通種であった．ところがメシマコブは，今日珍しいきのこになった．クワは現在も山野に普通であるが，通常人の手による管理なしには，このきのこにとって十分な太さに達しない．2008 年度には桑園面積が約 2 千 ha にまで減少したことからわかるように，老齢のクワが激減したことが，メシマコブが準絶滅危惧種に指定されることとなった要因と考えられる（環境省，2014）．

C．土地利用変化の影響

100 年前からの日本の森林の変化を概観すると，1945 年頃の造林未済地は約 150 万 ha であったが，その後の国の造林事業によって，1960 年以降 600 万 ha を超える森林面積を安定的に維持していること，伐採面積は減少していることから，相対的に 50 年未満の比較的若い林は減少し，それより成熟した林の面積が増加している．一方で，原生林あるいは原生林に近い林分構造の老齢林は，減少している．このような原生林の減少はあるものの，幸いこれまでのところ，冷温帯の極相林であるブナ天然林のきのこ類の顕著な減少は，報告されていない．おそらく，ブナ林の樹種のみに依存するきのこはあるものの，老齢林の総面積は，依然，これらの種を維持するに十分であったと推測される．しかし必ずしもどの森林でも安心なわけではなく，たとえば南九州の暖温帯南部に分布するイチイガシなどが優占する原生林の著しい減少は，コウヤクマンネンハリタケなど，このような生態系を好む菌類の絶滅危惧を引き起こした（環境省，2014）．

日本の森林のバイオマスは増加傾向にあっても，それ以前に老齢林の択伐に

図 4.4　きのこを使った装飾品
アメリカ合衆国．サルノコシカケの仲間．

よって大径木が失われたことにより，巨木の割合は100年前あるいはそれ以前と比較して，著しく低下したと考えられる．サルノコシカケの仲間のような木材腐朽菌の種の多様性は，林齢あるいは林分の平均胸高直径に正の相関を示すことから（Yamashita *et al.*, 2012），大径木に生息するきのこ類の多様性の劣化が懸念される．小径木を好む種は林齢を問わずに発生するが，若齢林を特に好む材生息性のきのこは存在しないことから，若齢林の増加はきのこ類の多様性増加を促進しないと考えられる．また日本の陸上生態系では，草原や湿原生態系の劣化が著しいが，これらの生態系における菌類の多様性に関する情報は，限定的である．すでに100年以上前から湿原生態系の劣化は顕著であるが，湿原に強く依存するヤチヒロヒダタケなどが減少していると考えられる（環境省，2014）．現在，ヤチヒロヒダタケの主な生息地は休耕田であることから，耕作放棄地や利用が低下した農地の評価とその対処は，慎重に行うべきであることが示唆される．

D. 人の利用の影響

きのこ類の子実体は食用や薬用，装飾品などとして利用されてきたことから（図4.4），人々の利用がモニタリングとして機能したり，過剰な利用が採集圧として多様性に影響を与えたりすることがある．菌根菌の子実体のみの採集は，減少や絶滅の原因になるとは考えられていないが，子実体の成熟前に菌糸体全体，もしくはそのかなりの部分が除去されてしまうと採集圧の影響は大きくなる．木材腐朽菌のカバノアナタケは，従来シランカバなどに比較的普通に見られる種であったが，ヨーロッパで抗がん剤としての可能性が指摘されてから，成熟前の子実体を含めて乱獲され，日本でも過去10〜20年間に稀なきのこととなってしまった（環境省，2014）．ヒジリタケは，日本では西表や石垣に産するあまり話題にならないきのこだが，東南アジアでは抗炎症作用など多くの疾患に対して有効であるとされ，マレーシアなどの熱帯雨林で強い採集圧を受けている．

これらの有用なきのこは，もともと伝統的知識，文化として，特定の地域で持続的に薬用利用されてきたものである．しかし，現代医学に取り入れられ，商業利用されたことが，これらの種の存続にすら影響してしまった．きのこ類の多くは森林生態系に依存することから，森林面積はきのこ類の多様性にとってある程度の指標になるといえるが，非森林化や人工林への転換履歴，採集圧などの人為撹乱の程度や時間経過がどのような影響を与えるかについて，今後研究が必要である．

人と野生きのこの付き合い方は，薬用利用への期待が大きくなってきたように感じられる．食用であっても，健康食として利用される傾向が強まってきた．野生きのこは，食用として珍重されるものの毒きのこの存在もよく知られるようになり，きのこ栽培技術の進歩に伴って，日本の店頭では通常栽培きのこが販売される．このような人の関わり方の変化によって，伝統的知識としてのきのこの同定技術やきのこ食メニューは，失われたり大きく変化したりする可能性がある．

E. 温暖化や外来種の影響

森林性の生物の多様性はほかの生態系同様に，「生息地の減少・劣化」「人による過剰な採集や殺生」「気候変動」「外来生物の導入」の影響を受けて劣化すると考えられる．これらの中で生息地の減少と劣化は，明らかにきのこ類の多様性に影響を与えているが，気候変動は今のところあまり明確ではないものの，今後徐々に顕在化する可能性がある．各地のきのこ研究会などによる定点観測データは，今後，菌類の多様性のモニタリングデータとして活用が期待される．京都東山における30年間の採集データから，外生菌根菌の発生は倒木量などだけでなく，温度上昇や雨量の増加などによっても変化していることがわかった（Sato *et al.*, 2012）．このことから近年の気候変動は，ベニタケ，フウセンタケ，テングタケなどの外生菌根菌の消長に影響を与えていると考えられる．

外来種との競合や外来種による捕食などの直接的影響については，今のところ報告されていない．

4.3　昆虫の多様性の変化

4.3.1　減少しつつある昆虫の多様性

昆虫は現在地球上で最も記載種が多い生物群で，すでに世界中で約90万種が記載され，およそ10^{19}頭（100万の3乗の10倍）が生息すると推測されている（米国スミソニアン研究所による推測；図4.5）．昆虫は，体サイズは小さいが移動能力に優れて増殖率が高く，環境適応力が大きく海洋を除くほとんどすべての生態系に生息し，様々な機能を発揮することから，生物多様性の具現者ともいえる．昆虫研究者は「昆虫はどれだけ多様なのか」という問いに魅せられ，種数推定（Strong *et al.*, 1984など），生息場所の面積と種数との関係の解明，見過ごされがちな生態系，たとえば樹冠に生息する昆虫の探索などが進んできた．

A.　生態系の劣化と昆虫多様性

昆虫の多様性に関しては，熱帯雨林における植食者の多様性が最も高いと考えられていることから，熱帯林の植物の多様性消失は，昆虫の多様性減少に直結すると予想される．また亜熱帯～亜寒帯気候にある北米では，昆虫の多様性に対して，生息地の劣化や消失だけでなく，汚染の影響が大きいことが明らかにされている（Wilcove *et al.*, 1998）．日本産昆虫類のうち絶滅の恐れのある種の割合は1%程度であるが，トンボ類の割合が高く，淡水生態系の汚染や開発による消失などの影響が読み取れる（表4.1）．このことは世界的に共通しており，湿地や河川，湖沼などの地表面の淡水生態系の多様性は危機的な状況にある（Dudgeon *et al.*, 2006; Kadoya & Washitani, 2011）．このような水生昆虫（生活史のすべてまたは一部を淡水に依存する昆虫）と比較すると，温帯～亜寒帯の森林性昆虫の劣化の程度は小さいようである．

とはいえ，森林の分断化による生態系の劣化の影響は，様々な昆虫で報告されている．特に移動性の低い飛べない昆虫などでは，撹乱によって顕著な群集

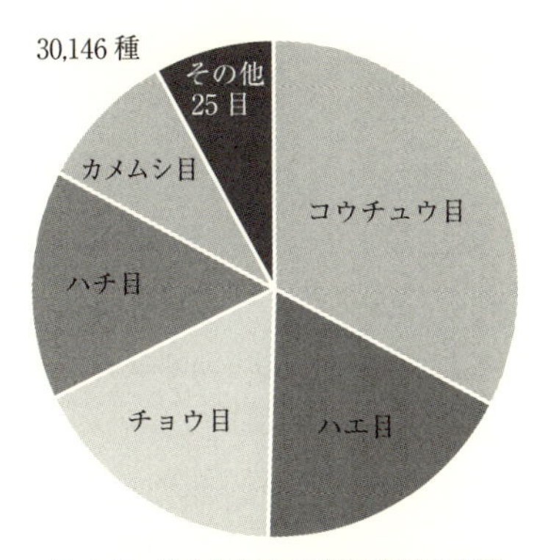

図 4.5　日本産昆虫の既記載種の内訳
日本産野生生物目録（1995）に基づく目ごとの種数の割合.

構造の変化が生じることが良く知られるが，道路建設などによる生息地の分断化によって遺伝的多様性も失われることが示されている（Keller & Largiadér, 2003）．またフィンランドでは，森林の分断化の年数と，老齢林に発生するサルノコシカケのなかま（*Fomitopsis rosea*）の子実体に生息する昆虫の多様性との間に，負の相関が発見されている（Komonen *et al.*, 2000）．ここでは 12～32 年間の分断化の結果，きのこ食のガの個体数が著しく減ったほか，寄生蜂（昆虫に寄生するハチの仲間）の一種が全くいなくなってしまった．このことは森林劣化が直接的に樹木やきのこを減少させるだけでなく，森林特有のマイクロハビタットを利用する生物のすみかを奪い，さらに生物間相互作用の変化を引き起こすことで，連鎖的に生物多様性に影響を与えることを示している．このように世界各地の森林変化は，各地で昆虫の多様性に影響を及ぼしつつあるといえる．

4.3.2　社会・経済的変化と昆虫の多様性

A.　土地利用変化の影響

農林水産統計などによると，日本では約 100 年前の明治時代と比較して，森林面積が増加した一方で，草地とみなされる原野は十分の一以下に減少した．加えて，農耕地，放牧地や採草地などの人工的な管理によって維持されてきた，いわゆるオープンランドも減少したことに伴い，草原性種の種数が多いチョウの多様性の減少が起こった（Shibatani, 1990）．チョウ目は，絶滅の恐れがある種を多く含むグループの一つである（表 4.1）．現在の森林施業のうち下刈りや除間伐は，1970 年代に補助金の対象となったことから確実に実施されるようになり，スギの標準伐期は，40〜60 年で推移してきた（林野庁，2014）．しかし近年，これまでの倍の期間に当たる長伐期化や，コスト削減のための下刈り省略が検討されている．皆伐による短期的なオープンランドの創出，人工林の慣行管理（造林後の下刈りや間伐）によるランドスケープレベルのオープンランドの維持は，チョウをはじめとする草原生態系を好む昆虫の個体群維持に貢献してきたと推測されることから，森林管理の変化は生物多様性にも影響を及ぼす可能性があると推測される（Inoue, 2003 ; Taki *et al.*, 2010）．

日本では，カミキリムシを指標生物として利用する試みがみられる．カミキリムシのほとんどは森林に生息して枯死木や衰弱木を好んで産卵し，幼虫はこれらの樹木の内樹皮や材を摂食しながら成長する．したがって，森林面積の増加や林齢構成の変化は，カミキリムシの多様性に大きな影響を与えていると考えられる．国内のカミキリムシの中で 59 種からなるヒメハナカミキリ類は，山地性の強い種群である．これらのうち，特に高山性の種には温暖化の，島嶼性の種に対しては生息地劣化の影響が懸念され，県ごとのレッドリストに掲載されている（野生生物調査協会・環境保全事務所，2007）．またヒメハナカミキリ類は樹木の種組成だけでなく，大径木や枯死木量の変化にも敏感に反応することから，老齢林の指標となりうる（Maeto *et al.*, 2002）．

森林の生物多様性の劣化に関連の深い環境要因としては，温度，湿度，日射量などが考えられる．そのような林内環境の変化は，直接・間接的な昆虫の多様性の変化要因にもなってきただろう．しかし土壌動物と呼ばれる節足動物では，森林が人工林化して植生の多様性が劣化しても，森林内の非生物的環境に多少の変化があっても，林床のリター層のバイオマスが十分であれば，必ずしも多様度に大きな変化はないようである（Hasegawa *et al.*, 2009）．ただし，人工林と天然林では土壌動物の種組成が異なるので，それぞれの森林タイプの絶対量の変化は，ランドスケープレベルでの多様性に影響を与えている可能性がある．

B. 密度増加や適応

森林増加が森林昆虫に与えた影響は十分に評価されているとはいえない．一般に農地のように植生が単一化し，また単一種の植物が大量に供給されると，特定の病気や害虫の大発生を誘発しやすい．日本の人工林率は40% に達し，造林樹種はスギとヒノキでその70% 近くを占めるが（林野庁，2014），幸いスギ，ヒノキに特異的な害虫は少ないことから，戦後の拡大造林以降も人工林における特定の害虫の大発生は，稀なまま推移している．

そのような状況の中で，ゆっくりと分布拡大を続けている昆虫の一種がスギザイノタマバエである（讃井・吉田，2006）．タマバエの一種であるこの種は，虫こぶを作らないかわりに，幼虫が内樹皮下に潜って木材にシミを残す．750年以上前にこの被害を受けた屋久杉にシミ跡が残っているとされるが，九州本土では約60年前に発生が確認された．年8～9 km 程度の速度で今も北上・東進を続けている，珍しいスギ好きの昆虫である．

より最近では，1980年代から日本海側を中心に，養菌性キクイムシの一種カシノナガキクイムシによるミズナラなどのブナ科樹木の集団枯損，いわゆるナラ枯れが拡大した．カシノナガキクイムシは，1930年頃から，九州その他の地域で時折大発生したと記録されている（森林総合研究所関西支所，2010）．現在までに多くの里山で，薪炭木としてミズナラなどの樹種が選択的に維持されたのち，放棄されて大径木となった．これによって，カシノナガキクイムシにとって好都合な生息場所が大量供給されることとなり，大発生の引き金となったとも推測される．1990年代から現在にかけて，米国およびカナダ西海岸で発生したマウンテンパインビートルによる大量のマツ枯れもまた，森林火災の制御等でマツが大径化したことが一因と考えられている（Safranyik & Wilson, 2006）．ただしナラ枯れ後の森林では，コナラ属に限らず様々な樹種が回復してきたことから，枯れが収束して天然更新が順調に進めば，多様性の回復が期待される（Nakajima & Ishida, 2014）．また日本のナラ枯れでは，被害の発生と加害虫にとって好ましい寄主木の密度との間には相関があることから，樹木の多様性は害虫による加害の機会を低下させる，すなわち希釈効果の役割を果たすと期待される（Oguro *et al.*, 2015）．

一部の鳥や哺乳類にもみられるように，昆虫にも人の生活に適応して，新たなすみかを確保しているものがある．たとえば大型で獰猛なことで有名な日本のスズメバチ類（スズメバチ科スズメバチ亜科）は，ほとんどの種が樹洞や木の根元の土の中，藪を好んで巣を作ることから，少なからず森林生態系の変化の影響を受けているものと予想される．しかし，スズメバチを見かけなくなったという声はあまり聞かれず，むしろ樹洞等の閉鎖空間を好むモンスズメバチやヒメスズメバチが屋根裏に営巣したり，キイロスズメバチやコガタスズメバチが民家の軒先や農家の納屋に巣を作ったりして，人がしばしば襲われ，刺傷害が増加した地域がある．一方でこれらのスズメバチは，農業害虫を含む食植性昆虫に対する有能な捕食者としても機能してきた．近年，建築物の構造や宅地周辺の環境が変化してきたことなどから，市街地近くの営巣が減るかもしれない．このような高次捕食者の分布変化は，他の昆虫の多様性に影響を及ぼす可能性がある．

C．化学物質や外来種の影響

昆虫の個体群や種の存続を脅かす汚染（生態系への有害物の人為導入）には，化学農薬や外来種があげられる．1851年の石灰硫黄合剤の農薬としての効果の発見以後，近代農薬の開発が始まったとされる．それ以前の害虫対策は，薬効のある植物を農地に鋤き込んだり，抽出液を栽培農作物にかけたりする方法がとられたほかは，もっぱら神仏に祈ったり，火をたいたりするのみだった．初期の近代農薬は選択性が低く，使用者の毒性に対する認識も不十分であったために，害虫以外の昆虫を含めた過剰な個体群減少や劣化が生じたと考えられる．森林では，一般に散布効果が低く散布コストが大きいなどから成林後の薬剤散布は比較的稀だが，松くい虫防除では，MEP（フェニトロチオン）などの空中散布が各地で行われてきた．散布に対する環境評価では，水生昆虫を含む昆虫や鳥などへの短期的な影響は認められなかった．しかし空中散布は，一般市民の農薬への懸念を喚起することとなった．

最近では，昆虫に対する選択毒性が強く，根から植物体全体にいきわたる浸透性とその毒性の残効性も高いことから，農業においてネオニコチノイド系農薬が広く普及しつつある．しかし，残効性の高さは昆虫の体内での蓄積性の高さと同義であること，高い浸透性によって花粉や花蜜にも薬剤が移行することから，ハナバチを中心とする送粉者への悪影響が懸念され，ヨーロッパでは使用が制限されることとなった．また生物農薬（天敵農薬あるいは微生物農薬とも呼ばれる）は人畜，環境への影響が小さい農薬として大きく期待されているが，十分に注意して使用しないと，外来生物と同様の問題を引き起こす可能性がある．

化学物質とは異なる「環境汚染による危機」として，人が用いる照明が昆虫個体群に及ぼす影響が懸念されている．もともと森林の昆虫採集には，ライトトラップという照明で虫を誘引する捕獲法が用いられてきたように，昆虫には夜行性，昼行性を問わず，灯に誘引される種がいることが知られる．最近の研究では，LED ライトによって，工場の照明などに使われる HPS ランプ（高圧ナトリウムランプ）より 48% も多くの昆虫が捕獲される可能性が明らかとなった（Pawson & Bader, 2014）．いったん灯にトラップされたクワガタムシやカブトムシ，ガなどの昆虫は，夜明けに灯の下で鳥に捕食される．このようなエコロジカルトラップという死亡要因が，近年，昆虫の多様性に影響を与えている可能性がある．

侵入昆虫は，世界各地で大きな問題となっている．森林性の外来昆虫としては，アブラムシ，カイガラムシ，キクイムシ，ガが最も懸念されるグループである（FAO, 2013）．キクイムシを除くこれらの昆虫類は，いずれも，通常は大規模な樹木の枯死を引き起こすことは少ない．しかし外来種は，在来樹種に抵抗性がない，天敵がいないなどのため大発生しやすく，これによって大規模な枯損が発生し，侵入地で樹木の多様性に大きな影響を与えることがある．世界的なマツやユーカリ植林の拡大に伴い，原産地の害虫も一緒に持ち込まれて，しばしば新天地で大発生する例が報告されている．日本の森林では，外来昆虫による顕著な被害は，今のところ報告されていない．しかしながら在来種のマツノマダラカミキリは，およそ 100 年前に日本に持ち込まれたマツノザイセンチュウを運び，北海道を除く全国にマツ枯れを拡大させながら，密度増加した．さらに，マツ枯れによる東北地方以南の中〜低標高のマツ林の衰退は，マツを選好する菌根菌や木材腐朽菌の多様性にも大きな影響を与えた（4.2 節参照）．たとえばマツ林に発生するハルゼミ類の分布には，直接的な影響を与えたと考えられる．

街路樹等では，1945 年頃からアメリカシロヒトリ，1975 年頃からヤシオオオサゾウムシ，2005年頃にデイゴヒメコバチの大発生がみられるが，いずれも天然林への侵入，定着は確認されていない．人への健康被害なども含めると，外来昆虫として常にワーストリストに上るのはアリやカであるが，その多くが撹乱地を好むため，日本の森林内では今のところ大きな問題となっていないと考えられる．しかし，アシナガキアリのように太平洋の離島などで鳥やカニを絶滅の危機に追いやった攻撃性の高い種もあることから，天敵や競合種の少ない島嶼部では注意が必要である．

D．気候変動の影響

温暖化あるいは気候変動が昆虫の多様性に与える影響は，必ずしも明確に正負で示すことができない．1960年代から2000年代までの気象と昆虫の発生消長のデータ解析により，基本的に温度上昇によって昆虫の発生は早まるにもかかわらず，野外では逆に発生の遅れが記録されていた（Ellwood *et al.*, 2012）．すなわち，温暖化はどの生物にも同時に生じる上，非生物的な変化（たとえば降水量の変化）も誘導することから，それぞれの生物が異なる反応を示す可能性が高い．さらに，生態系における生物間相互作用にも変化が起こる可能性があり，気候変動の結果は非常に予測しにくい．約40年間のガやチョウの幼虫の発生と，これらをヒナの餌とするシジュウカラの仲間の発生を比較してみると，幼虫の発生は総じて早まっていたが，鳥の種によって反応が異なったために，平均すると鳥の営巣には昆虫の変化による大きな影響は認められなかった（Visser & Both, 2005）．とすればこのような天敵の反応の鈍さが，ガやチョウなどの害虫の大発生を助長する可能性がある．

E．送粉昆虫の多様性

森林を含む生息地の劣化はハナバチにも影響し，自然植生の持続性や昆虫に受粉を頼る農作物の収量などへの悪影響が世界的に懸念されている（Foley *et al.*, 2005など）．ハナバチ等の送粉生物がもたらす生態系サービスは，世界で年間2,350億〜5,770億米ドルに相当すると試算され（IPBES, 2016），日本における2013年の送粉サービスは，4,700億円を超えると推定された（小沼・大久保，2015）．土地利用変化によって，野生ハナバチの多様性劣化が生じているかもしれないが，現時点ではよくわかっていない．人が及ぼす正の影響として，ガーデニングがハチの餌資源の提供に役立ってきたことが明らかになってきた一方で（Samnegård *et al.*, 2011），大面積の単一作物の栽培は一時的な花粉や花蜜の供給にすぎず，野生ハナバチの多様性に良い影響を与えていないという研究結果も示されている（Müller *et al.*, 2006）．

2006年に報告された蜂群崩壊症候群（CCD）による突然のミツバチの消失によって，農業は少なくとも一時的に大きな影響を受けたとされる．蜂群崩壊において生態系劣化の直接的影響は検出されていないが，農薬，ダニ，ウイルス病など様々な原因が複合的に作用したと考えられ，ミツバチの遺伝的多様性の劣化も一因として指摘されている．日本の養蜂や受粉のためには，現在，主に外来ハナバチが利用されている．日本の養蜂の最も古い記録は627年（日本書紀）といわれ，当然のことながら飼育されたのはニホンミツバチだっただろう．その後もニホンミツバチの飼育は続いたが，1887年に試験的にセイヨウミツバチイタリア種が導入され，セイヨウミツバチの養蜂が広がった．両者の間に敵対行動はないと言われるが，在来昆虫の中では重要な送粉者であるニホンミツバチは，周囲の自然植生や天然林面積の影響を受けること，セイヨウミツバチの密度が高くなると送粉への寄与が低下することなどが知られている（Taki *et al.*, 2013）．

主にトマトの受粉に利用されるセイヨウオオマルハナバチは，在来マルハナバチとの巣場所の競合が指摘され，北海道では「バスターズ」が野外巣の駆除活動を展開している．ハナバチ全体を概観すると，セイヨウミツバチと在来ハナバチとは，結実・結果に対して概ね異なる貢献をすることがわかっており（Garibaldi *et al.*, 2015），自然植生の変化を引き起こすかもしれない．また商用利用される在来ハナバチ個体群は，遺伝的に異なる個体群が分布する地域に移送された際に，逃亡して定着することが懸念される．さらに外来商業個体群からは，寄生生物が発見されたこともある．このような遺伝的多様性の人為的撹乱や非意図的な随伴生物の導入について，ハナバチだけでなく有用昆虫全般においても，十分に検討されているとはいえない．

F．昆虫の多様性と文化

昆虫の多様性は，人間社会の文化にも影響を与えてきた．昆虫を摂食する鳥類や哺乳類は非常に多く，人を含めた脊椎動物のタンパク源として極めて重要であるといえる．1919年の日本の調査では，イナゴ成虫，カミキリムシ幼虫，

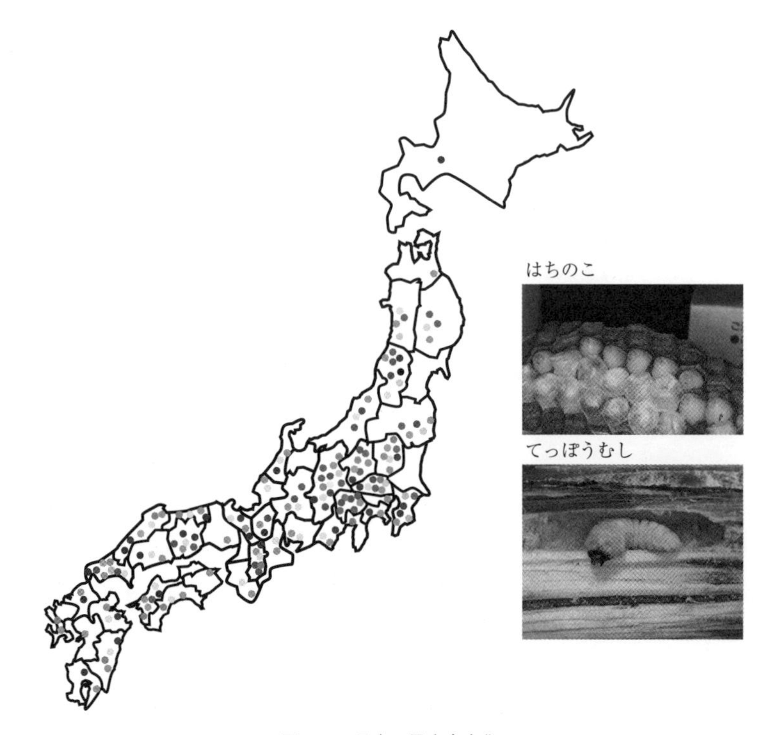

図4.6　日本の昆虫食文化
各円の色は昆虫の種類を表す（三宅，1919）．右の写真は，比較的広域で食されていた森林性昆虫の例．はちのこ（スズメバチ幼虫），てっぽうむし（カミキリムシ幼虫）．写真提供：牧野俊一（はちのこ），槇原寛（てっぽうむし）．→口絵3

スズメバチやアシナガバチ幼虫が広く食べられていたことがわかる（三宅，1919；図4.6）．地域的には，山間部など年間を通して動物性タンパク源の得にくい場所で発達してきたと見受けられ，地理的な閉鎖性と合わせて，独自の昆虫食文化を育んだとも考えられる．

蜂蜜も世界各地で重要な食糧あるいは薬，伝統行事のアイテムであり，人工飼育による養蜂が行われない地域でも，野生の蜂蜜の採集は行われてきた．たとえば，インドネシアに生息するオオミツバチの蜂蜜採集には独特の儀式と技術があり，これらは弟子にのみ伝えられる伝統文化となっていた（井上，2001）．甘い蜜はハナバチからだけでなく，ほかの昆虫から得られることもある．オーストラリアのアボリジニの昆虫を利用した伝統文化はよく知られてい

図 4.7　手作りの虫かご（2000 年頃）

るが，ミツツボアリが腹部にためた蜜のように，おやつのような楽しみとしても利用されてきた．また彼らは食物以外の用途にも昆虫を利用しており，シロアリによって内部が空洞化したユーカリの木を楽器として儀式等に使うなど，昆虫に関連する様々な文化を育んできた．

日本人にとって古来，昆虫は農作物生産を壊滅させる可能性のある脅威であったのと同時に，鳴く虫を自然の楽器として音色を楽しむなど，文化的に重要な背景を担ってきたといえよう．虫の音声を聞く文化は，1000 年以上前から中国にも日本にも存在しており，特に声色のよいキンヒバリやスズムシなどは，江戸時代に飼育が流行し，そのために虫かごなどの工芸品も普及した．現在も各地に手作りの工芸品が残り，文化の多様性に寄与した（図 4.7）．また現代においては，クワガタムシやカブトムシの飼育に熱中する大人や子供がいることも，日本の特徴といえる．初夏の夜にホタル狩りを楽しむこと，真夏にセミが鳴くのを騒音と感じないことなども，日本人が古くから昆虫に親しんできた文化を物語る．このような利用がなくなることで生物群集にどのような影響が表れるか，今後追跡すべきだろう．

4.4 鳥類の多様性の変化

4.4.1 絶滅の恐れがある種

鳥のモニタリングには，世界的に長い歴史がある．たとえばBird Life International（1922年発足，英国）や日本野鳥の会（1934年創立）は，野生鳥類を含む自然環境の保全等を目的とする団体として，長期モニタリングを含む生物多様性保全活動を行ってきた．このような多くの団体や研究機関によって，鳥の多様性の変化については，ほかの生物に比べると定量的な情報が充実しているといえる．しかしながら必ずしも野鳥の保全が世界的に十全なわけではなく，鳥もまた生息地の減少や劣化，採集圧，外来種，気候変動等の負の影響を受け，多くの種が絶滅の危機にさらされている．特に熱帯林の減少・劣化の影響は深刻で，熱帯の低標高地帯にある雨林では，4割の鳥が絶滅の恐れがあると評価されている（Hilton-Taylor, 2000）．またもともと生息地面積が小さく，生物多様性が脆弱な島嶼部では，多くの鳥が上述の負の影響を強く受けており，日本でも南西諸島や小笠原列島の多くの鳥が絶滅の危機に瀕している（環境省 2015）．世界的にみると鳥の多様性への脅威は，第一が生息地の劣化と減少で，特に持続性のない農業の影響が最も大きく，伐採も大きなインパクトを与えている（Birdlife, 2013）．第二の脅威は外来種による影響であり，捕食性哺乳類によって，多くの鳥が絶滅したかあるいは危機に瀕しており，外来植物もまた鳥の営巣や採餌に負の影響を及ぼしている．

日本産鳥類約700種（亜種を含む）のうち，半数前後が森林依存性と考えられ，さらにその19％程度が絶滅の恐れがある種と評価されている（表4.1；東條，2007）．鳥類全体では約14％の種で絶滅の恐れがあるとされたことから，森林依存性の鳥で危惧される種の率がやや高い傾向がある．

4.4.2 社会・経済的変化と鳥の多様性

A. 森林利用の変化の影響

森林変化に伴う日本の鳥相の変化は，必ずしも長期的かつ定量的にとらえられてこなかったが，環境省・自然環境保全基礎調査の1970年代と90年代の森林性の鳥類の分布域を比較することで，成熟林を好む鳥類の分布は全体的に拡大し，逆に幼齢林を好む鳥の分布域の減少が生じたことが明らかになった（Yamaura *et al.*, 2009）．幼齢林，すなわち遷移初期段階の森林を好んで生息する鳥には，ヨタカ，カッコウ，モズなどがいるが，これらの分布域は縮小していた．一方で成熟林を好む鳥，たとえばヤマガラやメジロなどが，分布を拡大していた．このような成熟林を好む鳥のうち国外へ渡りをしないものを見てみると，地上に営巣する鳥や雑食性の鳥は，分布が変わらないかやや減少しているものの，その他の鳥にはいずれも分布拡大の傾向がみられた．

しかしそのような鳥の中でも，原生林の胸高直径50 cmを超える大径木に営巣する，キツツキの仲間としては日本最大のクマゲラのように，江戸時代には日光～会津付近にも生息したと推測される分布域が，縮小し続けている種もある．体長が50 cm前後のクマゲラは，主にブナの生立木に入り口が15 cm，奥行きが60 cmにもなるような大きな坑道を掘って営巣することから，成熟林が増えるだけでなく一定量の大径木が供給されるまでは，個体群の回復は難しいかもしれない．一方で，同じキツツキの仲間でも体長が30 cm程度のアオゲラは平地の雑木林に生息し，さらに小型で15 cm程度（開翼時は25 cm程度）のコゲラは都市部の公園にも進出している（石田，1989）．これら小型のキツツキ類には，営巣できるサイズの樹木と，主な餌となる昆虫は十分にあると考えてよさそうである．

このほか狩りのために林縁部などの開放地を利用する猛禽類のうち，レッドリストで絶滅危惧II類から準絶滅危惧種へ指定が変更になったオオタカの密度は，ここ10年余りで減少しておらず，分布域はむしろ拡大していると推測される．ところが同様に成熟林を好んで営巣し，開けた場所で狩りを行うクマタカは，個体群が回復していない（由井，2007）．このことはクマタカの繁殖率の低さのほかに，他の動物に対して，オオタカよりも警戒心が強いことなどが影響していると考えられる．オオタカにとってもクマタカにとっても，50～60年生を超えて林冠が閉鎖した人工林内部は，小鳥や小型動物を見つけにくく，餌場として不適である．また，オオタカは皆伐や強度間伐によってできた空間や，農地など人が切り開いた草地上の生態系でネズミやウサギを狩ることができるが，クマタカはより人が出現しない生態系を好む傾向があるため，奥山の開放地を必要とする．これらの知見から，生態系保全においては，対象生物の営巣場所と採餌場所をセットにして考えることや，採餌や繁殖に関わる特性に十分配慮する必要があることがわかる．

B. 渡り鳥の多様性に関連する要因

国内の成熟林の増加によっても分布が増加しなかったグループは，東南アジア等と行き来しながら日本で繁殖する夏鳥で，成熟林を好む種としては，コノハズクやサンショウクイなどが含まれていた（Yamaura *et al.*, 2009）．すなわち，遷移初期の森林でも成熟林でも，長距離移動をする渡り鳥はでは分布域の縮小がみられた．渡り鳥の個体群の減少傾向は，中南米の熱帯林との間を行き来する北米の渡り鳥でも知られている（Robbins *et al.*, 1989）．この場合もやはり森林減少が起こっているのは熱帯国側のみで，渡り鳥の場合は，繁殖地における生態系の劣化が個体群密度減少の主な要因となっていることがわかる．

世界的にみて留鳥の保護区は，彼らの生息地の45% をカバーしているといわれる一方で，渡り鳥の保護区は，必要なエリアのわずか9% に過ぎない（Runge *et al.*, 2015）．渡り鳥にとって必要なあと９割の重要な場所には，渡りの休憩地も含まれる．したがって，個々の鳥の渡りルートを見極め，出発地と到着地だけでなく，中継地も含めたすべての国々が鳥の保全に協力し合わなければ，十分な保全は実施できないだろう．

渡り鳥の中継地のあるアルバニアでは，ナショナル・ジオグラフィック誌への投稿によって発覚し2013年に法律で禁止されるまで，10年近くにわたり，イタリアなどからのハンターによって，毎年数千万羽の鳥が殺されたとされる（Franzen, 2013）．当時アルバニアにも生物の生息地を保護する法律が存在していたことから，国内の政治的混乱によって法制度が形骸化したことが，根本的な原因であると推測されている．このことによって生物多様性保全には，保全とは必ずしも直結しないように見える国や自治体の統治の問題が，実は大きく影響することが示された．一般に先進国は，科学的知見と比較的豊富な資金に基づいてより広い保護区を設定でき，愛護団体や保全NGOの活動も盛んな傾向がある．しかし，経済的発展途上にある国やガバナンスが不安定な国を繁殖地とする鳥の生態研究や保護は，当事者国にとっては優先順位が低い問題とされがちと推測されることから，国際的な支援が必要である．

C. 狩猟や外来生物による影響

鳥は人にとっても好適な食物であり，また美麗な羽や暖かな羽毛を持つことで，しばしば過剰な採集圧を受け，絶滅したり絶滅の危機に遭遇したりしている．もともと捕食者が少ないか，いなかった島嶼部の鳥であるモーリシャスのドードーや，ニュージーランドのモアは，人の採集圧と開発による生息地劣化の影響をほぼ同時に受け，さらに外来種であるイヌやネコの捕食などによって，絶滅に拍車がかかったと推測されている．日本でも元々捕食性天敵が少なかった島嶼部では，現在，野生化したネコは大きな脅威となっている．

日本では，明治政府が1872年以降保護鳥を指定し，それらの捕獲や売買を禁止してきた．江戸時代にもハクチョウやツルなどの大型の鳥が禁鳥とされ，一般の捕獲は禁止されていたものの，これは一部権力者の食用とするためだったといわれる．現在は，許可によって29種の鳥の捕獲が可能であるが，原則，野生鳥獣の捕獲は禁止されている．したがって，外来の鳥であっても勝手に捕獲することは，法律で禁じられている．しかし過去にはハシブトゴイのように，人を恐れなかったために容易に捕獲され，絶滅したと考えられる種もある．

日本の森林性の外来の鳥としては，ソウシチョウやガビチョウが知られるが，現時点での生態系への影響はあまり明確ではない．しかし，これらの鳥が侵入・定着したハワイでは，捕食者の誘引源になるなどしてほかの鳥群集に負の影響を与えている例に基づき，日本の外来生物法で，特定外来生物に指定されている．

D. 気候変動の影響

鳥に対する温暖化の影響は，昆虫食のシジュウカラで調べられているが，この鳥が元々持っているフェノロジーの可塑性（子育ての時期をずらすなどの柔軟性）によって環境変化に適応することで，当面カバーできていると推測された（Charmantier *et al.*, 2008）．ただしこのような温暖化影響回避には，餌の探索に親鳥が営巣に費やすエネルギー消費量と，子育ての成功率とのバランスが不可欠であることから，温暖化影響評価にあたってはシジュウカラだけでなくほかの鳥についても，餌と鳥のフェノロジーや気候変動への適応力の差を含めた，関連要因に対する総合的な反応に着目する必要がある（Thomas *et al.*,

2001)．たとえば北米の落葉〜針広混交林に生息するノドグロルリアメリカムシクイは，冬季にカリブ海沿岸〜中米に移動する小型の渡り鳥であるが，エルニーニョの年には成鳥の生存と繁殖率が低下し，ラニーニョの年には増加することが知られる．この鳥の繁殖成功も，餌資源であるガやチョウの幼虫の発生に依存していたことから，鳥の個体数増加と餌の発生時期や増加がリンクしないと，思わぬ個体群崩壊が起きかねないことがわかる．すなわちエルニーニョ／ラニーニョによる気候変動がより過酷で予測しがたくなることは，留鳥・渡り鳥にかかわらず，我々が予期しがたい鳥の絶滅のリスクが高まることといえるだろう（Sillett *et al.*, 2000)．

気象庁では，ウグイスの初鳴きやツバメの初見日を1981年から全国的に記録してきた．これら生物季節の長期観測データは，温暖化影響等のモニタリングに匹敵し，長期変動の分析を可能にする．一般市民の参加を得ることで環境や生物多様性の変化に対する興味関心を広げる意味でも，貴重な活動である．

E. 保全の動機づけ

世界中にはたくさんの野鳥愛好家がいて，鳥に親しんできた多様な文化がみられる．しかし愛好家にとってだけでなく，野鳥は多くの人々にとっても身近な自然である．野鳥を指標として，人々の現在の自然保護に対する満足度についてアンケートを取った研究では，必ずしも現状に満足していない実態が明らかになった（Yamaura *et al.*, 2016)．そこで保全に対しての支払意志額を聞いてみると，人々が望ましいと感じる鳥の密度と支払意志額の関係は，一山型のカーブを描いた．すなわち，人々は際限なく資金を投入しつつ可能なかぎり多くの鳥がいてほしいと感じているわけではなく，ある程度の保護は重要と認識しているが，過剰な支払いは逆に負担に感じることが示された．このように自然保護に対して自身の資金を投入したいと感じるのは，自然を好ましいと思う人々だろう．そのような人々はどんな経験をしてきたのか，東京の大学生にアンケートで聞いたところ，子供の頃に自然に親しんだ人々や，今も自然に親しんでいる人々が自然を肯定的にとらえていることがわかった（Soga *et al.*, 2016)．自然全体をとらえるときも，鳥やチョウなどに焦点を絞ったときも，同様の傾向がみられたことから，野鳥観察という活動そのものが，生物多様性保全につながってゆくと期待できる．

4.5　哺乳類の多様性の変化

4.5.1　多様性の変化のトレンド

IUCNの2000年のデータによれば，地球上で明らかになっている哺乳類の全種数は4,763種，うち24%は絶滅の恐れがある（threatened）種とされ，また87種はすでに絶滅が確認されている（Hilton-Taylor, 2000）．これら絶滅の恐れのある哺乳類の主な生息地は熱帯雨林であり，今日の熱帯地域における急激な森林減少が，多くの絶滅危惧種を生んだ要因といえる．たとえば東南アジアの山地林に広く生息していたスマトラサイは，森林減少と狩猟によって著しく減少し，種の存続は極めて深刻な状態にある．

哺乳類が絶滅やその危機に至る主な要因としては，植物などと同様に生息地の減少と過剰な利用が推測されているが，その他に内的因子，すなわち移出入のしにくさ（新しい集団への入りやすさや，遠くへ移動しない傾向など）や，未成熟個体の死亡率の高さや近親交配などのもともと持っている種の特性があげられる（Hilton-Taylor, 2000）．つまり哺乳類の中には，元々環境変化に過敏に反応して絶滅しやすい生活史特性を持つ種が複数あると推測されることから，特にこのような種の生息地保全が緊喫の課題であるといえる．またこのような内因を持たない種でも，アフリカなど，そこに暮らす人々が十分な栄養源を手軽に購入しにくい地域では，野生動物の肉はブッシュミートと呼ばれる貴重なタンパク源として，過度な狩猟圧がかかり個体群の深刻な減少の危機にさらされていることがある．西および中央アフリカの湿潤林でのブッシュミートのための狩猟圧は，有蹄類，次いでげっ歯類で大きい（Fa *et al.*, 2005）．狩猟による直接的な個体群減少のほかに，熱帯林の果実や堅果類の商業目的での過剰な採集もこれらを餌とする動物に強い負の影響を与えており，一見森林は残っているが生息生物が激減するという，empty forestという現象が懸念されている（Redford, 1997）．

1960年代から2000年までの間，陸上生態系における保護地域は世界的に増加し続けているものの，1970年代から2000年までに陸上脊椎動物の多様性は，緩やかに減少し続けていると評価された（Secretariat of the Convention on Biological Diversity, 2006）．そのため保全努力が功を奏していないようにも見えるが，保全がなかった場合の予測より絶滅危惧種の数はわずかながら減っており，今後も戦略的で持続的な保全の効果が期待される（Hoffmann *et al.*, 2010）．

4.5.2　社会・経済的変化と哺乳類の多様性

A. 絶滅あるいは著しく減少した種

日本では現在までに，ニホンオオカミ（およびエゾオオカミ），ニホンカワウソ（北海道亜種および本州以南亜種），オキナワコウモリ，ミヤコキクガシラコウモリ，オガサワラアブラコウモリの5種と2亜種の絶滅が記録されている（表4.1；環境省，2015）．いずれの種も，多少なりとも森林生態系に依存するといえる．

コウモリは種数が哺乳類全体の1/4を占め，また極地や高山，海洋島などを除き世界中のいたるところに生息するにもかかわらず，種や生息地の確認が進んでいないグループの一つである．環境省の第4次レッドデータリストで絶滅とされた3種は，もともと採集例も少なく実態のよくわからない種だったが，森林性のミヤコキクガシラコウモリは，生息地の減少に基づき絶滅と判定された（環境省，2015）．世界的には，特にコウモリ類の多様性が高い一方で森林減少と劣化が著しい熱帯地域で，営巣場所や採餌場所が失われることによる森林性コウモリの種および個体群の減少が懸念されている（Mickleburgh *et al.*, 2002）．日本でも，老齢林の減少に伴って森林性コウモリの営巣に適した樹洞などのある大径木が減少したことが，コウモリの生息に大きな影響を与えている（Yoshikura *et al.*, 2011）．

これに対して日本のオオカミやカワウソに関しては，森林減少が直接的に絶滅を引き起こしたとは考えにくい．ニホンオオカミは生息当時，数頭の小さなグループで薄暮や薄明の時間帯に行動し，主にニホンジカを餌としていたと考えられている．古くは信仰の対象だったともされるが，江戸後期～明治以降は馬などの家禽を襲う害獣や狂犬病（*Rabies virus*）の媒介者とみなされ，積極的に駆除された．さらに魔除けとして遺骸が好まれたために，過剰に捕獲されたこともあった．これらの採集圧に加えて，生息地の分断化等による劣化もあいまって，およそ100年前に絶滅したと考えられている．米国イエローストーン周辺では，人の狩猟による捕食動物の制御と生態系の劣化によって，ハイイロオオカミの地域絶滅が起こった．そのため大型草食動物のエルクの天敵がいなくなり，森林更新がうまくいかなくなっただけでなく，ビーバーなど樹木を利用するほかの動物の減少も引き起こしたため，現在再導入プログラムが実施されている（Ripplea & Beschta, 2003）．日本でも，オオカミの絶滅はシカやイノシシなど大型草食哺乳類の個体群制御に，ある程度の影響があったと推測される．草食獣制御のためなどの理由から，ニホンオオカミを再導入する意見はあるが，それに先立ち，絶滅に至った原因を社会的要因も含めて十分に明らかにしてから，野生個体群維持の可能性を評価する必要があるだろう．

B．森林利用の変化の影響と対策

本州から九州までの地域では，江戸時代初期までにすでに相当量の森林が皆伐，あるいは択伐されていた（徳川林政史研究所，2012）．江戸時代に入って幕藩主導の造林が奨励されたものの，天然林の大径木が好んで伐採され，利用され続けたことから，老齢林を好んで利用する哺乳類の生息地はこの頃から徐々に劣化し，消失していったと推測される．さらに里山周辺に生息する小型哺乳類にとって，ネコやイヌの野生化や後に起こった捕食性の外来哺乳類の導入は，大きな脅威であったと考えられる．またホンドオコジョなどのように毛皮の美しい野生動物は，過剰な捕獲の影響を強く受けている．外来種防除の進捗や乱獲阻止が推進されても，望ましい生息地が確保できなければ，これらの森林性哺乳類の個体群密度の回復は困難を極めると予想される．

大径木が多数維持された原生林的な老齢林は直ちに回復できないことから，道路建設などの分断化が生じる場合には，人工的な回廊（コリドー）設定を検討すべきである（上野ほか，2014）．熱帯林におけるインフラ整備が野生動物に与える影響は，生息地の分断化だけでなく，林縁部の土砂崩壊，有害物質の流入，外来種や人の進入路の提供など多岐にわたり，しかも極めて大きい（Laurance *et al.*, 2009）．このような回廊によって，野生動物は好ましくない生息場所から移動でき，また回廊の形態によっては交通事故死もある程度回避できたことから，安全性も確保の役割も果たせると考えられる．これまでにスロープ，橋，トンネル状の通路など様々な回廊が試みられおり，今後はこれら回廊の有効性について，定量的かつ長期的な有効性の評価が行われることだろう．

また日本にはヒグマとツキノワグマの2種のクマが生息するが，いずれも分布や個体群密度において，森林劣化や分断化の影響を強く受けていると推測されている．ツキノワグマは，大陸起源の日本亜種として，現在は本州と四国に分布する．東北から近畿地方までの個体群は概ね連続的に分布するが，中国地方，紀伊半島，四国の個体群は分断化されていると推測される（自然環境研究センター，2010）．ドングリが不作の年に人里に降りてくるとされ，各自治体がクマへの注意を呼び掛けている．現在，中山間地ではこれら野生のクマは人を襲う害獣とみなされるが，最近の研究では，サクラの果実の成熟に合わせて移動するツキノワグマが，種子を排泄することで垂直方向への種子分散に貢献している可能性が示唆されている（Naoe *et al.*, 2016）．大型哺乳類も植物の移動分散，ひいては植生の多様性に貢献している可能性が明らかとなったといえる．このような生態系サービスの評価を生かした，適切な生息地管理が必要である．

C. 外来生物の影響

日本の島嶼部では，イリオモテヤマネコやツシマヤマネコ，アマミノクロウサギなどのほか，島嶼部固有のネズミ類の多くが絶滅危惧種に指定されている(環境省，2015)．密度低下の最も大きな原因は，森林伐採や人工林化による生息地や餌の減少と考えられるが，ほかに野生化したイヌ・ネコなどとの競合や，これらによる病気の伝搬も見逃すことができない．これらより小型のネズミ類も，主に森林減少や劣化が絶滅危惧の大きな要因であるが，そのほかに野生化したイエネコや，外来種マングースなどによる捕食の影響も大きいと考えられている．大陸から距離のある島嶼部，特に海洋島の生物は，固有性（代替不可能性）の面から保全の優先度が高いが，移出入の頻度が低い状態で長く安定した生態系が維持されてきたため，外来種の影響を受けやすい傾向がある．特にオーストラリア，ニュージーランド，日本では小笠原諸島など大型捕食者がいなかった島では，哺乳類の固有種は，人による狩猟を含め捕食に対して脆弱であった．

マングースはおよそ100年前（1910年）にハブの防除を目的として沖縄島

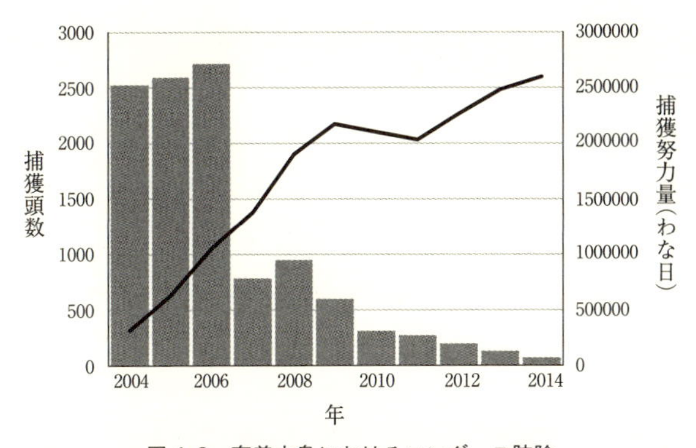

図 4.8　奄美大島におけるマングース防除
棒は実捕獲頭数，折れ線は捕獲努力量（のべわな日数）．環境省（2016）外来生物法（http://www.env.go.jp/nature/intro/4control/bojokankyo.html）より．

に野外放飼され，次いで 1979 年に奄美に放された．ところが，むしろカエルやヘビなどを含む中～小型の脊椎動物への捕食影響が大きいことから，ボランティアを中心とする精力的な駆除活動が行われるようになり，現在は根絶の一歩手前の状況である（山田ほか，2011；環境省那覇自然環境事務所，2013）．今後は，奄美大島における固有種の回復状況のモニタリングが必要である（図 4.8）．

日本のクマやサルは，農業被害や人を襲うことが注目されても，生物多様性の面から評価されることはほとんどなかった．しかしニホンザルは，温帯域に生息するサルの一種であるだけでなく，世界で最も高緯度に生息する極めて珍しい種である．海藻を食べたり，温泉を利用したりする習性は，世界的に良く知られる．またニホンザルは，昔から人里で見かける身近な動物の一種として，桃太郎や猿蟹合戦などの昔話に登場したり，鳥獣戯画などに描かれたりしている．さらに信仰の対象にもなるなど，日本人の文化的背景に大きな影響を与えたといえるだろう．ニホンザルは日本の固有種だが，1930 年頃に別種のタイワンザルが野生化し，また 1990 年代にはアカゲザルの野生個体が発見されるようになって，これらとの交雑が問題となっている．

D. 密度増加と個体群管理

日本では拡大造林後に，シカやイノシシを含む森林性の哺乳類の分布域が，全体的に拡大した（山浦・天野，2010）．日本では元々捕食性哺乳類の捕食圧が小さかったことから，人による狩猟は野生動物の密度と分布に大きな影響力を持っていたと考えられる．江戸時代初期の社会の安定化がもたらした人口増加によって農地が拡大し，それまでタンパク源や毛皮として重要性が認識されていたシカやイノシシは，瞬く間に害獣としての地位を上り詰めた（環境省，2016）．シカによる農作物被害は当時も深刻で，農民が領主に願い出てシカ狩りを実施することもあったが，一方でシカの絶滅が危惧され，保護されることもあった（長岐，1988）．肉の入手や害獣駆除だけではなく，戦闘訓練や武士の士気を高める目的で，領主の号令の下，シカ狩りが行われた記録も残されている（毛利・只野，1997）．シカは，もともと奥山ではなく平地の疎林を好むこと，斜面を利用した追い落とし猟が主流であったことから山地にも生息したと推測されること，日本各地で鹿追が行われていたことなどから，分布拡大と呼ばれる現況は概ね，個体数と分布域が著しく低下した明治～1970年代頃からの分布域の回復と見ることもできるだろう．一方で高山地帯は本来のシカの生息地ではなかったことから，温暖化や狩猟圧の減少による密度増加が，垂直方向の分布拡大の引き金となったと考えられる．シカやイノシシによる農業被害額は甚大であるが，シカによる植生破壊は，生物多様性にも大きな負の影響を与えている．シカの食圧は森林の天然更新を阻害し，希少種の絶滅にも関わるほか，下層植生の消失による土壌流亡の原因にもなる．さらに水源涵養機能の低下が懸念されるなど，生態系サービスへの影響も無視できない（環境省，2016）．

ネズミ，ノウサギも幼樹の食害によって林業被害を起こすが，食害はせいぜい1m未満の高さまでで必ずしも樹木を枯死させないため，新規植林地の少ない現在では，彼らのインパクトはずいぶん小さいといえるだろう．シカ，イノシシ，ウサギは，世界各地で植生遷移に負の影響を与える害獣化する一方で，ゲームハンティングを含めた狩猟の対象でもあり，またジビエ料理として好まれる食材でもある．人はこれら里山の哺乳類と長く付き合って暮らしてきたが，生活様式が変化する中では，科学的知見に基づく個体群管理が必須となってきた．

日本にはマタギと呼ばれる猟を行う集団の独特な文化があるが，森林や野生動物の減少や禁猟，社会変化に伴い，マタギ猟を行う人の数は激減した．マタギ猟が野生動物の密度や行動範囲の制御に果たした役割は不明であるが，少なくともマタギ猟を行う人々は，先人の知識や技術に学び，それを伝え，地域文化の一部を担ってきた．しかし伝統的な猟師の減少に伴い，自然にかかる伝統文化としての狩猟は失われつつある．近代の武器による狩猟は，大きな採集圧として世界各地で野生動物を絶滅に追い込んだが，伝統的な手法による猟がどれほど持続的であったのかは，残念ながらほとんど評価されていない．

E. 野生動物の保全

このほかタヌキ，ニホンアナグマ，ホンドギツネ，ニホンリスなど，里山で普通にみられた野生動物は，絶滅が危惧されるほどではないが，自然が豊かな望ましい生息地を失いつつある．これらのうち，タヌキは都市部でも側溝や縁の下に巣を作って暮らし，さらにアナグマがそのあとを利用するなど，一部の動物は人のそばで暮らすことに適応した．しかし最近郊外で交通事故死する動物は，タヌキよりもハクビシンの方が普通になったり，ニホンリスとタイワンリスの交雑が心配されたりするなど，在来個体群の持続性には，外来種をはじめとする様々な脅威がある．

野生動物は，体の大きさから生態系機能が高く，特に森林の更新や遷移において無視できないうえ，生態系の健全性の指標として有用である．一方で，人畜共通感染症の保菌動物となったり，農業被害を引き起こしたりするなどの負の側面も持っていることから，効果的な哺乳類の多様性保全のためには，人々のライフスタイルの変化に合わせた，これら動物たちとの健全な付き合い方を検討する必要があるだろう．小学生へのアンケート調査によると，日本人の小学生の6割が好きな動物をイヌと答え，次いでネコ，ウサギ，ハムスター，カブトムシが並んだ（学研教育総合研究所，2011）．嫌いな動物はヘビ，トカゲ，カエル，スズムシやコオロギの順で，好きな動物は概ね現在飼っているペット，嫌いな動物は里山で普通に見かける生物になってきたようである．古来より人にとって身近な野生動物たちは，信仰の対象となったり，物語の主人公になったり，歌の中に登場したりもしてきた．これら日本人の文化的多様性に影響を与えてきた生き物の個体数の増減や，これらの生き物に対する認識の変化が，今後，自然や社会にどのような影響を及ぼすかを追跡してゆくべきだろう．

おわりに

以上，述べてきたように，この 100 年間に日本の森林は大きく変化し，それに伴って生物多様性も大きく変わった．その変化の様子は，生物の分類群によって異なるが，原生林のような安定した環境に適応した種だけでなく，人間活動による撹乱に適応した種の中にも，人間活動の変化に伴って生息環境を失うものも多い．それぞれの生物は，森林生態系のなかで多様な機能的役割をもっており，構成種が変化することは逆に森林の機能の変化を引き起こす．人間がある機能（生態系サービス）を期待して森林を改変しても，そのことが生物相に思わぬ変化を引き起こし，期待した機能が得られない場合もあるだろう．この 100 年間は，そうした生態系の相互作用の複雑さを人間が初めて経験した時でもあっただろう．生物の絶滅は不可逆な変化であり，何億年もの進化の歴史の結果として得られたこうした多様性を一瞬のうちに失うことの危うさを，もっと深刻に考える必要があるだろう．

参考文献

平岩米吉（1992）狼―その生態と歴史，pp. 308，築地書館．
岩淵喜久雄 編（2015）カミキリムシの生態，pp. 389，北隆館．
国立科学博物館 編（2008）菌類のふしぎ，pp. 216，東海大学出版会．
清水大典（1997）冬虫夏草図鑑，pp. 446，家の光協会．
小笠原暠（1988）クマゲラの世界，pp. 201，秋田魁新報社．

引用文献

Berg, A., Ehnstrom, B. *et al.* (1994) Threatened plant, animal, and fungus species in swedish forests: distribution and habitat associations. *Conserv. Biol.*, **8**, 718–731

Charmantier, A., McCleery, R. H. *et al.* (2008) Adaptive phenotypic plasticity in response to climate change in a wild bird population. *Science*, **320**, 800–803.

Damschen, E. I., Haddad, N. M., *et al.* (2006) Corridors Increase Plant Species Richness at Large Scales. *Science*, **313**, 1284–1286.

Dudgeon, D., Arthington, A. H. *et al.* (2006) Freshwater biodiversity: importance, threats, status and conservation challenges. *Biol. Rev.*, **81**, 163–182.

海老原淳（2011）日本固有植物のホットスポット．日本の固有植物（加藤雅啓・海老原淳 編），pp. 29–34，東海大学出版会．

Ellwood, E. R., Diez, J. M. *et al.* (2012) Disentangling the paradox of insect phenology: are temporal trends reflecting the response to warming? *Oecologia,* **168**, 1161–1171.

Fa, J. E., Ryan, S. F. *et al.* (2005) Hunting vulnerability, ecological characteristics and harvest rates of bushmeat species in afrotropical forests. *Biol. Conserv.,* **121**, 167–176

FAO (2013) Forest pest species profiles: insect pests. Available at http://www.fao.org/forestry/49397/en/

Foley, J. A., DeFries, R. *et al.* (2005) Global consequences of land use. *Science,* **309**, 570–574.

Franzen, J. (2013) *Last song for migrating birds.* National Geographic.

学研教育総合研究所 (2011) 小学生白書 Web 版 http://www.gakken.co.jp/kyouikusouken/whitepaper/201112/chapter4/01.html

Garibaldi, L. A., Steffan-Dewenter, I. *et al.* (2013) Wild pollinators enhance fruit set of crops regardless of honey bee abundance. *Science,* **339**, 1608–1611.

Hasegawa, M., Fukuyama, K. *et al.* (2009) Collembolan community in broad-leaved forests and in conifer stands of *Cryptomeria japonica* in Central Japan. *Brazilian J. Agr. Res.,* **44**, 891–890.

Hilton-Taylor, C. (Compiler) (2000) *2000 IUCN Red List of Threatened Species.*

Hoffmann, M., Hilton-Taylor, C. *et al.* (2016) The impact of conservation on the status of the world's vertebrates. *Science,* **330**, 1503–1509.

細谷 剛 (2006) 動物でも植物でもない菌類の世界．日本列島の自然誌（自然科学博物館 編）pp. 176–187，東海大学出版会．

五十嵐哲也，牧野俊一ほか (2014) 植物の多様性の観点から人工林施業を考える―日本型「近自然施業」の可能性―．森林総合研究所研究報告，**13**，29–42．

Iida, S. & Nakashizuka, T. (1995) Forest fragmentation and its effect on species diversity in sub-urban coppice forests in Japan. *For. Ecol. Manag.,* **73**, 197–210.

Inoue, T. (2003) Chronosequential change in a butterfly community after clear-cutting of deciduous forests in a cool temperate region of central Japan. *Entomol. Sci.,* **6**, 151–163.

井上民二 (2001) 亜熱帯雨林の生態学，pp. 347，八坂書房．

IPBES (2016) Summary for policymakers of the assessment report of the intergovernmental science-policy platform on biodiversity and ecosystem services (ipbes) on pollinators, pollination and food production.

石田 健 (1989) 森と木を守るドラマーたち．アニマ，**205**，44–49．

Kadoya, T. & Washitani, I. (2011) The satoyama index: A biodiversity indicator for agricultural landscapes. *Agr. Ecosyst. Environ,* **140**, 20–26.

紙谷智彦 (1987) 薪炭林としての伐採周期の違いがブナ–ミズナラ二次林の再生後の樹種構成に及ぼす影響について．日本林学会誌，**69**，29–32．

加藤雅啓 (2011) 日本の固有植物．日本の固有植物（加藤雅啓・海老原淳 編）pp. 3–10，東海大学出版会．

環境省 (2012) 生物多様性国家戦略 2012–2020.

環境省 (2014) レッドデータブック 2014. 9　植物II，pp. 580，ぎょうせい．

環境省 (2015) レッドリスト 2015.

環境省（2016）野生鳥獣の保護及び管理．https://www.env.go.jp/nature/choju/index.html
環境省那覇自然環境事務所（2013）奄美大島マングース防除事業．
環境省生物多様性及び生態系サービスの総合評価に関する検討会（2016）生物多様性及び生態系サービスの総合評価報告書．
Keller, I. & Largiadér, C. R.（2003）Recent habitat fragmentation caused by major roads leads to reduction of gene flow and loss of genetic variability in ground beetles. *Proc. Roy. Soc. B,* **270**, 417–423.
気象庁（2014）気候変動監視レポート 2014.
Komonen, A., Penttilä, R.（2000）Forest fragmentation truncates a food chain based on an old-growth forest bracket fungus. *OIKOS,* **90**, 119–126.
小沼明弘・大久保 悟（2015）日本における送粉サービスの価値評価．日本生態学会誌，**65**，217–226.
Laurance, W. F., Goosem, M. *et al.*（2009）Impacts of roads and linear clearings on tropical forests. *Trends Ecol. Evol.,* **24**, 659–69.
Lodge, D. J. & Cantrell, S.（1995）Fungal communities in wet tropical variation in time and space. *Can. J. Bot.,* **73**, 1391–1398.
Maeto, K., Sato, S., Miyata, H.（2002）Species diversity of logicorn beetles in humid warm-temperate forests: the impact of forest management practices on old-growth forest species in southwestern Japan. *Biodivers. Conserv.,* **11**, 1919–1937.
正木 隆ほか（2003）白神山地奥赤石林道沿いのスギ・広葉樹混交林の群集構造と5年間の変化．東北森林科学，**8**，75–83.
Michleburgh, S. P., Hutson, A. M. *et al.*（2002）A review of the global conservation status of bats. *Oryx,* **36**, 18–34.
三宅恒方（1919）食用及び薬用昆虫に関する調査．農事試驗場特別報告，**31**，1–203.
毛利総七郎・只野 淳（1997）仙台マタギ シカ狩りの話，pp. 136，慶友社.
Müller, A., Diener, S. *et al.*（2006）Quantitative pollen requirements of solitary bees: Implications for bee conservation and the evolution of bee-flower relationships. *Biol. Conserv.,* **130**, 604–615.
長池卓男（2002）森林管理が植物種多様性に及ぼす影響．日本生態学会誌，**52**，35–54.
長岐喜代次（1988）秋田藩の林政談義，pp. 144，秋田共同印刷.
Nakajima, H. & Ishida, M.（2014）Decline of *Quercus crispula* in abandoned coppice forests caused by secondary succession and Japanese oak wilt disease: Stand dynamics over twenty years. *For. Ecol. Manag.,* **334**, 18–27.
Nakao, K., Matsui, T. *et al.*（2011）Assessing the impact of land use and climate change on the evergreen broad-leaved species of *Quercus acuta* in Japan. *Plant Ecol.,* **212**, 229–243.
中静 透（2004）森のスケッチ，東海大学出版会.
Naoe, S., Tayasu, I. *et al.*（2016）Mountain-climbing bears protect cherry species from global warming through vertical seed dispersal. *Curr. Biol.,* **26**, 315–316.
農林水産省（2016）鳥インフルエンザに関する情報．http://www.maff.go.jp/j/syouan/douei/tori/index.html#tori_infuluencr
Ogawa-Onishia, Y., Berrya, P. M., & Tanaka, N.（2010）Assessing the potential impacts of climate

change and their conservation implications in Japan: A case study of conifers. *Biol. Conserv.*, **143**, 1728–1736.

Oguro, M., Imahiro, S. *et al.* (2015) Relative importance of multiple scale factors to oak tree mortality due to Japanese oak wilt disease. *For. Ecol. Manag.*, **356**, 173–183.

Pawson, S. M., Bader, M. (2014) LED lighting increases the ecological impact of light pollution irrespective of color temperature. *Ecol. Appl.*, **24**, 1561–1568.

Redford, K. S. (1997) The empty forests. *BioScience*, **42**, 412–422

林野庁 (2014) 平成 25 年度林業白書.

Ripplea, W. J., Beschta, R. L. (2003) Wolf reintroduction, predation risk, and cottonwood recovery in Yellowstone National Park. *For. Ecol. Manag.*, **184**, 299–313.

Robbins, C. S., Sauer, J. R. *et al.* (1989) Population declines in North American birds that migrate to the neotropics. *Proc. Natl. Acad. Sci. U.S.A.*, **86**, 7658–7662.

Runge, C. A., Watson, J. E. M. *et al.* (2015) Protected areas and global conservation of migratory birds. *Science*, **350**, 1255–1258.

Safranyik, L., Wilson, B. eds. (2006) *The mountain pine beetle a synthesis of biology, management, and impacts on lodgepole pine.* pp. 299, Natural Resources Canada, Canadian Forest Service, Pacific Forestry Centre.

崎尾 均・鈴木和次郎 (2010) 水辺の森林植生（渓畔林・河畔林）の現状・構造・機能および砂防工事による影響. 砂防学会誌, 49, 40–48.

讃井孝義・吉田成章 (2006) ちょっと変わったスギザイノタマバエの生活. 樹木の中の虫の不思議な生活（柴田叡弌・富樫一巳 編著）, pp. 45–63, 東海大学出版会.

Samnegård, U., Persson, A. S. *et al.* (2011) Gardens benefit bees and enhance pollination in intensively managed farmland. *Biol. Conserv.*, **144**, 2062–2066.

Sato, H., Morimoto, S. *et al.* (2012) A thirty-year survey reveals that ecosystem function of fungi predicts phenology of mushroom fruiting. *PLOS ONE*, **7**, e49777.

Secretariat of the Convention on Biological Diversity (2006) *Global Biodiversity Outlook 2.* Montreal.

Shibata, R. *et al.* (2014) Interspecific variation in the size-dependent resprouting ability of temperate woody species and its adaptive significance. *J. Ecol.*, **102**, 209–220.

Shibatani, A. (1990) Decline and conservation of butterflies in Japan. *J. Res. Lepidoptera*, **29**, 305–315.

Shimazaki, M., Sasaki, T. *et al.* (2011) Environmental dependence of population dynamics and height growth of a subalpine conifer across its vertical distribution: an approach using high-resolution aerial photographs. *Glob. Change Biol.*, **17**, 3431–3438.

森林総合研究所関西支所編 (2010) ナラ枯れの被害をどう減らすか—里山林を守るために—. 森林総合研究所関西支所.

自然環境研究センター (2010) クマに注意. 環境省パンフレット.

Sillett, T. S., Holmes, R. T. *et al.* (2000) Impacts of a global climate cycle on population dynamics of a migratory songbird. *Science*, **288**, 2040–2042.

Soga, M., Gaston, K. J. *et al.* (2016) Urban residents' perceptions of neighbourhood nature: Does the extinction of experience matter? *Biol. Conserv.*, **203**, 143–150.

Strong, D. R., Lawton, J. H. *et al.* (1984) *Insects on plants: Community patterns and mechanisms.* pp. 313, CABI.

須賀 丈・丑丸敦史・田中洋之 (2011) 日本列島における草原の歴史と草原の植物相・昆虫相．日本列島の三万五千年—人と自然の環境史 2　野と原の環境史 (佐藤宏之・飯沼賢司 編), pp. 101–122, 文一総合出版.

Takahashi, K. & Kamitani, T. (2004) Effect of dispersal capacity on forest plant migration at a landscape scale. *J. Ecol.*, **92**, 778–785.

Tak, i H., Inoue, T. *et al.* (2010) Responses of community structure, diversity, and abundance of understory plants and insect assemblages to thinning in plantations. *For. Ecol. Manag.*, **259**, 607–613.

Tak, i H., Maeto K. *et al.* (2013) Influences of the seminatural and natural matrix surrounding crop fields on aphid presence and aphid predator abundance within a complex landscape. *Agr. Ecosyst. Environ.*, **179**, 87–93.

Thomas, D. W., Blondel, J. *et al.* (2001) Energetic and fitness costs of mismatching resource supply and demand in seasonally breeding birds. *Science*, **291**, 2598–2600.

徳川林政史研究所 編 (2012) 森林の江戸学, pp. 294, 東京堂出版.

上野裕介・園田陽一ほか (2014) 野生動物に対する道路横断施設の設置と事後調査に関する技術資料．国土技術政策総合研究所資料 795.

Visser, M. E., Both, C. (2005) Shifts in phenology due to global climate change: the need for a yardstick. *Proc. Roy. Soc. B*, **272**, 2561–2569.

Wilcove, D. S., Ruthstein, D. *et al.* (1998) Quantifying threats to imperiled species in the United States. *BioScience*, **48**, 607–615.

山田文雄・小倉 剛・池田 透 編 (2011) 日本の外来哺乳類—管理戦略と生態系保全—, 東京大学出版会

山浦悠一・天野達也 (2010) マクロ生態学：生態的特性に注目して．日本生態学会誌, **60**, 261–276

Yamaura, Y., Amano, T. *et al.* (2009) Does land-use change affect biodiversity dynamics at a macroecological scale? A case study of birds over the past 20 years in Japan. *Anim. Conserv.*, **12**, 110–119.

Yamaura, Y., Shoji, Y. *et al.* (2016) How many broadleaved trees are enough in conifer plantations? The economy of land sharing, land sparing and quantitative targets. *J. Appl. Ecol.*, **53**, 1117–1126.

Yamashita, S., Hattori, T. *et al.* (2012) Changes in community structure of wood-inhabiting aphyllophoraceous fungi after clear-cutting in a cool temperate zone of Japan: Planted conifer forest versus broad-leaved secondary forest. *For. Ecol. Manag.*, **283**, 27–34.

野生生物調査協会・環境保全事務所 (2007) 日本のレッドデータ検索システム．http://jpnrdb.com/index.html

Yoshikura, S., Yasui, S. *et al.* (2011) Comparative study of forest-dwelling bats' abundances and species richness between old-growth forests and conifer plantations in Nikko national park, central Japan. *Mammal Study*, **36**, 189–198.

由井正敏 (2007) 北上高地のイヌワシ *Aquila chrysaetos* と林業．日本鳥学会誌, **56**, 1–8.

森林の変化と生態系サービス

中静 透

はじめに

生態系サービスとは，生態系が人間にもたらす利益や恵みを指す．人間と森林の歴史も，森林生態系が我々にもたらす生態系サービスを巡る利用の歴史であったともいえる．つまり，自然条件で成立する森林の種類だけでなく，その時代と場所で求められた生態系サービスの違いによって，森林の歴史が異なるのである．また，ある生態系サービスを過剰利用した結果として，ほかのサービスの劣化が起こり，それに対する対策を強いられたり，新たな利用形態が生まれたりすることになる．この章では，こうした生態系サービスの利用という側面から森林の歴史と変化を見てみたい．

5.1　森林の生態系サービス

5.1.1　生態系サービスとは

Millennium Ecosystem Assessment（2005）によれば，生態系サービスは，供給，調整，文化，基盤の四つに分類されている（図5.1）．このうち，基盤サービスは，生態系の基本的な機能に相当し，ほかの三つのサービスは基盤サービスから派生して人間に直接の利益をもたらす．生態系サービスは，「森林の多面的機能」などという場合の「多面的機能」とほぼ同義である．たとえば，

物質の供給	調整	文化
生態系が生産するモノ（財）	生態系のプロセスの制御により得られる利益	生態系から得られる非物質的利益
食糧	気候の制御	精神性
水	病気の制御	レクリエーション
燃料	洪水の制御	美的な利益
繊維	無毒化	発想
化学物質	花粉媒介	教育
遺伝資源		共同体としての利益
		象徴性

支持基盤
他の生態系サービスを支えるサービス
土壌形成
栄養塩循環
一次生産

図5.1　生態系サービスの種類と分類
下線で示した項目は，生物多様性がとくに重要なサービス．
Millennium Ecosystem Assessment（2005）を一部改変．

木材供給機能は供給サービスの一つであり，水源涵養機能は水の量に注目すれば供給サービス，水質に注目すれば調整サービスの一つととらえることができる．したがって，生態系サービスという語を用いなくても説明は可能であるが，最近の国際的な会議では，生態系サービス（ecosystem service）という語が定着している．

5.1.2　生物多様性と生態系サービス

生態系サービスと森林の歴史を考えるうえで，まず整理しておきたいのは，生態系サービスと生物多様性の関係である．生物多様性が高いことがすべての生態系サービスにとって重要な働きをするわけではない．樹種を問わない木質材料の供給サービスを最大化しようとする場合には，経済価値が高く成長速度の速い単一樹種の植栽（モノカルチャー）が短期的に最も効率良い方法であるが，その場合には生物多様性は低くなってしまう．同じように，二酸化炭素の吸収速度を最大化する場合にも，成長の速い樹種のモノカルチャーがよい．二つの生態系サービス，つまり温暖化緩和と生物多様性の保全の間に対立関係が生じてしまうことになる．

供給サービスの中には，均一な材料が必要とされる場合やバイオマスエネルギーのように，質よりは量が問題である場合には生物多様性が重要な役割を持たない場合が多い．ただし，伝統的な日本建築のように，様々な部位にそれぞれの樹種の材質を活かして用いるというような場合や，化学物質や遺伝資源など多様であることに意味がある場合には多様性が重要である．一般的には，多様性が重要なサービスは文化サービスとしても評価できることが多い．調整サービスでは，気候の調節や水源涵養など物理的な量の調節に関しては，森林の現存量や生産速度，蒸散速度などが重要であって，生物多様性は一定の役割は果たせても（たとえば，Balvanera *et al.*, 2007），その効果は大きくない．たとえば，生物多様性の低い人工林が生物多様性の高い原生林よりも，水源涵養サービスが低いとは限らない．一方，花粉媒介や病害虫の制御など生物的調整に関しては生物多様性が重要な役割を果たす（中静，2005）．文化サービスに関しては，その地域に特有な生物が重要な場合が多く，その多くについて生物多様性が重要な意味を持っている．ただし，その社会的経済的評価は供給・調整サービスほどには高くない．生物多様性はなぜ必要かと問われる所以でもある．

5.1.3 森林タイプと生態系サービス

もう一つ整理しておきたいのは，森林のタイプと生態系サービスの関係である．上記のように，生態系サービス間にはトレードオフが成り立つ場合もあるため，健全な生態系や自然性の高い生態系であれば，すべての生態系サービスが十分に期待できるというわけではない．原生林や二次林，人工林，といった森林タイプごとに期待できる生態系サービスは異なっているのである(中静, 2011)．

人工林は木材の供給サービスを重要な目的とした森林であるし，二次林でもパルプやバイオマスエネルギーなどの供給が可能である．しかし，原生林や都市林にはそうした供給サービスを私たちは期待していない（表5.1）．一方，原生林や二次林などでは樹木だけでなく動物や菌類などの多様性も保たれるので，化学物質や遺伝資源の供給が期待できる．物理的な調整サービスに関しては，どの森林タイプでも期待できるが，都市林ではとりわけヒートアイランドの防止や，最近問題となっている表流水の土壌への蓄積などを私たちは期待し

表5.1　森林のタイプと期待される生態系サービス（中静，2011を一部改変）

生態系サービス	原生林	二次林	二次林	都市林
供給サービス				
食糧	山菜・きのこ	山菜・きのこ		
水	水源涵養	水源涵養	水源涵養	
燃料		薪・炭		
木質材	（木材）	パルプ	木材	
化学物質	化学物質	化学物質		
遺伝資源	遺伝資源	遺伝資源		
調整サービス				
気候の制御	気候の制御	気候の制御	気候の制御	ヒートアイランドの緩和
洪水の制御	洪水制御	洪水制御	洪水制御	表面流出水制御
病害虫制御	病害虫制御	病害虫制御		
送粉	送粉	送粉		
炭素吸収		炭素吸収	炭素吸収	炭素吸収
文化サービス				
精神性	信仰			
リクリエーション	エコツーリズム	グリーンツーリズム	グリーンツーリズム	都市のアメニティ
美的な利益	発想	発想	林業教育	自然教育（都市公園）
発想	自然教育	自然教育（里山）		
教育				
	祭り・保護運動	共有林・里山運動	共有林	住民参加型管理
共同体としての利益	希少生物・原始性	身近な生物・自然	ブランド材	
		里山文化		
象徴性			林業文化	歴史と結びついた森林など
伝統文化	狩猟文化			

ている．生物的制御については，多様な生物の相互作用が存在する二次林や原生林が優れている．文化サービスに関しても生物多様性の高い森林が優れているが，日本のように伝統的な林業の発達した地域では，地域特有の林業技術などが分化しており，人工林であってもそれなりの文化サービスが期待できる．一方，住民の多い都市周辺では，森林での体験を望む住民の数が多いので，その分リクリエーションなどのサービスが大きく期待されている．

5.1.4　森林の変化要因と生態系サービス

一般論として森林の生態系サービスを考えるとき，過去から現在を通じて，人間にとって最も経済価値があると判断されてきたものは木質材料の供給サービスであった．日本では一般的には，建築や構造材に用いられる木材が重要であるが，世界全体で見るとき量的に最も必要とされているものはエネルギーとしての木質資源だと考えられている．人間が火を使うことを知ってから木質エネルギーとしての利用は始まり，途上国ではいまだに木質エネルギーの供給サービスに対する期待は大きい．先進国でも，化石エネルギーの利用による温暖化を緩和する手段として，バイオマスエネルギーの利用も始まっており，枯渇性の化石燃料と木質資源などによる再生可能なエネルギーの利用バランスに関しても注目されている．

また，供給サービスのうち化学物質や遺伝資源は，近年とくに注目されるようになってきたサービスで，森林生物から様々な薬品などの化学物質や有用な菌類株などを見出し，人類全体としての利益や産業として期待されている．

これらの供給サービスは，歴史の中ですでに資源の再生スピードを超えて過剰利用されてきた傾向があり，それが大きな問題を引き起こしてきた．歴史的にみると，供給サービスの過剰利用の結果として調整サービスの劣化が起こり，その重要性が認識されることが多い．どの調整サービスが問題となるのかは，地域や気候条件，森林タイプ，時代によって異なっている．初期には，調整サービスは無償で得られるものと認識されていたが，環境容量を超えた場合や機能劣化を補てんする必要が生じた場合には社会・経済コストが生じ，様々な形で生態系の管理が社会問題となってくる．たとえば，河川の水質浄化サービスは，長い間無償と考えられてきたが，廃水量が生態系サービスとして浄化できる限界を超えてしまったことによって公害問題が生じた．その結果，廃水は河川の浄化能力を超えないように人工的に処理をしてから流されるようになった．また，生態系が二酸化炭素を吸収する機能も無償で受けられるサービスと考えられてきたが，地球レベルでその限界を超えたことで温暖化が起こり，その対策コストを世界中で負担しようという議論が始まっているのである．

調整サービスのうち，花粉媒介や病害虫の制御なども，かつてはそのコストを意識しなかった問題であるが，農林水産業の方法が集約化したり，単一品種を大量栽培したり，化学物質を多用したりするような近代化（短期的な効率を重視）が進んだことによって，花粉媒介生物の減少や病害虫・害獣の大発生などの問題が顕在化してきた．農林水産業で利用する生物といえども，その共生・寄生関係や食物網での相互作用のなかで生産がなりたっており，それらをめぐる相互関係が変化することによって問題が生じている．

有史以前から，人類は様々な形で文化サービスを享受してきたが，その重要性を顕著に意識するようになったのは中世以降であり，ここでも供給サービスの過剰利用がきっかけになっている．身近な自然が消失してゆくことにより，レクリエーションの場としての森林の重要性が意識されるようになったり，人間の移動性が高まることにより，風景や景観が観光などの資源として評価されたりするようになった．最近では，近代的な利用方法やそのグローバル化が進むにつれて，伝統的な生態系の管理手法やそれとともに形成された文化の重要性や価値が見直されるようになっている．とはいえ，文化サービスは未だに供給・調整サービスほどの評価はされておらず，地球全体でみると劣化はさらに進みつつあるのが現状といえる（Millennium Ecosystem Assessment, 2005）．

この章では，日本における生態系サービスの評価について，森林の変化の歴史を振り返りながら概観してみたい．さらに，日本の特質を明らかにするために，日本とは異なった森林の歴史をもつ，ヨーロッパ，米国，そして東南アジアなどの途上国のケースを比較してみたい．また，2000 年以降は，様々な国際的な動きが明確になり，国際関係を無視して個々の地域で森林と生態系サービスの関係を論ずるのが難しくなっている．2000 年代以降の世界全体の動きについては，別に記述する．

5.2　日本の森林変化と生態系サービス

本書の第１章（辻野）や第２章（大住）を見るように，古代から 20 世紀まで日本の森林を変化させた要因として大きかったのは，森林の農地への転換と，木材および薪炭の供給という，いわば生態系の供給サービスに対する要求であった．17 世紀までに，こうした供給サービスの過剰利用により，土砂流出や水害が多発するようになり，森林の物理的調整サービスが劣化した事実が認識されるようになる．その結果，治水事業とともに森林の回復事業が行われたが，明治初期まで劣化は続く．明治時代以降，こうした事業の組織的継続により，森林面積の減少は止まり，物理的な調整サービスはある程度回復する．しかし，一方で燃料革命がおこり，バイオマスエネルギーの供給サービスが低下した．それに伴って，生物多様性の高い原生林および二次林から，生物多様性は低いが生産性の高い人工林への転換が急速に進み，日本の生態系の単純化や生物多様性の急速な低下が起こる．その結果，1980 年代から森林の病害虫被害や鳥獣被害など負の生態系サービス（ディスサービス）が拡大する．このことは，生物的調整サービスの劣化を意味するが，そうしたメカニズムに対する理解はまだ不足している．さらに，外国産の木材輸入によって国内の木質資源の供給に対する需要も低下すると同時に，減少した原生的な自然に対する保護運動も高まったため，近年では生物多様性の高い森林の減少も止まり，供給サービスのポテンシャルは大きくなった．しかし，逆に国内からの供給サービスに対する需要は低下し，生業として成り立たなくなる．そのために，伝統的な森林管理やそれと結びついた生物多様性が急速に低下しつつあり，そのことが伝統的でローカルな文化サービスに対する人々の関心を失わせることにつながった．地方で森林生態系の供給サービスで生計を立てていた人たちは都会へ移動し，森林の文化サービスを観光やリクリエーションなど，伝統的な文化サービスとは別の形で求めるようになっている．

5.2.1 古代〜17 世紀

原始の日本人は森林の供給サービスに大きく依存して生きていた．古代から，燃料や建築用材，さらには現在の言葉でいえば非木質森林産物（NTFP：non-timber forest products）が重要な供給サービスであったであろう．時代が進むにつれ，建築材としての木材資源の重要性が大きくなる．しかし，狩猟や農業が発達するにつれ，次第に森林生態系に対する依存度が低下してくる．その結果，供給サービス以外の生態系サービスが失われたり，劣化したりした時代もあり，そのたびにその生態系サービスの重要性を改めて認識させられる歴史でもあった．

日本における森林減少が顕著となるのは，氷期から縄文時代にかけて，狩猟の際に火が使われたことにさかのぼる．須加ら（2012）は，1 万年以上前から黒色土の生成（草原性の土壌であり，火の影響があると言われている）がみられることから，人間による植生改変がその当時から存在したと推測している．また，縄文時代の遺跡からは，ニホンジカ，イノシシ，カモシカ，ヒグマ，ツキノワグマ，ニホンザル，オオカミ，キツネ，アナグマ，タヌキ，テン，カワウソ，ノウサギなどが食肉用，毛皮や皮革，薬品などとして利用された証拠がみられる（辻野，2011）．

紀元前8世紀に稲作が伝来して以降，弥生時代には中部地方まで稲作が広がったといわれ，森林から農耕地への転換が進んだ．その後も古代の建築やたたら製鉄，製塩などで，大量の木材が使われ森林が減少した（辻野，2011）．さらに，10世紀の延喜式のころには，現在の中部地方（信濃，上野，武蔵，甲斐など）をはじめとして，日本全体に農業や軍事のための放牧・牧草地である牧が存在した（須加ほか，2012）．こうした事実は，日本人が森林の生態系サービスから農業生態系への依存度を高め，その結果として森林が減少したことを示す．

森林の供給サービスの中でも木材供給サービスについては，中世までに畿内の建築材などが木材枯渇状態となり，さらに人口が増加したことにより，生活燃料だけでなく，製塩，製鉄，陶磁器などのために薪柴，炭などとして利用され，森林はさらに衰退する（水野，2011）．一方で，もともと再生可能な資源であるので，これらのサービスを繰り返し利用するシステムとして，中世農村システム（里山の原型といわれる）が鎌倉時代（11世紀後半～12世紀）までに成立したと考えられている（湯本・大住，2011）．さらに，天正年間（16世紀末）の築城などで吉野杉が大量に搬出されるようになったといわれ（森本，2011），資源確保を主目的として人工林による再生利用システムが確立される．

一方，農業による食料の供給サービスを効率化するために森林から耕作地や草原への転換が必要であると同時に，建築木材や燃料材という供給サービスの需要も増大したことにより，森林減少が進んでゆく．農地の拡大と森林の減少という生態系の変化は，平安時代の荘園ですでに作物に鳥獣害がみられたり（辻野，2011），戦国時代には水害が増加したりするなど，一部の調整サービスの劣化が見られるようになってゆく．それに対して，武田信玄の治水事業など（信玄堤，かすみ堤）の対策が行われてもいる（太田，2012）．

文化的なサービスとしては，原生的自然に由来する信仰，美的な感覚などのルーツは古くから存在したと思われる．中世に里山的な景観が成立したことなどから考えると，このころから多様な供給サービスを繰り返し利用することにより，地域の環境条件や社会条件に特有な景観形成がおこり，現在の里山文化の原型も形成されてきたものと考えられる．

5.2.2　17世紀〜明治時代

人口増加などにより森林は減少し続け，17世紀ころには建築用材の枯渇や里山の荒廃が顕著になる（太田，2012）．建築用材の他にも，都市化の進行により都市周辺での薪・炭の利用（過剰利用）が顕著になる．大都市では周辺地域だけでは供給が足りず，全国市場が形成され，品質向上も図られた（徳川林政史研究所，2012）．さらに，非木材森林産物と分類されるような林産物の利用も進んだ．利用されたのは，樹皮繊維（フジ・コウゾ・シナ）や，漆，栗，和紙，木蠟，樟脳，茶，桑などで，それぞれ各藩の重要な産物として市場的にも確立された（井ノ本，2011）．とくに，木材資源の枯渇の進んだ地域で新たな林産物の供給サービスが重視されたという（徳川林政史研究所，2012）．木地師の組織化もこの時代に進んでいる（森本，2011）．

18世紀には京都洛外でもはげ山が広がっていた（千葉，1991）．このような荒地・原野の面積は20世紀初頭までに国土の10％以上，500万haに広がったと推定されている（小椋，2012）．そうした荒廃は土砂流失や洪水防止などの調整的生態系サービスの劣化を引き起こした．そのため，17世紀には各藩の山地荒廃対策：堤防の建設，浚渫，河川の付け替え（治水対策）と伐採禁止，土留め工事，植林（森林保護）の組み合わせなどの対策が取られるようになる（太田，2012）．1680年代の「諸国山川掟」には，①草木の根の掘り取り禁止，②上流の河川の岸への植栽命令，③河川に土砂が流入するような河岸開発の禁止，④焼き畑の禁止，⑤掟の順守と検使による見分などが盛り込まれており，こうした対策の中には，枯渇する資源対策の場合もあるが，調整サービスを意識したもののほうが多いと考えられている（徳川林政史研究所，2012）．山鹿素行（儒学者）佐藤半太夫（尾張），津軽信政（弘前，屛風山）などが登場し，熊沢蕃山が「岡山，天下の山林十に八尽く」と嘆いたのもこの時代である（只木，2004）．

この時代には，現在の保安林に相当する仕組みも生まれている．水源涵養を目的としては，田山，水野目林と呼ばれる規制が生まれ，土砂流出防備・土砂崩壊防備を目的として土砂留林，砂除林などが，飛砂防止としては砂留松仕立山，屏風山など，防風を目的として風除林，水害防備として川除柳林，潮害防備には潮風除林，潮除林など，雪崩防止として雪なで留山，魚付効果をねらったものとして魚付林，魚寄林など，各藩で様々な調整サービスの確保を目的とした森林の利用規制が行われた．とくに，水源涵養や土砂流出防備・土砂崩壊防備，飛砂防止などが重視された（徳川林政史研究所，2012）．また，江戸のような都会でも，防火林として，火除地を植留として住宅地などへの転用を防ぎ，災害時に避難場所として，平時には演習場などとして利用する森林が現れる．江戸城の吹上御庭も江戸城への類焼を防ぐ目的で設けられたという（徳川林政史研究所，2015）．

こうした，調整サービスの劣化に対する認識とそれに対する対策がこの時代に初めてとられた点は，日本の森林の歴史の中で注目すべき点であろう．タットマン（1988）は，17世紀以前の日本を略奪林業の千年とよび，この時代以降，森を再生する林業が出現したと述べている．しかし，全体として，こうした調整サービスの劣化は明治時代まで続くのである．

土砂流失や洪水などを防止するという，いわば物理的な調整サービスの劣化だけでなく，生物制御サービスの劣化も顕著な問題となってくる．この時代には人口や農業地の増加だけでなく，牧（放牧採草地）も拡大している（須加ら2012）．正保国絵図（1644〜開始）では，草原が全国各地に広がっていたことが示されている．こうした土地利用の結果，1640〜1670年代には盛岡藩などでオオカミのウマに対する被害が顕著になっている．そのため，現在の東北地方（津軽，南部，佐竹，米沢などの各藩）ではマタギを奨励してオオカミ対策にあたっている（池谷・長谷川，2005）．一方では，農民は農作物被害をもたらすシカに対するオオカミの捕食効果を確認していたといわれる（菊池，2011）．

17世紀末から18世紀になると，今度はシカ害，イノシシ害が各藩で目立つようになる（辻野，2011）．こうした動物は，一方で皮革などの資源としても利用され，藩財政に寄与した例なども知られるが（菊池，2011），18世紀には秋田藩，仙台藩，八戸藩などで，イノシシやシカによる農業被害が顕著になる（村上，2011）．こうした草食動物の被害の原因として，17 世紀のオオカミ駆除があるという説もある（菊池，2011）．

こうした生物的制御サービスの劣化が顕著となったのは，人口増加や農地拡大の影響が大きいが，土砂流失や洪水の防止などといった物理的調整サービスの劣化とほぼ同時に起こっている点は興味深い．また，捕食者個体群の人為的コントロールによって草食動物の被害が顕著になったという可能性も，生態系サービスの相互関係を考えるうえで示唆的と言える．

文化サービスから見ると，この時代は人工林の管理技術が定着したことにより，各地の林業文化が発達した時期でもある．木曾や吉野，秋田など近代に有名林業地と呼ばれる地方では，大きな動力を用いない様々な林業技術が伝えられている（徳川林政史研究所，2012）．また，農業，林業，家畜などが相互に連携した里山文化などもこの時期に定着したものと言われているほか，木地師の木材利用・加工技術や漆の栽培・利用技術などを含む非木質林産物の生産・加工技術，狩猟者としてのマタギの儀礼（池谷，2005）など，多様な文化がこの時期までに発展する．これらの文化は，17 世紀以降の政治的には安定した社会条件と，一方では資源的には閉鎖的で自給せざるを得ないという経済条件の中で発展したものと言えるだろう．

5.2.3　明治時代～第二次世界大戦前後

明治時代から第二次世界大戦までの時期は，木材供給サービスの優先と，それによる調整サービスの劣化が続く時代である．また，針葉樹を主体とした人工林の造成が進み，その傾向は，明治 30 年代から加速する（大住，第 2 章）．一方では，調整サービスの劣化に対する様々な対策が組織的に行われた時代であった．

17 世紀から続く森林の荒廃は明治時代になっても続き，はげ山が全国に広がったと言われる（千葉，1991）．明治時代の国土利用は，森林 55%，原野 25%，耕地 16% と推定されているが（農林水産奨励会，2010），原野と分類されていた草山や柴山，放牧地を人工林化する政策が進んだ（大住，第 2 章）．その目的は，木材の供給サービスの強化が中心ではあったが，大洪水災害が続いたこともあり，いわゆる治山三法の制定（河川法1896年，砂防法および森林法1897年）や，1899年特別経営事業による砂防造林事業も開始されるなど，調整サービスの劣化に対処する政策も進んだ．なお，保安林は1897年の森林法の中で定められており，土砂流出防止などの国土保全，防災，防風，水源涵養など，物理的調整サービスについてかなり包括的に配慮したものである．ただし，第二次世界大戦中には資源状況が悪化するとともに，こうしたコントロールも低下し，物理的調整サービスの劣化が続いていたと推定される．

また，河川による土砂供給が17世紀以来増加していたこともあり，海岸線は外側に拡大し，砂丘も発達したと言われ（太田，2012），飛砂被害も顕著であったため，1932年には海岸砂防林造成事業，1948年に海岸林造成事業などが開始された．こうした現象は，森林の物理的調整サービスが低下したために，下流への土砂供給が増えたことによると解釈できる．

生物的調整サービスを見ると，明治初期まではシカ，イノシシの被害が続いていたが，狩猟圧が次第に高まり，1920年代にはこれらの動物の個体群が減少し始め（小山，2011），1925年には，むしろ農商務省による捕獲禁止措置がとられるようになる．カモシカも1925年に狩猟禁止となり，その後天然記念物指定を受けるようになるほど個体群が減少してゆく（常田，2007）．一方，1905年ごろにはオオカミが絶滅したとみられるが（アスキンズ，2016），シカの個体数減少は続いている．この当時のシカなどの個体群は人間によって制御されていたと考えられ，個体数の減少は第二次世界大戦ころまで続く（辻野，2011）．

一方，文化サービスに関しても新しい動きがあった．志賀重昂の日本風景論や，南方熊楠による保護活動などを経て，1915年には国有林に学術参考保護林制度が策定される（第1章参照）．この当時の保護林制度は，①学術参考のための原生林保護，②景勝地などの風致保護，③名所旧跡の風致保護，④レクリエーションなどのための風致保護，⑤名木・古木の保護，⑥学術研究のための高山植物生育地域の保護，⑦学術研究などのための鳥獣繁殖地域の保護，⑧産業上有用な植物，動物，土石の保護，というような文化サービスを広範にカバーする目的があった．森林の文化サービスに関する国レベルの制度としては，これが最初であり，その後1919年の史跡・名勝天然記念物保存法，1931年の国立公園法が整備され，地域を代表する樹木や森林，レクリエーションなどの文化サービスが重視されてゆく（中静，1998）．1915 年に保護林として指定された地域の多くが，1931 年に制定された国立公園の中にも含まれている．

5.2.4　第二次世界大戦後～高度成長期

第二次大戦後の復興や高度経済成長の時代に至り，これまで以上に木材需要が拡大した．そのため，1958 年の林力増強計画，1961 年の木材増産計画などにより，国有林ではこれまで特に利用対象とされてこなかった奥地天然林を，そして民有林では里山などの薪炭林を針葉樹人工林化する拡大造林政策がすすめられた（第 2 章）．この時期は，これまで森林の供給サービスとして大きな部分を占めていた燃料供給が，化石エネルギーによる供給に切り替えられる時期であり，薪炭を供給していた里山の二次林が木材供給サービスを期待する森林へと変化した時代であった．しかし，それでも増大する木材需要にこたえることができず，これまで自給できていた木材供給サービスが，初めて自給できなくなり，1964 年に木材の輸入完全自由化に踏み切り，これ以降，木材供給サービスの自給率も低下し続ける（山口，2015）．

一方，拡大造林政策による若い造林地の増加が土砂崩壊を招きやすかったことや（太田，2012），カスリン台風（1947 年），北九州豪雨（1953 年），諫早水害（1957 年），狩野川台風（1958 年），伊勢湾台風（1959）などが相次いだことにより，保安林整備臨時措置法（1954 年），治山治水緊急措置法（1960 年）などで，森林の調整サービスの低下を防ぐための制度整備がなされた．海岸においても，この時期までは海岸砂丘や陸地の拡大が続いており（太田，2012），海岸林の造成も行われた．

また，この時期の森林変化の影響により，生物的調整サービスの劣化が始まる．1955 年にカモシカが特別天然記念部指定をうけたほか，1990 年ごろにはニホンカワウソが絶滅するなど，過剰な狩猟や流域の生態系変化による特定の動物個体群が減少する一方，拡大造林による人工林の増加が，様々な動物害（生態系サービスの劣化，あるいはディスサービス）を引き起こすようになる．拡大造林政策により造林地が急増したため，1960 年代から 1970 年代には北海道でエゾヤチネズミ，本州ではノウサギによる造林地の被害が顕著となる（三浦, 1999). さらに1970年代後半からニホンジカやイノシシ, ニホンザルによる林業および農業被害が拡大し, 現在に続く大きな問題を引き起こしている. こうした生物的調整サービスの劣化は, オオカミの絶滅後, 農民が積極的にシカなどを狩っていた当時は顕在化しなかったが, 戦後の狩猟人口の減少, 拡大造林, 耕作放棄地の増加などが複合的に関係している可能性が高い (大井, 2004).

さらに, こうした急激な原生林の減少や人工林化は社会的にも問題となってゆく. この時期の自然保護運動は生態系の文化サービスに対する意識の変化をよく表している. 尾瀬ヶ原の自然保護問題をきっかけに, 1951年に日本自然保護協会が設立されるとともに, 森林についても様々な地域で伐採や林道建設と保全が議論されるようになる. このような木材資源の供給サービスと文化サービスの対立は, 一時期非常に激化するが, 次第に文化サービスの重要性が一般に認識されるようになってゆく. その結果, 1973年には林野庁長官通達「国有林における新たな森林施業について」で原生林の伐採方法などが見直される一方, 1973年には白山がユネスコエコパークの指定を受けたり, 1989年には林野庁の保護林制度見直しなどが行われたりするなど, 急速に森林生態系の保全へと方向性が変化する. この動きは1993年の白神山地, 屋久島の世界遺産指定などへとつながってゆく.

その後, 高度経済成長によってツーリズムが盛んとなり, 1990年代以降エコツーリズムと呼ばれるような新しい観光の形態にも発展してくる. 一方で衰退する里山の景観や文化を保全しようとする動きや, それらをレクリエーションとして楽しむ動きもでてくる. さらに, 森林浴というような語もうまれ, 森林の健康に対する貢献なども期待されるようになったのもこの時代である.

5.2.5　1990年代以降

木材の自給率は低下し続けていたが, 2010年に18.2% で底をうち, その後, 2015年には30.8% に回復した. その一方で, 木材価格と林業コストの関係から国内の木材資源利用はそれほど増加しておらず, 国内の材積蓄積量は増加し続けている (図5.2). また, 薪炭としての利用量も減少し続けているため, 木質資源の供給サービスの実際の利用量は潜在的に利用可能な量を大きく下回っている. 木質資源の供給サービスを輸入するとともに, 化石燃料を輸入する

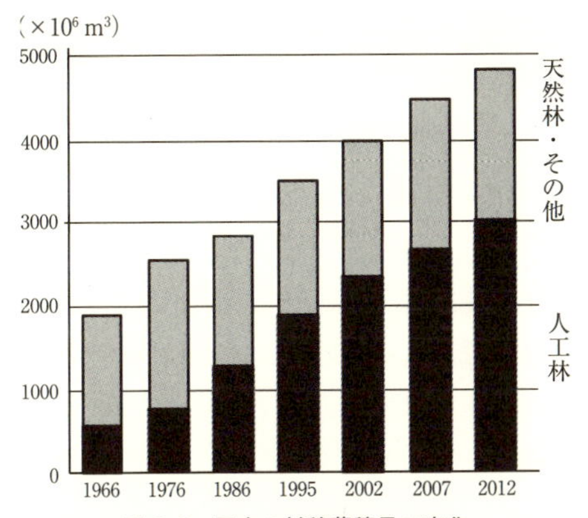

図 5.2　国内の材積蓄積量の変化
棒グラフの上部にあるのは合計値．林野庁「森林資源の状況」をもとに作成した林野庁資料．

ことでエネルギー供給サービスも自給できなくなったことになる．この原因は，国内の木材生産のコストが高く輸入する木材のほうが安価となってしまったことであるが，地球全体の資源問題として考えると持続的とは言えない．

こうした供給サービスの過小利用と，17 世紀にはじまり明治期以降に強化された対策がしだいに効果を発揮してきたことにより，17 世紀から問題となっていた物理的調整サービスの劣化は大きく改善されたと考えてよい．土砂崩壊などが減少して土砂供給量が減少した．一方で，これまで行ってきたダム建設の効果もあり，河川では河床の低下が起こり海岸砂丘の後退が起こるなど (太田，2012)，これまでとは逆方向の問題が指摘されるようになった．また，人工林が増加したものの，間伐等が十分に行われないために林床の植生が発達せず，土砂流失が増加しているという報告もあるが，広域での評価は確定していない．

物理的調整サービスとしては，これまでの歴史を通じて，土砂流出や斜面崩壊，洪水の防止などが主に注目されてきたが，近年では気候調節や二酸化炭素吸収が重要な生態系サービスとして評価されてきた．さらに，気候変動枠組み条約が 1993 年に成立して以降は，化石燃料の多用によって温室効果ガスが増加し，気候変化が生ずるという地球規模の環境変化がおこる状況となって，森林の二酸化炭素吸収による温暖化緩和サービスが大きく注目されている．また，都市では森林によるヒートアイランド防止効果が知られており（山口，2009），気候変化に対する適応策としても評価されるようになっている.

生物的調整サービスについては，拡大造林期に増加し始めたニホンジカ，イノシシ，ニホンザルなどの個体群増加が止まらず，分布も拡大している．一方，ニホンジカやイノシシなどについては，肉や皮などを資源として利用する（供給サービスとして見直す）ことが対策になりうるという指摘もあり，生態系サービスとしての評価も今後変化する可能性がある.

そのほか，これまで意識されなかった生態系サービスも，急速にその評価を高めている．たとえば，花粉媒介などは，これまでほとんど意識されなかったが，ミレニアム生態系アセスメントやその後の生物多様性と生態系サービスに関する政府間プラットフォーム（IPBES）などで，大きく取り上げられている（中静，2011)．日本でも，リンゴやナシの授粉などに関してこうした生態系サービスが野生状態では得られないために，人間や飼育昆虫などによる授粉をしなくてはならないというコストが顕在化して，そのサービスに気づかされる.

同様に，森林樹木の病気なども，ディスサービスとして顕著になって初めて，そのサービスの存在が認識されるようになった．マツ萎凋病にしても，ナラ枯れ病にしても，マツ類あるいはナラ類の単純林が広がることにより，構成種の多様な森林やモザイク構造を持つ森林では大発生のリスクが抑制されていたという生態系サービスの効果を知るのである（中静，2011).

高度成長期以降，これらの生態系サービスの評価は，日本だけで単独に行うことが難しい状況になりつつある．二酸化炭素の吸収による温暖化緩和サービスは，その効果はグローバルであり日本国内だけで評価できるものではない．また，日本は海外から木材や食糧などたくさんの生態系サービスを輸入しているとみるべきで，そのために国内の木材供給サービスに対する需要が低下するような現象も起きている.

文化サービスに関しては，里山の保全に関わる市民団体が急増するなど，伝統的文化や里山の身近な自然に対する文化的価値がしだいに評価されるようになってきた．エコツーリズムなども急速に盛んになっており，1990年代後半に日本エコツーリズム推進協議会（現日本エコツーリズム協会）が発足し，2007年にはエコツーリズム推進法が制定される．意識としても，身近な自然から非日常的な文化サービスに対する評価が高まっている（環境省生物多様性

		評価結果		
		過去 50～20 年	過去 20 年～現在	備考
供給サービス				
	農作物	↓	↘	アンダーユース
	特用林産物	↗	↘	アンダーユース
	水産物	↗	↘	オーバーユース
	淡水	-	→	オーバーユース
	木材	↘	→	アンダーユース
	原材料	↘	↘	アンダーユース
調整サービス				
	気候の調節	-	↘	
	大気の調節	-	→	
	水の調節	-	⇘	
	土壌の調節	→	-	
	災害の緩和	⇗	⇨	
	生物的コントロール	-	⇘	
文化的サービス				
	宗教・祭り	↓	↘	
	教育	↘	→	
	景観	-	↘	
	伝統芸能・伝統工芸	↘	↘	
	観光・リクリエーション	↗	↘	
ディスサービス				
	鳥獣被害	-	↗	

凡例

	定量的評価	定量的情報が不十分な場合
増加	↑	⇧
やや増加	↗	⇗
横ばい	→	⇨
やや減少	↘	⇘
減少	↓	⇩

図 5.3　生物多様性総合評価における生態系サービスの変化
環境省生物多様性及び生態系サービスの総合評価に関する検討会（2016）より作成.

及び生態系サービスの総合評価に関する検討会，2016）. 1980 年代に行われるようになった森林浴は，森林セラピーなど健康に対する効果を積極的に評価するようになったことを反映している．さらに，居住地の自然度などが身体的・精神的な健康度と関係しているなどの分析も登場している（日本の里山・里海評価，2010）．一方，生物の構造や機能を模倣することで新しい工業的技術を開発するバイオミメティクス（赤池，2014）なども発展し，文化的サービスに関しては多面的な評価が行われるようになっている．こうした変化は，環境省生物多様性及び生態系サービスの総合評価に関する検討会（2016）が包括的にまとめている（図 5.3）.

森林の生態系サービスに対する日本国民の期待は，最近数十年間の変化がア

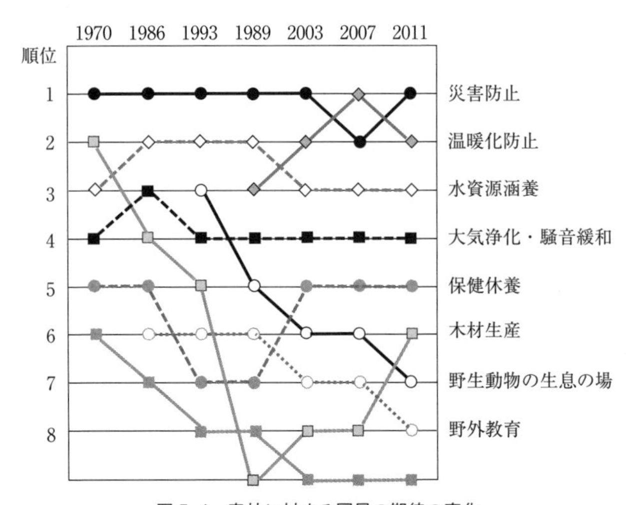

図5.4　森林に対する国民の期待の変化
内閣府「森林と生活に関する世論調査」（平成23年）などをもとに作成した林野庁資料.

ンケートによって明らかになっている（アンケートでは生態系サービスは公益機能と表現されている）. 1980年（昭和55年）ころには，すでに木材供給サービスより災害防止サービスに対する期待の方が大きかった（図5.4）. その後，災害防止サービスに対する期待は上位を維持するが，木材供給サービスは1999年（平成11年）ころ最低となり，最近は木材自給率の上昇とともに，すこし回復している．野生生物の生息域と温暖化防止は，途中からアンケートの項目に加わったものであるが，温暖化防止に関してはやや上昇気味であるのに対して，野生生物の生息域としての期待は低下傾向であり，これはシカなどの農業被害が関係している可能性がある．そのほか，林産物生産や野外教育に対する期待も低下傾向にある.

5.3　他の国の森林変化と生態系サービス 

5.3.1　ヨーロッパにおける森林の変化と生態系サービス

ヨーロッパの森林と生態系サービスの関係を見ると，日本に比べて供給サービス重視の傾向が最近まで続いていたのではないかとみられる．また，日本に比べて資源の閉鎖性が低く，ある地域の木質資源が枯渇しそうになると，自給率を高めたりその資源の回復対策をとったりするのではなく，資源量の豊かな他の地域へソースをもとめて移動するというパターンが多く見られる．そのため，人工林などを使った供給サービスの再生システムを構築するのは17世紀であり，調整サービスの劣化について明確な形で対策をとるのは19世紀になってからで，いずれも日本の場合よりおそい．一方では，森林の文化的サービスに対する評価は日本より早く意識されるようになったと思われる．

農耕時代以前には，火を用いた狩猟や焼き畑などによる森林減少がおこっており（ウェストビー，1990），最終氷期以降，大陸氷河に覆われていた地域に森林が戻ったと考えられる紀元前3000年ころには，すでに農地に生える雑草が検出されている．一方，森林に根差した驚くほど深遠で複雑な絵画や音楽，宗教，木材利用などがみられ，森林は文化に大きく関わっていた（ウェストビー，1990）．

青銅器時代以降は，メソポタミアのギルガメシュ叙事詩などに見るように，木材は重要な資源であり，その枯渇が大きな問題となっていた（パーリン，1994）．しかし，ある地域で資源の枯渇が起こると，ほかの地域から輸入しており，次第にその輸入地域の拡大が顕著になる．このように，枯渇する森林資源を求めて新しい地域を求める動きは大航海時代にまでつながってゆく．

この当時の調整サービスの劣化は，たとえば，メソポタミア一帯に大量に土砂が流入して，灌漑用の水路が塞がれるなどの事実からもうかがうことができるし，クレタ島，ミノア文明など，資源の枯渇や調整サービスの劣化によって文明が消滅したと推測される例も知られている（パーリン，1994）．

中世には，木材資源とともに，薪炭材，ガラス製造業などの燃料，豚の飼育など，多様な供給サービスが重視されている（ヨアヒム，2013）．とくに木材資源の枯渇は大きな問題で，1500年代からの植民地政策により人口も増加したため，1600年以降大規模な森林破壊が起こるようになり，植民地に木材資源を求めると同時に，1600年代後半までにはヨーロッパ各地で木材不足に対応する規制や資源育成が始まった（アスキンズ，2016）．16～17世紀には，フォルスト条令などにより森の荒廃や木材飢饉に対して森林資源保護がはじまるが，このころでも，森での豚の飼育は，木材利用よりはるかに高い経済価値を持っていたとも推定されており，森林の保護は，木材資源を守るとともに豚の放牧収入を守るために重要であった（ヘルマント，1999）．

産業革命時代に至って，農業革命によって豚の林内放牧が衰退すると，森林は木材供給に特化し（ヨアヒム，2013），ブナ・ナラの森林がトウヒ・モミの森林へ急速に転換されるようになる（ヘルマント，1999）．1827年にフランスで制定された森林法典では，戦艦を建造するための木材資源確保を目的に，農民の放牧，薪の採取などの森林へのアクセスを制限するなど，森からの農民の締め出しが顕著となるが，農民は豚の放牧を理由に，森林の針葉樹化に反対している（ヨアヒム，2013）．

調整サービスに関しては，1300年ころのアルザス地方で土壌や水収支なども含めた持続性の概念がみられるものの，19世紀になるまで資源供給サービスが重要視された持続性の概念が一般的であったと言われる（ヨアヒム，2013）．1840年代にアルプスや南フランスで立て続けに大洪水が起こり，これがきっかけとなって，スイスでの皆伐禁止が始まっている．また，1876年に出版されたフォールマールの著書『森の荒廃と洪水，国家における土地問題』では，調整サービスの重要性が認識されている（ヘルマント，1999）．一方，生物的調整サービスの劣化についても，1800年前後のドイツ林業林政改革により針葉樹の大面積のモノカルチャーが増加し，生態的な不安定化を増大させたと言われている（ヨアヒム，2013）．

ヨーロッパで特徴的な点は，森林の文化サービスが比較的早くから意識されたことである．18世紀末にルソーが唱えた「自然に帰れ」という運動や田園詩のほか，1850年ころには，ドイツ労働者同盟が労働環境を問題にしている（ヘルマント，1999）．1880年ころには，アルプスの高山植物などに対する自然保護運動が始まっており（ヘルマント，1999），1904年にはスイスに国立公園，郷土保護連盟が設立され，郷土保護運動がはじまっている．ドイツでは，1900年以降にワンダーフォーゲル運動が起こり，自然環境を重視した国土管理が主張されたり，森のレクリエーション価値の認識が高まったりしている（ヘルマント，1999）．

第二次世界大戦後の1950年代には，エコロジカルな見方や，アルプスにおける景観保全などが盛んになり，ツーリズムなどの経済的利益と連動して議論されるようになる．一方でツーリズムそのものも，過剰利用によって調整サービスが悪化する場合もあることが問題となっている（ヘルマント，1999）．そして，1972年には，ローマクラブの『成長の限界』（メドウズほか，1972）が出版されて，持続性に関する概念が生まれるのである．このころ以降の動きは，ヨーロッパだけでなく，先進国全体で同様の動きとなってゆく．

5.3.2　アメリカ合衆国における森林の変化と生態系サービス

15世紀のヨーロッパ人による植民地化以前のアメリカは，アメリカインディアンによる緩やかな資源利用が行われていたと推定でき，地域に独特の文化サービスも受けていたと考えられるが，その後の変化は急速であった．

植民地時代のアメリカでは，サトウキビ栽培が森林減少の理由であった（ウェストビー，1990）．森林減少が始まる初期に農業との競合があるのは，いずれの地域でも共通している．しかし，アメリカで森林の変化を考えるにあたっては，ヨーロッパで問題となった，住民権利や歴史的しがらみなどの問題点がなく（あるいは無視されて），むしろ途上国に似た経過をたどったと言える（大田，2000）．

アメリカの森林と生態系サービスの関係で大きな変化が起こるのは産業革命以降であり，その特徴は資源問題（供給サービス）と同時に，レクリエーションなどの文化サービスが重視されている点である．森林資源の急速な減少は深刻で，19世紀末までに植民地開始当時の1／3から1／4に減少していたといわれる（太田，2000）．1890年には，木材供給に対する危惧，集水域保護を目的として森林保護区設定が行われ，これがのちに国有林の設置につながる．この動きは，初期には，主として西部の森林を対象としていたが，1930年代には東部の広葉樹林へ拡大される（アスキンズ，2016）．1905年にフォレストサービスが設置されるが，それ以降第二次世界大戦までは，荒れた国土での森林復元，森林火災への対策，天然林資源の保護など，資源維持的経営が中心的課題であった（村嶌，1998）．

こうした動きと並行して，1872年には，米国最初の国立公園であるイエローストン国立公園が設立され，1892年には自然保護団体の草分けといえるシエラクラブが設立されている（大田，2000）．国有林設置の当初から，森林はレクリエーションの場として位置づけられ（村嶌，1998），レクリエーション活動は国民に親しみと自然の魅力を与え，国有林への関心を持たせること，木材やきれいな水の供給源であることを伝えるもの，つまり調整・文化サービスの認識を高める活動として認識されていた（大田，2000）．

一方，1900年以降には，外来性の樹木の病気（クリの胴枯れ病，ニレ立ち枯れ病など）が蔓延して生物的調整サービスの劣化がみられた（アスキンズ，2016）．またニューディール政策の一環として，荒廃地，農廃地への大規模な植林，野生生物の保護など，調整サービスの強化も行われている（大田，2000）．第二次世界大戦以降は木材生産中心の政策がとられるが，1950年代後半には木材業界と環境保護運動との間で深刻なジレンマが生じ，調整・文化サービスを強調する国立公園と木材供給サービスを重視する国有林のコンフリクトなども問題となっている（村嶌，1998）．1960年には，多目的利用・保続収穫法が制定され，経済的価値のみを重視した政策決定にならないように，地域社会と国有林の双方の利益について多面的に考える政策が導入されている（村嶌，1998）．これには，レクリエーション，牧草地，木材，水資源，野生生物，魚類など，調整サービス，生物多様性などへの意識も含まれている（大田，2000）．レイチェル・カーソンが『沈黙の春』を著し，環境汚染，環境破壊への対決と自然保護活動が一体化した運動を展開したのもこのころである．また，1964年には，ウィルダネス法（自然保護，生物多様性保護）が制定され，国有林の多目的利用の中に，原生保全も加えられた（村嶌，1998）．

さらに象徴的な変化は，1980～90年代の，マダラフクロウとオールドグロース林の保全に端を発した，エコシステムマネジメントへの転換である．初期には国有林は消極的であったが（大田，2000），1990年にマダラフクロウが絶滅危惧種に指定され，オールドグロース林の伐採規制などが盛り込まれる（村嶌，1998）．フランクリンが提唱したニューフォレストリーは，1994年の新森林計画にとり入れられ，皆伐は森林火災や病虫による被害リスクが問題となっている場合のみに限られる（大田，2000）．こうして，生物多様性の保全や木材資源以外の生態系サービスの保全を重視した森林管理が進んできた．

5.3.3　途上国（アジアなど）における森林変化と生態系サービス

途上国では，植民地時代における農地開発と木材採取が大きな森林の改変を引きおこした．とくに木材資源の枯渇が著しかったイギリスの植民地では，マホガニー，チーク，ビャクダン（香料）などの略奪的開発が進んだ（ウェストビー，1990）．第二次大戦後もこの傾向は継続し，むしろさらに激しい木材利用が行われた．1960 年以降，熱帯林の消失に関する国際的関心が高まってゆくが，その背景にはヒマラヤの森林伐採が洪水を引き起こしたバングラデッシュの例や，ベトナム戦争によるマングローブ林の破壊など，調整サービスの劣化やそれに対する地域住民による権利主張があった（ウェストビー，1990）．こうした地域では，地域住民が森林を法的に所有していない場合も多く，そのようなケースだと非木材森林資源（NTFP）の供給サービスや調整サービスなど，原生的な自然の生態系サービスを利用していた地域住民の権利が守られないため，深刻なコンフリクトを引き起こした例もある（ウェストビー，1990）．

さらに，しだいに生物多様性，有用な野生品種や未利用資源の探索（バイオプロスペクティング）などの生態系サービスの開発が重要視されるようになってゆき（ウェストビー，1990），とくに 1993 年に生物多様性条約が成立してからは，地域住民が生態系サービスを享受する権利，生物多様性から得られる利益の公平な分配（ABS：access and benefit sharing）などが国際的にも大きな問題となっている（中静，2010）．中国でも，1998 年の揚子江大水害で，それまでの農業開発路線から森林再生計画に 180 度の転換を行った．しかし植えた樹木はユーカリ，ゴム，外来果樹などで，現地に自然分布する樹種ではなく，生物多様性から見ると問題があった（アスキンズ，2016）．そのほかにも，森林の分断化が大型動物の絶滅を引き起こし，そのことによって生物的調整サービスが劣化し，農業被害などが起こっている例もあった（アスキンズ，2016）．

途上国は，最近まで木材を中心とした供給サービスを先進国に提供してきたが，森林が急速に減少することで地域住民が享受してきた生態系サービスは劣化し，社会的なコンフリクトを拡大した．その中には，地域住民にとって重要な非木材森林産物との競合や土壌流失・洪水の防止や，水質維持など調整サービスの劣化，さらにはバイオプロスペクティングなど新たな価値をもつ文化サービスの利益配分など，多くの問題を抱えている（中静，2010）．

5.3.4　森林の変化と生態系サービスの関係の地域性

このような生態系サービスに対する認識とその評価の地域による違いは，それぞれの地域の自然的条件や歴史によるところが大きい．ヨーロッパにおける森林の供給サービスに対する要求は歴史を通じて拡大し続け，ある地域の資源が枯渇すると，より遠方の資源の残る地域を探してきた．ギリシア，ローマ時代までは，ヨーロッパ内でそれが可能であったが，中世以降にはアメリカ大陸やアジア，アフリカなどの植民地に拡大した．その結果，調整サービスの劣化に関する認識もあったとは考えられるものの，有効な対策は19世紀になるまで打ててこなかったものと思われる．

これに対して，日本では豊富な森林資源を求めて，同じように国内の各地域の森林を略奪する歴史はあったものの，資源枯渇に対して人工林の林業を発達させたのは比較的早かった．また，調整サービスの劣化に関しても，17世紀にはその対策が組織的に始まっている．こうした日本の森林の利用の特殊性に関して，タットマン（1988）は日本が陸上動物の肉食を発達させずタンパク源を海に求めたこと，森林の発達に適した気候をもっていたこと，行政的な強いリーダーシップがあったこと，などを挙げている．それに加えて，閉鎖的な資源環境があったのではないか．海に囲まれた閉鎖性や鎖国などの社会制度により，17世紀は資源を自給しなくてはならない状況にあった．また，日本の急峻な地形や狭い集水域は，森林の供給サービスや調整サービスの劣化に関する因果関係を地域住民が把握しやすかったのではないだろうか．だからこそ，各藩（ローカルな行政組織）がリーダーシップをとり，その対策をとることが必須となったものと考える．

日本が国外の資源に大きく依存し始めるのは，第二次世界大戦後であり，戦後の復興とその後の高度経済成長のために大量の森林資源を必要としたからであった．国外の資源に対する依存は，逆に国内の供給サービスに対する需要を減少させて森林の回復を招き，それまで劣化し続けていた森林の調整サービス（特に物理的調整サービス）も回復させた．同時に，海岸線の後退などの原因にもなっている．しかし，急速に行われた人工林化は，一方で生物多様性とそれに関連した調整サービスの劣化を引き起こす．その結果として，ニホンジカ，イノシシなどの農業被害などが大きな問題となっている．

文化サービスの中でも，アニミズム的な文化や農業と結びついた文化（里山もこれに含まれる）の成立はどの地域においても，その起源は古いと考えられる．一方，レクリエーションや，地域特有の自然や生物多様性がもたらす文化的サービスに対する認識は，先に物質的に豊かとなったヨーロッパやアメリカで 19 世紀から認識が高まっている．日本では 20 世紀初頭にその萌芽は見られるものの，全国的にその認識が高まるのは高度成長期の後半になってからであった．

発展途上国では，供給サービス，調整サービスの劣化が 20 世紀後半から同時に顕著となってきた．しかも，供給サービスに関しては，その地域や国でそれを享受しておらず，先進国に収奪された場合もある．エコツーリズムやバイオプロスペクティングなどの文化サービスに関する認識は高まっているものの，これについても，必ずしも自らの地域の利益になっていない場合が多いことが問題となっている．

5.4　21 世紀における生態系サービス評価

20 世紀末から，生態系サービスに関する考え方は，グローバルに大きく変化した．大きな方向性としては，多様な生態系サービスに対する認識が進んだ結果，それまで経済的には評価されてこなかった生態系サービスの社会・経済評価が進んだことである．

その端緒となったのがコスタンザら（1997）の論文である．この論文では文献や彼自身の推定により，世界の 16 のバイオームに関する 17 種類の生態系サービスを経済評価し，それらを地球全体で総計した．その結果，当時の評価で地球全体の生態系サービスが年間 16～54 兆ドルに相当すると推定したが，この金額は当時の世界全体の GNP 約 18 兆ドルの 1～3 倍に相当し，開発によって生態系を損なうことが想像以上の損失につながることを示した．日本でも，日本学術会議（2001）が，生態系サービスという語は用いてはいないが，森

表5.2　日本の森林に関する多面的機能の経済評価（日本学術会議，2001）

機能の種類	評価額（億円／年）
二酸化炭素吸収	12,391
化石燃料代替	2,261
表面浸食防止	282,565
表層崩壊防止	84,421
洪水緩和	64,686
水資源貯留	87,407
水質浄化	146,361
保健・レクリエーション	22,546

林や農業の公益的機能を経済評価している（表5.2）．

冒頭に述べたように，2001年から2005年に国連主導で行われたミレニアム生態系アセスメント（Millennium Ecosystem Assessment, 2005）は生態系サービスの概念を整理し，人間の福利（well being）に欠かせないものと位置付けたほか，20世紀後半の50年間で食料や木材の供給，養殖水産物などの供給サービス以外の多くの生態系サービスが劣化したことを明らかにしている．さらに，精度は粗いがシナリオ分析を行って，ガバナンスシナリオによって将来受け取ることのできる生態系サービスの種類と量が異なってくることを示した(図5.5)．

こうした流れの中で，TEEB（2010）は生態系サービスの経済評価を進めてきた．この報告は，生態系サービスを経済評価することで，(1) 生態系サービスの価値を認識することや，(2) 生態系サービスの価値を示し，意思決定に活かすこと，(3) 意思決定に経済的メカニズムを導入すること，が可能となると述べている．たしかに，企業活動などは森林や生態系全体に大きな負荷をかけている場合があるが，そのことによる企業活動のリスクとビジネスチャンスを経済的に評価しないとその行動は変化しないだろう．また，行政施策に関する意思決定においても，経済評価が大きな影響を及ぼす場合がある．

そうした動きは2010年以降，世界各地で行われるようになり，各種の生態系の経済評価が進んだ（図5.6）．このような評価は，それぞれの生態系の自然資本としての評価につながり，現在では，包括的富（inclusive wealth）を構成する自然資本として評価する方向へと進んでいる．さらにこうした評価が進

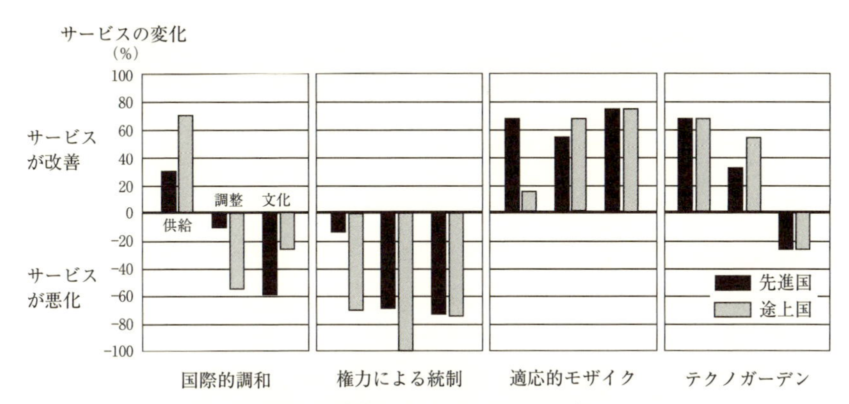

図 5.5　生態系サービスのシナリオ分析

四つのシナリオ，国際的な調和（貿易は自由化，貧困の減少，平等な世界をめざして，公共のインフラ整備や教育に投資する），権力による統制（地域や国の安全や保護主義が優先し，公共性よりは市場が重要視される），適応的なモザイク（集水域レベルで政治経済を考え，生態系管理の考えを重視して地域が決定に優先権をもつ），テクノガーデン（環境に配慮した高度な技術が世界中で環境問題を回避するように働く）をもとに，生態系サービスが改善されるかどうかを予測したもの．Millenium Ecosystem Assessment（2005）による．

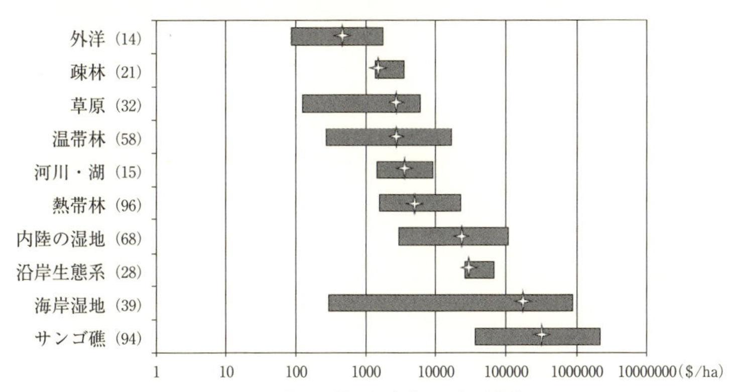

図 5.6　世界の様々な生態系の経済評価

いろいろな経済評価方法により，世界中の生態系を経済評価したものをまとめたもの．（　）内の数字は推定した生態系の例数．Russi *et al.*（2013）を一部改変．

むと，森林が木材生産の場としてだけでなく，そのほかの経済活動を行う上での評価や環境としての価値として見なされることにつながる．

5.5　生態系サービスの持続的利用にむけて

5.5.1　生態系サービスに対する支払い

生態系サービスの価値は，これまであまり高い経済評価を受けてこなかったが，このように経済評価が進んでくると，生態系サービスの維持に経済的メカニズムを導入しようとする動きも出てくる．それが生態系サービスに対する支払（PES: payment for ecosystem service）である（図5.7）.

たとえば，ある森林所有者が生態系サービスを考慮しない森林施業を行っているとする．所有者は伐採した木材の対価を受け取るが，木材供給以外の多様な生態系サービスは十分発揮されず，土砂流失などのために，下流ではダムを作ったり水質浄化を行ったりするような社会コストが生じている．これに対し，所有者が生態系に配慮した施業を行うと，そのためのコストがかかるので，木材生産による収入は減少する．しかし，木材生産以外の生態系サービスが大きくなり，土砂流失などに対する社会コストも減少する．そうした生態系サービ

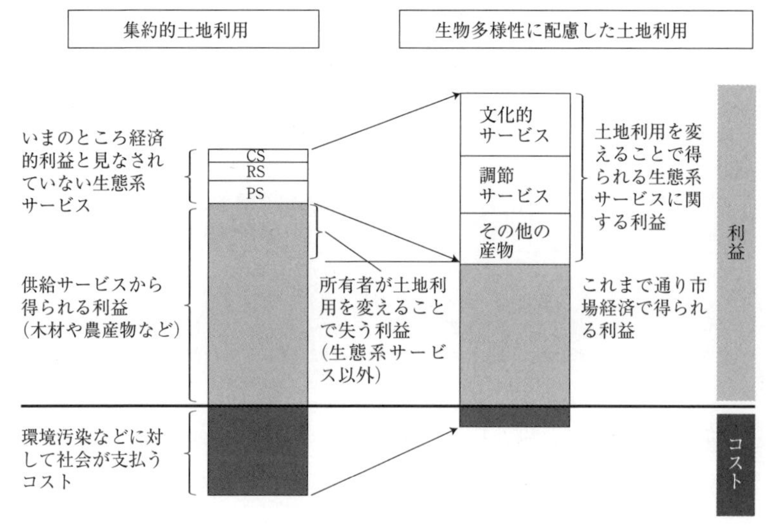

図5.7　PESの概念図
TEEB（2011）を一部改変.

スの増加分の対価をそのサービスの受益者が支払えば，所有者の収入も現在より大きくなり，社会コストも減少する可能性がある．これがPESの基本的考え方である．

こうした考え方は，日本では1980年代に林野庁による水源税の構想や，国交省による「流水占用料」構想などにその端緒がみられる（恩田，2008）．その後，先に紹介した学術会議の森林の公益的機能評価を経て，2003年には高知県が森林環境税を導入した．現在では30以上の県で森林や水源環境の保全のための法定外目的税を導入している．これは，日本におけるPESの例と言えるが，実際には間伐の遅れた人工林の手入れを促進するために導入された側面が強く，他の生態系サービスに対する意識は強くない．

国際的には，途上国の森林減少・劣化に由来する排出の削減スキーム（REDD: reducing emission from deforestation and degradation）や，二酸化炭素吸収だけでなく他の生態系サービスも考慮したREDDプラスなどは，こうした考え方の一つである．つまり，植林した森林が二酸化炭素を吸収することで温暖化の緩和を図るという炭素クレジットがあるものの，グローバルな収支としては植林地が吸収する二酸化炭素よりも，これまで存在している森林が伐採されることによって放出される二酸化炭素のほうが多い．それならば，現存する森林を伐採しないことに対してもクレジットを設けて伐採を減らすことが必要なのではないかというのが，REDDの考え方である．さらに，森林を保全することによって，二酸化炭素の吸収という生態系サービスだけでなく，地域住民の生活に必要なサービスや生物多様性なども保全できるため，多目的な生態系サービスに対しての配慮が可能となる，というのがREDDプラスの考え方である．

また，広い意味では認証制度などもPESの一つと考えることができる．持続性の高い，つまり生態系サービスに配慮した木材生産をすることに対して市場がそのコストを支払う仕組みとなっている．ただし，市場の動きによっては生態系に配慮した森林管理コストに見合うだけの負担が生まれない場合もある．消費者が生態系や生態系サービスの価値を理解しなければ，認証制度の根幹がくずれてしまう．

生物多様性や生態系のオフセットも，広い意味ではPESに含まれる．カーボンオフセットのように，開発によって失われた生物多様性や生態系と同等のものを回復（ミチゲーション）させせることを条件に開発を認める制度であるが，開発を行う事業者がそのコストを負担することによって，その地域の生態系サービスや生物多様性の減少が防げる（ノーネットロス）．また，そのコストが高ければ，開発そのものを抑止する力にもなる．すでに50か国以上でこの制度が導入されているか，少なくとも導入が検討されている．オフセットという場合，失われる生態系や生物多様性と同等のものが回復されなければならず，それを測定する方法や基準が問題となる．日本では愛知県が愛知方式のミチゲーションとしてそこまでの厳密さを求めない状況でオフセットと類似の制度を導入している．

5.5.2　PESのミスマッチ

PESの議論で典型的に表れるのは，生態系サービスの受益者とコスト負担者のミスマッチである．その中には，空間的，時間的そして，それ以外のミスマッチが含まれる．生態系サービスの中には，二酸化炭素吸収のように地球全体でメリットのある場合もあるが，汚染物質の吸収とか，花粉媒介などはメリットが非常にローカルに限られる（図5.8）．

二酸化炭素のクレジットのようなPESは，グローバルな仕組みでコスト負担を測り，グローバルな社会がそのメリットを得る形となるのでミスマッチはない．しかし，洪水の制御や土砂流失の防止などの調整サービスは，その流域にある社会にはメリットはあるが，その外側の社会にとってはそうした生態系サービスのコスト負担をしても，メリットは少ない可能性がある．これが空間的なミスマッチである．

現在の人間が森林を多量に伐採し，木材資源を大量に消費すると将来世代は現在より少ない資源量しか確保できなかったり，洪水や土砂流失の防止といった調整サービスも十分には受けられなくなったりする．こうした時間的なミスマッチもある．さらに，林業者が木材供給サービスを重視して多量の森林を伐採すると，下流の都市生活者が水質の低下や水害の増加などというディスサービスを被ることになるといった，空間や時間だけでない社会構造に起因するミスマッチもありうる．PESの設計にあたっては，こうしたミスマッチを考慮

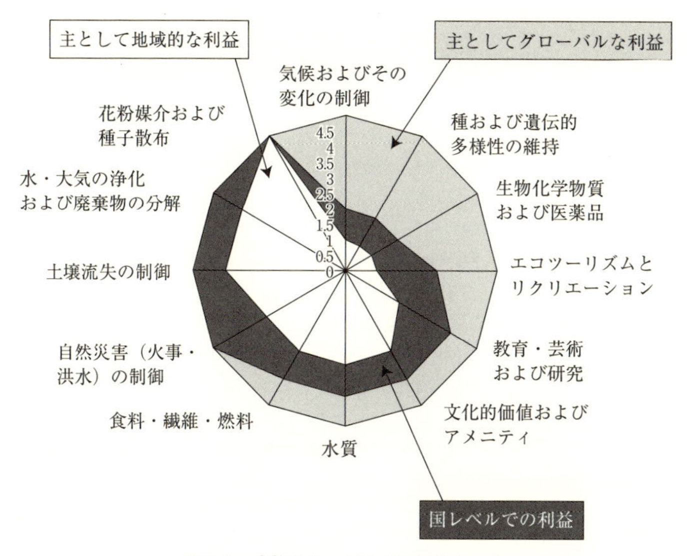

図 5.8　生態系サービスの空間スケール

生態系サービスを5段階評価で表してある（相対値）．それぞれの生態系サービスについて，地球レベル，国レベル，それよりも小さい地域レベルに分けて，どの空間レベルでの受益が大きいかを示してある．たとえば，気候の制御サービスなどは地球規模で利益が大きいが，土壌流出の防止サービスなどは，その流域にとっては利益が大きいが，地球規模で考えると利益が少ない．TEEB (2011) を一部改変．

する必要がある．

おわりに

以上述べてきたように，森林がもたらす生態系サービスは，過去には木材や燃料を供給するサービスが重視されてきたが，時代が進むにつれて森林の荒廃が進み，物理的調整サービス，生物的調整サービス，文化サービスへの注目が高まってきた．ただし，供給サービス以外のサービスのうち，どれが重視されたかはその地域や時代によって異なっている．このような変化によって，過去には経済的に価値を持たなかった生態系サービスの経済的価値が認められ，その評価を前提に持続的な森林管理を行う方向へ転換しつつある．そこで問題となる持続性とは，利用する資源の持続性にとどまらず，地域の生態系サービスも含めた持続性の問題でもある．

引用文献

赤池 学（2014）生物に学ぶイノベーション進化 38 億年の超技術，NHK 出版.

アスキンズ，R. A. 著，黒沢玲子 訳（2016）落葉樹林の進化史—恐竜時代から続く生態系の物語. 築地書館.

Balvanera P. *et al.* (2006) Quantifying the evidence for biodiversity effects on ecosystem functioning and services. *Ecol. Lett.*, 9, 1146–1156.

千葉徳爾（1991）増補改訂　はげ山の研究，そしえて.

Costanza, R., d'Arge, R. *et al.* (1997) The value of the world's ecosystem services and natural capital. *Nature*, **387**, 253–260.

ヘルマント，J. 編著，山縣光晶 訳（1999）森なしには生きられない—ヨーロッパ・自然美とエコロジーの文化史，築地書館.

池谷和信（2011）東北地方における山菜利用．日本列島の三万五千年—人と自然の環境史 5　山と森の環境史（湯本貴和・大住克博 編），pp. 307–310，文一総合出版.

池谷和信（2011）現代山村における資源利用と獣害．日本列島の三万五千年—人と自然の環境史 5　山と森の環境史（湯本貴和・大住克博 編），pp. 329–341，文一総合出版.

池谷和信（2005）東北マタギの狩猟と儀礼．日本の狩猟採集文化（池谷和信・長谷川政美 編），pp. 150–173，世界思想社.

池谷和信・長谷川政美（2005）日本の狩猟採集文化の生態史．日本の狩猟採集文化（池谷和信・長谷川政美 編），pp. 1–18，世界思想社.

井ノ本泰（2011）京都府北部の植物繊維の利用—宮津市上世屋地区を例に—．日本列島の三万五千年—人と自然の環境史 3　里と林の環境史（大住克博・湯本貴和 編），pp. 239–264，文一総合出版.

泉 桂子（2004）近代水源林の誕生とその軌跡—森林と都市の環境史，東京大学出版会.

ヨアヒム，R. 著，山縣光晶 訳（2013）木材と文明—ヨーロッパは木材の文明だった，築地書館.

環境省生物多様性及び生態系サービスの総合評価に関する検討会（2016）生物多様性及び生態系サービスの総合評価報告書.

菊池勇夫（2011）盛岡藩における馬の放牧と獣害．日本列島の三万五千年—人と自然の環境史 5　山と森の環境史（湯本貴和・大住克博 編），pp. 141–160，文一総合出版.

菊池勇夫（2011），盛岡藩牧の維持と狼駆除—生態系への影響—．日本列島の三万五千年—人と自然の環境史 5　山と森の環境史（湯本貴和・大住克博 編），pp. 141–160，文一総合出版.

小山康弘（2011）木材資源利用から見た森林環境の変化とシカ．日本列島の三万五千年—人と自然の環境史 5　山と森の環境史（湯本貴和・大住克博 編），pp. 311–328，文一総合出版.

メドウズ，D. H. ほか 著，大来佐武郎 訳（1972）成長の限界—ローマ・クラブ「人類の危機」レポート，ダイヤモンド社.

Millennium Ecosystem Assessment (2005) Ecosystems and Human Well-being: Biodiversity Synthesis. World Resources Institute.

水野章二（2011）古代・中世における山野利用の展開．日本列島の三万五千年—人と自然の環境史 3　里と林の環境史（大住克博・湯本貴和 編），pp. 37–62，文一総合出版.

三浦慎吾（1999）野生動物の生態と農林業被害：共存の論理を求めて，全国林業改良普及協会.

森本仙介（2011）奈良県吉野地方における林業と木地師．日本列島の三万五千年—人と自然の環境史3　里と林の環境史（大住克博・湯本貴和 編），pp. 37–62，文一総合出版．

村上一馬（2011）漁師鉄砲の地域格差—仙台藩を中心として—．日本列島の三万五千年—人と自然の環境史5　山と森の環境史（湯本貴和・大住克博 編），pp. 111–128，文一総合出版．

村嶌由直（1998）アメリカ林業と環境問題，日本経済評論社．

中静 透（1998）保護林制度．自然保護ハンドブック（沼田 真 編），pp. 81–88，朝倉書店．

中静 透（2005）アジアの森林持続性と生物多様性．森林科学，**43**, 68–72.

中静 透（2010）生物多様性が求める分野複合的な枠組み—その科学と条約をめぐる動向．科学，**80**, 995–1000.

中静 透（2011）森林と上手に付き合っていくために．森林技術，**826**, 8–14.

日本学術会議（2001）地球環境・人間生活にかかわる農業及び森林の多面的な機能の評価について．

日本の里山・里海評価（2010）里山・里海の生態系と人間の福利：日本の社会生態学的生産ランドスケープ—概要版—，国際連合大学．

農林水産奨励会（2010）草創期における林学の成立と展開，農林水産奨励会．

小椋純一（2012）森と草原の歴史，古今書院．

恩田裕一 編（2008）人工林荒廃と水・土砂流失の実態，岩波書店．

大井 徹（2004）獣たちの森，東海大学出版会．

大田伊久夫（2000）アメリカ国有林管理の史的展開—人と森林の共生は可能か？　京都大学学術出版会．

太田猛彦（2012）森林飽和（NHK ブックス），NHK 出版．

パーリン，J. 著，安田喜憲・鶴見精二 訳（1994）森と文明，晶文社．

Russi, D. *et al.* (2013) *The Economics of Ecosystems and Biodiversity for Water and Wetlands.* IEEP, London and Brussels; Ramsar Secretariat, Gland.

須加 丈・岡本 透・丑丸敦史（2012）日本列島草原 1 万年の旅．草地と日本人，築地書館．

総理府（2011）森林・林業に関する世論調査．

TEEB (2011) *The Economics of Ecosystems and Biodiversity in National and International Policy Making* (ed. ten Brink, P.). Earthscan, London and Washington.

只木良也（2004）森の文化史（講談社学術文庫），講談社．

タットマン，C. 著，熊崎 実 訳（1988）日本人はどのように森をつくってきたのか，築地書館．

徳川林政史研究所 編（2012）江戸の森林学，東京堂出版．

徳川林政史研究所 編（2015）江戸の森林学 II，東京堂出版．

常田邦彦（2007）カモシカ保護管理の四半世紀．哺乳類学会，**47**, 139–142.

辻野 亮（2011）日本列島での人と自然のかかわりの歴史．日本列島の三万五千年—人と自然の環境史1　環境史とはなにか（松田裕之・矢原徹一 編），pp. 33–51，文一総合出版．

ウェストビー，J. 著，熊崎 実 訳（1990）森と人間の歴史，築地書館．

山口明日香（2015）森林資源の環境経済史，慶應義塾大学出版会．

山口隆子（2009）ヒートアイランドと都市緑化，成山堂書店

湯本貴和 編，湯本貴和・大住克博 責任編集（2011）日本列島の三万五千年—人と自然の環境史3　里と林の環境史，文一総合出版．

第５章　森林の変化と生態系サービス

湯本貴和 編，湯本貴和・大住克博 責任編集（2011）日本列島の三万五千年―人と自然の環境史 5 山と森の環境史，文一総合出版.

索　引

【欧文】

【あ行】

【か行】

【さ行】

【た行】

【な行】

【は行】

【ま行】

【や行】

【ら行】

【わ行】

Memorandum

Memorandum

Memorandum

Memorandum

Memorandum

Memorandum

Memorandum

【編者】

中静　透（なかしずか　とおる）

1983年　大阪市立大学大学院理学研究科後期博士過程単位取得退学

現　在　東北大学大学院生命科学研究科 教授，2018 年 4 月より，総合地球環境学研究所 プログラムディレクター・特任教授，理学博士

専　門　森林生態学，生物多様性科学

主　著　『生物多様性はなぜ大切か』（分担執筆，昭和堂，2005），『森のスケッチ（日本の森林・多様性の生物学シリーズ）』（東海大学出版会，2004）

菊沢喜八郎（きくざわ　きはちろう）

1971年　京都大学大学院農学研究科博士課程修了

現　在　京都大学名誉教授，石川県立大学名誉教授，農学博士，理学博士

専　門　森林科学

主　著　『葉の寿命の生態学―個葉から生態系へ―（生態学シリーズ）』（共立出版，2005），『ポケットにスケッチブック―生態学者の画文集―』（文一総合出版，2005），『森林の生態（新・生態学への招待）』（共立出版，1999），『植物の繁殖生態学』（蒼樹書房，1995）

森林科学シリーズ 1
Series in Forest Science 1

森林の変化と人類

Changes in Forests in Relation to Human

2018 年 3 月 15 日　初版 1 刷発行

編　者　中静 透・菊沢喜八郎　©2018

発行者　南條光章

発行所　**共立出版株式会社**
〒112-0006
東京都文京区小日向 4-6-19
電話　(03) 3947-2511（代表）
振替口座　00110-2-57035
URL　http://www.kyoritsu-pub.co.jp/

印　刷　精興社

製　本　加藤製本

一般社団法人
自然科学書協会
会員

検印廃止
NDC 653.17, 650, 653.1, 468, 652

ISBN 978-4-320-05817-0

Printed in Japan